IN SILICO DREAMS

How Artificial Intelligence and Biotechnology
Will Create the Medicines of the Future

人工智能
与计算生物的
未来

[美] 布赖恩·希尔布什（Brian Hilbush）◎著

刘也行　邓　攀◎译

中信出版集团｜北京

图书在版编目（CIP）数据

人工智能与计算生物的未来 /（美）布赖恩·希尔布
什著；刘也行，邓攀译 . -- 北京：中信出版社，2025.
4. -- ISBN 978-7-5217-7394-1

Ⅰ. TP18；R318

中国国家版本馆 CIP 数据核字第 2025DP7858 号

人工智能与计算生物的未来

著者： ［美］布赖恩·希尔布什
译者： 刘也行 邓攀
出版发行：中信出版集团股份有限公司
（北京市朝阳区东三环北路 27 号嘉铭中心 邮编 100020）

承印者： 北京盛通印刷股份有限公司

开本：787mm×1092mm 1/16 印张：23.25 字数：317 千字
版次：2025 年 4 月第 1 版 印次：2025 年 4 月第 1 次印刷
京权图字：01-2023-3440 书号：ISBN 978-7-5217-7394-1
定价：88.00 元

目　录

前　言

　　我们已经进入了一个前所未有的时代。技术快速变革，计算机科学、人工智能、基因工程、神经科学和机器人等领域的发展开始引领医学的未来。在过去的 10 年间，世界各地的研究机构在人工智能领域实现了巨大突破。其中，计算机视觉、自然语言处理和语音识别领域的进展最为惊人。全球科技巨头推动着人工智能技术在不同商业场景中的应用。亚马逊、谷歌和微软发展出了庞大而可扩展的云计算资源，其既可以支持人工智能系统的训练，也能提供业务实现的平台。除此之外，它们还针对性地配置了人才、资源与财务激励措施，期待利用人工智能加速实现医疗领域的下一个突破。这些科技企业（包括苹果公司）已经编制了相应的战略与产品规划，目标直指医疗健康领域的核心。每隔几周，最新报道便会披露，新的人工智能工具又在某一项医学诊断任务上达到了人类专家的水平。算力不断增强，算法持续改进，数十亿行程序代码的广泛应用不仅使技术创新的速度呈指数级增长，还给科学领域带来了深远的影响。人工智能与数据科学让生物学、化学等经典学科的科研方法发生变革，甚至引领制药行业出现了新的实验范式。

生物技术领域的技术增长与创新周期同样令人印象深刻：不久之前，我们还只能在试管中利用病毒或细菌的遗传物质进行简单的基因克隆实验；现在，我们已经能够在庞大的人类基因组上对剪辑位点进行精确的基因编辑。那些聚焦于新一代基因疗法与T细胞工程的公司可以帮助肿瘤患者战胜癌症。DNA（脱氧核糖核酸）测序、医疗影像与高分辨率显微镜领域的数据正在呈爆炸式增长，并为人工智能与机器学习技术提供绝佳的机会。这让我们可以借助这些技术挖掘海量数据背后的生物学意义。在这样的趋势下，第一代以科技为核心的初创公司应运而生，开启了人工智能和生物技术融合的时代。这些年轻的公司瞄准了传统的药物开发领域，期待着利用自己最聪明的头脑、最新的思路与交叉背景的新鲜血液，为制药行业开启新的篇章。

这本书探讨了生物学与计算机科学领域的创新将给未来的医学带来怎样的影响。基于治疗工程的新产业已经初现雏形。大约 200 年前，罂粟在欧洲及其他地区已经广泛用于治疗，而伊曼纽尔·默克看到了利用罂粟生产止痛药的商业机会。他的灵感来自弗雷德里希·瑟图纳。瑟图纳研究出了从罂粟中提取鸦片生物碱的创新工艺，并将这种新提纯的麻醉物质命名为吗啡（以希腊梦神命名）。这些德国人创造了制药业。而在此之前的几千年里，制药代表着不同文化中的炼金术士、医师或者萨满巫师将具有治疗作用的天然化合物炮制成效力不明的有毒混合物。有机化学规律的阐明永远地改变了小分子药物的生产制备方式与医学实践原则。

制药业兴起于工业革命时期，汲取了各个技术领域的发展成果，尤以煤焦油染料工业带来的一系列化学创新为主。100 年之后，第二次世界大战结束，英美实验室重现了与当初制药业相似的爆炸式的创新速度。1952—1953 年，这划时代的两年间，计算机科学、分子生物学、神经科学、人工智能和现代医学的基础研究几乎同时兴起，与太平洋上引爆的第一颗氢弹的耀眼光芒交相辉映。不夸张地说，各个领域科学研究的前沿阵地都捷报频传。

医学也从原子时代的科学发现与科技发展中获益良多。生物技术的发展根植于分子生物学研究。1953 年 DNA 分子双螺旋结构的发现标志着分子生物学的起源，而 20 世纪 70 年代的重组 DNA 技术成功推动分子生物学研究进入了新的阶段。现在，全球销售排名前十大药物中，源自生物技术创新的占了 7 种。

同样在 1953 年，美国食品药品监督管理局（FDA）批准了氨甲蝶呤用于临床癌症治疗，这标志着癌症化学疗法正式进入临床实践。早期化学疗法为选择性攻击癌细胞的治疗思路提供了合理基础，并启发了未来几十年的新化学疗法研究。与此同时，临床医生在这些化疗药物（以及新的药物）临床试验评估中的关键作用开始凸显，他们和药物化学家、药理学家一起，成了制药行业中的重要决策者。

在神经科学领域，艾伦·霍奇金和安德鲁·赫胥黎于 1952 年发表了关于神经元如何激发动作电位的统一理论。霍奇金-赫胥黎模型是生物学上最成功的定量模型之一，将实验观测和理论描述巧妙地结合在一起。这一成果促使科学家们进一步找到控制离子电导和突触活动的离子通道、受体和转运蛋白，最终，它们共同构成了过去50年来神经科学药物发现的基础。

现代计算科学和人工智能发轫于20世纪30年代，并以1952年第一台存储了电脑程序的电子数字计算机——MANIAC I 的成功运行为标志。历史学家乔治·戴森在他2012年出版的《图灵的大教堂：数字宇宙开启智能时代》一书中精准阐述了这一时刻的重要性："这台基于艾伦·图灵构想并由约翰·冯·诺依曼实现的能够储存程序的计算机，打破了两种数字间的差异——描述事物的数字与进行操作的数字。我们的宇宙彻底改变了。"60年后，当计算性能得到万亿倍的提升时，人工智能先驱终于完成了他们利用神经网络实现机器智能的梦想。

能够引发生物科技革命与数字革命的科学技术在过去的50年间各自蓬勃发展着。可以说，在过去10年里，它们已经具备了非凡的能力，并得到了越来越广泛的应用。两种技术的融合将诞生一门崭新的科学，并为医疗诊断、医药以及慢性病与心理健康的非药物干预领域带来深远的影响。人工智能与生物科技领域的最新进展将革新药物研发的各个关键阶段，提升研发过程中的预测能力、理论测试能力、精确度与效率，颠覆长期以来制药行业的传统模式。在不久的将来，幸运的话，科学家们的计算之梦便将实现，其对医学领域的影响也将随之浮现。

本书内容

该书将生物技术和人工智能领域的历史背景与前沿研究联系起来，并着重关注影响医学发展的重大创新成果。部分章节还将深入介绍基因与细胞疗法领域的新企业，以及借助人工智能探索创新治疗方式的新公司。深入了解医学发展的历史将会帮助我们更好地理解当今的制药产业，并洞悉未来的医疗演变与发展。

第一章首先概述了对现代生物学和生物医学应用至关重要的技术创新里程碑。这一章的第一部分将介绍基因组学如何在新冠疫情大流行期间成功应对海量基因组测序数据，以及生物技术公司如何利用这些数据研制出新型冠状病毒疫苗。接下来的内容则详细介绍了生物学领域最近出现的范式转变，描述了该领域如何朝着更加定量的学科发展。本章的另一个重点是计算生物学在人类基因组测序中的重要角色，以及它在 21 世纪的医学潜力。

第二章涵盖了人工智能领域的发展历史以及使深度学习取得惊人进步的里程碑事件。我们将讨论神经科学对人工神经网络的贡献，以及视觉形成的神经生物学基础。除此之外，本章还将介绍不同类别的机器学习方法以及当前深度学习的突破。最后，我们将初步了解人工智能在医疗领域的应用，并以当今人工智能的局限结束。

在第三章中，我们将一直回溯至石器时代，并回顾人类为了寻找天然药物而进行的首次随机实验。内容的第一部分跨越 4 个时代，分别介绍了基于植物学、化学治疗学、生物治疗和治疗工程的医疗方法发现。本章将深入探讨药品的工业制造和现代制药业的兴起，介绍化疗药物和抗生素的诞生以及战争对其发展的影响，并将讨论包括免疫疗法在内的癌症治疗方法的发展。本章还涵盖了 21 世纪的医药商业模式以及生物技术在药物发现方法创新中的作用。

第四章首先介绍了基因组精准编辑工具的发展历程与时间线。本章将花费大量篇幅讲述分子生物学、生物信息流以及重组 DNA 技术的历史。我们还将关注 CRISPR-Cas 系统，这种来自细菌的第二代生物技术工具已经成为至关重要的基因编辑手段。此外，我们将回顾基于 CRISPR-Cas 基因疗法的临床试验，描述信使 RNA（核糖核酸）疫苗成功对抗新型冠状病毒背后的平台与创新。

第五章将揭示巨型科技公司——亚马逊、苹果、谷歌和微软如何介入医疗健康领域，介绍数字健康这一新兴领域及其投资动向，以及医疗健康技术创新的驱动因素。一系列的小故事将展示各个科技巨头作为后来者深入医疗健康领域并进行颠覆式革新的能力，同时我们还会审视这些公司在健康领域的竞争优势。

在第六章中，我们会探讨人工智能技术给当今的生物医学研究带来了怎样的影响，以及它将如何塑造生物医学的未来。这一章深入介绍了深度学习算法在癌症与脑部疾病中的应用。接着，我们将关注人工智能辅助医疗设备的监管调控措施与临床人工智能所面临的挑战。

第七章将深入探讨人工智能和机器学习在药物发现中的作用，

介绍药物发现的计算方法与人工智能辅助药物设计，正在为该领域创新奠定基础的生物技术公司，以及人工智能当前在药物发现与开发产业中的位置。

在第八章中，我们会先讨论技术融合以及基于人工智能的假说生成，评估新发现引擎能够为生物学、制药以及医疗领域带来怎样的帮助。接下来，我们会探讨传统实验手段与计算方法的结合如何为生物学研究带来新技术栈并推动生物学发展。随后，以运动行为控制与大脑为关注点，我们将了解人工智能在神经生物学中的潜力以及脑科学研究对人工智能与医疗领域的价值。最后，我们将纵览各类利用科技与工程手段实现医疗方法创新的新兴公司。

第一章
信息革命对生物学研究的影响

在我看来，21世纪最具颠覆性的创新将发生在生物与科技的交叉领域。就像我们迎来数字时代一样，另一个崭新的时代刚刚开始。

——史蒂夫·乔布斯

沃尔特·艾萨克森的《史蒂夫·乔布斯传》

信息革命强大的变革力量深刻影响了所有行业，长远改变了全球经济、政治与社会格局。在各个科学领域中，物理学、天文学与大气科学最早获益，自20世纪60年代起便直接受益于大型计算机和超级计算机的发展。半导体电子、个人电脑与互联网的发展进一步加速了信息革命，促成了最令人瞩目的科技进步。这些具有历史意义的创新成果成了生物科学、生物技术与制药行业的催化剂，为这些行业带来了惊人的创新技术能力。

生物领域的科学进步高度依赖于新技术和新设备的发展，依赖于分辨率、精度、数据采集与产生能力的不断提升。在表1-1中，我们以10年为单位，总结了影响生物领域的里程碑式技术创新事件。

表 1-1　里程碑式技术创新事件（以 10 年为单位）

年份	技术	领域	应用场景	对应章节
20世纪初至30年代	电子显微术	物理学	结构生物学	第一章
	X射线晶体学	物理学	结构生物学	第一章
	心电图描记术	物理学	心脏病学	第六章
20世纪40年代	广谱抗生素	微生物学	医学	第三章
	核磁共振	物理学	生物科学、化学、药物发现	第四章
20世纪50年代	共焦显微术	物理学	生物科学	第七章
	人工智能	计算机科学	信息技术	第二章
20世纪60年代	激光	物理学	信息技术与设备	第一章
	超声	物理学	医学	第七章
	半导体电子学	信息技术行业	信息技术与设备	第二章
	集成电路	信息技术行业	信息技术与设备	第二章
20世纪70年代	磁共振成像、正电子发射层析术、计算机断层成像	物理学与化学	医疗影像与生物学	第六章
	重组DNA	分子生物学	生物科学、药物发现、治疗学	第四章
	单通道记录	生物物理学	生物科学、药物发现	第三章
	单克隆抗体类	免疫学	药物发现与诊断	第三章
	随机存取存储器	信息技术行业	信息技术与设备	第一章
20世纪80年代	聚合酶链反应	分子生物学	生物科学、药物发现、诊断	第一章
	DNA测序	分子生物学	生物科学、药物发现、诊断	第一章
	DNA合成	化学	生物科学、药物发现	第四章
	基质辅助激光解吸电离飞行时间质谱法，电喷雾电离质谱法	生物物理学	生物科学、药物发现	第三章
	个人电脑	信息技术行业	信息技术	第一章

年份	技术	领域	应用场景	对应章节
20世纪90年代	功能性磁共振成像	物理学	医疗影像	第五章
	双光子显微镜	物理学	生物科学	第四章
	转基因技术	分子生物学	生物科学、药物发现	第三章
	RNA 干扰	分子生物学	生物科学、药物发现、治疗学	第一章
	互联网	信息技术行业	信息技术	第一章
21世纪初	嵌合抗原受体T细胞免疫治疗	免疫学	治疗学	第四章
	干细胞重编程	免疫学 / 血液学	生物科学、药物发现、治疗学	第四章
	二代测序	分子生物学	生物科学、药物发现、诊断	第一章
	光控遗传修饰技术	生物物理学	生物科学	第三章
	云计算	信息技术行业	信息技术	第二章
21世纪10年代	冷冻电子显微镜	生物物理学	药物发现	第一章
	CRISPR 基因编辑	分子生物学	基因治疗、药物发现、诊断	第四章
	单细胞测序	分子生物学	生物科学、药物发现	第八章
	深度学习	计算机科学	生物科学、药物发现、诊断	第二章
	量子计算	信息技术行业	信息技术	第八章

在 20 世纪的大部分时间里，生物学研究都借助物理学设备来观测细胞与大分子结构，并测量原子尺度的尺寸。在前数字时代，科学家用纸张或磁鼓、磁带、X 光片、照片等物理介质记录实验观测和实验数据。接着，基于微处理器的计算实现了从模拟数据到数字数据的转换，随之而来的是半导体电路上的随机存取存储器。这些技术带来的数字化数据流和千万亿字节级数据存储

对现代科学至关重要，它们不仅帮助研究人员跟上了信息洪流的步伐，还带来了网络科学和研究数据广泛共享的可能性，而后者正是科学进步的基本特征。

进入 21 世纪，信息革命对生物学的影响有增无减。指数级提升的算力衍生出辅助数据获取、分析与可视化的复杂软件，并实现了大规模高速数据通信。许多诞生于这个时代的新学科都受益于高分辨率计算技术与工具的产生。其中，最为重要的成果包括：DNA 合成与测序设备为基因组学和计算生物学奠定了技术基础，功能性磁共振成像催生了计算神经生物学，冷冻电子显微镜、核磁共振和超分辨率显微镜带来了结构生物学，几种计算密集型光谱技术（例如基质辅助激光解吸电离飞行时间质谱法、表面等离激元共振和高性能计算）打开了计算药物发现领域的大门。同样，20 世纪物理学突破与计算技术的应用诞生了一系列成像技术，它们促进了医学领域的发展。

信息革命让生物学实现了从"数据匮乏"到"数据丰富"的转变，并带来了出人意料却又极其重大的影响：它引发了一场范式变革，让生物学成了定量科学。生物科学和生物医学研究已从数据科学、数学和工程工具中受益，它们共同推动了"大科学"的实现。这包括人类基因组、蛋白质组和微生物组项目[1-3]；美国脑计划和欧盟脑计划[4, 5]；其他国际项目，例如癌症基因组图谱与国际癌症基因组联盟[6, 7]；政府支持的人口健康与精准医疗项目，例如美国百万人全基因组数据库计划，英国生物银行与十万亚洲人基因组测序项目 GenomeAsia 100K。[8-10] 信息革命创造了定量方法，定量方法实现了"大数据"的管理与分析，并最终推动了"组学"技术，尤其是基因组学、表观基因组学、蛋白质组学和代谢物组学的发展。

在这一章中，我们将探讨信息革命对生物学研究的影响。计算对工业的巨大影响也被称为第三次工业革命，所以本书还将深入剖析第四次工业革命[11]——物联网的高度互联传感器、机器学习与人工智能、生物技术、数字制造等技术正在共同创造未来。在接下来的几十年里，这些引发第四次工业革命的技术将带来计算生物学。与银行业、制造业、零售业和汽车行业已经经历的经济转型类似的是，拥抱即将到来的创新热潮将为制药业带来巨大的回报。

生物数据的急速积累

全球医学界和学术界能够以如此惊人的速度响应新冠疫情大流行，正是信息革命的直接成果。互联网和无线通信基础设施让海量病毒基因组测序数据与流行病学数据可以在世界范围内实时共享，数字技术使得公共健康信息的日常搜集、整合与传播成为可能。在私有药厂，深度依赖计算功能的药物研发管线利用人工智能算法和生物科技创新让化合物筛选、临床前检验和临床开发流程加速。无论是政府、工业界还是其他组织支持的国际合作科研项目，几乎每一分努力都受益于云计算资源。堆成山的数据帮助我们更好地理解了疾病的本质，为快速研发有效的治疗与反制手段提供了巨大的希望。

生物医学研究与药物研发领域的从业者几乎立即对疫情做出了响应。这不仅是因为他们察觉到了时间的紧迫，也因为他们发现了其中潜在的商机与实现科学突破的可能。在数以千计的实验室里，研究员利用病毒基因组序列、病毒与宿主的相互作用以及健康医疗系统中的数据验证着新的治疗思路。

在疫情早期，研究成果的大量发布形成了前所未有的知识宝库，medRxiv 和 bioRxiv 平台上发表了超过 5 万篇与病毒有关的早期研究，使得我们能够及时浏览有关病毒研究的方方面面：从病毒复制机制的生物学与临床研究，到用于测试疫苗及其他疗法的复杂跨国临床试验，不一而足。可惜的是，我们无法及时审核并验证这些研究思路、治疗药物与重要公共政策。它们中很多都由于不够成熟而最终走向失败，或沦为了阴谋论的素材。技术只能帮助我们走到这里，而新冠疫情告诉我们，科学也有其局限性。

在 2020 年新冠疫情初期，基因组数据的发布对病毒追踪极为重要。但可能更为重要的是，它使得我们可以为基于基因组的诊断、疫苗和药物开发策略制订科学计划。通过将测序仪产生的包含数亿核苷酸（即我们熟悉的 A、C、G 和 T，代表构成 DNA 的化学基础）的杂乱数据转换为字节，计算生物学家搭建出了一个包含病毒完整基因组的约 3 万个核苷酸长的"组装体"。从这里起步，研究人员在基因组上划定边界，"绘制"出了线性分布在基因组上的每个基因。

组装片段并确定序列身份都依赖于将序列片段与生物序列数据库中的已知基因组进行比对。通过设计好的算法，我们可以找到与拭子或液体样本中的短序列一致或高度相似的数据库匹配。这使我们可以快速了解采集到的生物材料中包含哪种或哪些生物体。为了表征并分类病毒基因组，我们需要将重新组装的 DNA 序列与通用数据库进行比较。这个通用数据库中包含了数万种已知细菌物种、数千种病毒和其他一系列奇特、致病基因序列的完整基因组。

利用基因组流行病学追踪新型冠状病毒

我们能够从基因组序列中获取的远不止病原体的身份信息。基因组信息可以进一步被应用在 4 个主要领域：流行病学、诊断学、疫苗设计与治疗学（包括抗病毒药物和其他模态的药物）。病毒学家、流行病学家和公共卫生体系已经对各类病毒序列进行了几十年的搜集与分析，而直到最近，随着二代测序和第三代测序（纳米孔或单分子测序）的兴起，我们才将流行病感染病例中病原体基因组测序的完成速度从几个月的时间压缩到了几天。这种基于基因组的流行病学方法与随之而来的大量数据催生了全新的全球疫情暴发追踪方法。

基因组流行病学的基础是，借助参考基因组，我们可以检测出单碱基分辨率尺度上的序列改变。通过与生物体所在家族、群落甚至种群内的基因组进行比较，我们可以获知生物体基因组每一个位点上的差异信息。这一方法能够成功应用于流行病学的关键是，病毒（尤其是 RNA 病毒）在宿主体内进行易错复制[①]时会留下可追溯的分子轨迹，我们可以通过检测碱基突变识别出这些轨迹。每当一个被散布到环境中的新的病毒粒子开始感染下一任宿主时，遗传物质复制周期就会再次开始。以新型冠状病毒为例，它的 RNA 基因组是通过一种叫作依赖于 RNA 的 RNA 聚合酶（抗病毒药物瑞德昔韦的靶点蛋白）复制的。这种酶工作时导致的复制错误，或者叫作碱基突变，会被保留并传递给后代。这些突变可以是"中性"的，不会影响病毒蛋白的功能或病毒的生存能力；然而，有些突变可能会随机为病毒引入生存优势，并因此得到广泛传播。还有一些有害突变可能会使病毒丧失复制能力，或者损害病毒的其他关键功能，因此在进化过程中丢失了。另一些被暂时保留的突变则可能会加速病毒的消亡。通过在时间尺度上追踪这些突变的印记，我们便可以得到病毒的家族树；利用测序信息构建病毒遗传家族树就是基因组流行病学的研究内容。随着时间的流逝，随机产生的突变在基因组上累积，形成了家族树不同分支的独特标记——只有基因组测序数据才能提供这种高精度的印记信息。

在 2013—2016 年的埃博拉大流行中，我们第一次利用高通量测序对埃博拉病毒进行了基因组监测。[12] 这是流行病学历史上的一次里程碑事件——首次利用基因组监测手段解析病毒传染路径，规划疫情响应方案。同时，我们还能追踪疫情发展中病原体

---

① 易错复制，一种碱基错配率较高的遗传物质（DNA 或 RNA）复制方式。——译者注

的进化方向。正是这次对抗埃博拉的经验促使科学界建立起了许多信息技术体系，以用于共享基因组数据、研发基因组流行病学分析工具。GISAID（全球共享流感数据倡议组织）便是其中的早期成果之一。[13] 研究人员可以通过这一网站共享基因组序列，追踪流感病毒的遗传进化方向。另一项努力则与冠状病毒相关。Nextstrain.org 是西雅图弗雷德·哈钦森癌症研究中心的特雷弗·贝德福德团队与瑞士巴塞尔大学生物中心的理查德·内尔团队共同建立的病原体检测开源平台。[14] 在 2017 年开放科学奖的支持下，这一平台成功上线，并在新冠疫情中及时发挥了作用。

2020 年 1 月，新冠病毒测序结果刚刚出炉，数字化加持的全球资源平台便开始了行动。亚洲、欧洲、北美和其他各个国家的测序结果也被上传到了 GISAID 网站。贝德福德和同事们则开始利用涌入的基因组序列重构病毒在全球传播的路径。其他地区的研究者也在追踪疫情的传播，利用基因组数据监测毒株是否发生了改变。在疫情刚刚暴发的几个月里，大量的基因组信息为我们揭露了病毒的重要特征。首先，为数不多的突变数目表明，新冠病毒感染近期才开始。和其他病毒相比，这种新型冠状病毒变化更慢，动态分支更少。图 1-1 展示了这棵新近出现的病毒进化树。

在疫情全球蔓延的初始，我们还没有准备好进行大规模的基因组分析与溯源工作，追踪疫情传播并不顺利。举例来说，来自加拿大、英国和澳大利亚的新冠患者的身上所携带的病毒具有相同或高度相似的基因组，这意味着他们之间有某种关联；而流行

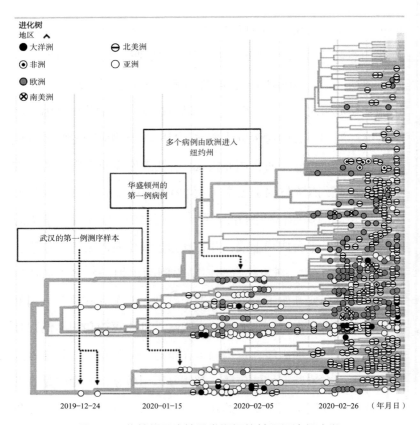

图 1-1 北美新冠疫情暴发期间的基因组流行病学

注：进化树展示了 2019 年 12 月至 2020 年 3 月新冠病毒感染个体体内 828 个病毒基因组间的关系。点表示个体，以图例中的地理来源标记。进化树是通过比较个体之间的病毒基因组序列生成的。突变会引入新的分支，垂直距离代表基因组之间的差异程度。处于同一水平线上的个体共享具有相同基因组的病毒，通过这种方法，这些病毒可以追溯到一个共同祖先。

病学专家在分析了这些病例的社会活动后，发现这些早期病例有着一个共同点：最近到访过伊朗。没有基因组学的帮助，我们几乎没有办法定位到这样的关联。基因组监测也提供了美国西雅图发生社区传播的最早期证据：一个新冠患者检测出了与从武汉回来的本地"零号病人"几乎相同的病毒基因特征。[15] 基因组流行病学工具的潜力在于，即使只有少量的基因组数据，我们也有可能对病毒的传播进行密切监测，从而使得公共卫生专家不再需要制定高度严格的社会隔离标准———一种控制疫情的重要手段。最起码，基因组数据能够告诉政府新发感染来自外部输入还是本地传播。但是，新冠病毒的变异不够迅速，没有办法支持我们准确地推算出传播路径（这一方法对艾滋病毒有效，因为艾滋病毒的每一次传播都会产生独特的基因型）。

在疫情暴发后的几周之内，我们便破译了传染病病原体的基因组信息，这是前所未有的事情。数字时代的我们很难想象当初生物学家和临床医生如何抽丝剥茧，花费大量时间找出艾滋病等神秘疾病的病因。由于疾病病程复杂，再加上各种技术、医学和社会观念的限制，发现人类免疫缺陷病毒是艾滋病元凶的过程分外缓慢。从1981年美国正式确诊第一例艾滋病患者，到1984年发现新的病毒——人类免疫缺陷病毒（最初命名为HTLV-III）[16]，历经了3年的深入研究。幸运的是，在那段时间，分子生物学工具已经初具规模，研究人员可以对基因进行分离、克隆，然后通过手工方法进行测序（见第四章）。但其他技术进步更加重要。例如，我们需要细胞培养技术来繁殖病毒，利用动物模型解析疾病发展过程。当时，最重要的突破是临床研究人员发现了艾滋病的通用生物标志事件——患者体内某类T细胞（CD4+）的数目会严重下降。对我们理解艾滋病的过程而言，反转录病毒基因组序列的测定并不是其中的关键；测序过程直到病毒发现晚期才得以完成。

艾滋病大流行使人们认识到人畜共患病毒的存在及其带来的全球性威胁。在艾滋病出现之前，医学界的大多数人都认为，进入工业化社会后，外来病毒和鼠疫耶尔森菌（来自啮齿动物携带的蚤）不会再构成威胁。美国最后一例天花病例记录出现在 1949 年。借助全球疫苗接种计划，天花病毒在 20 世纪 70 年代末灭绝。1979 年，美国排名前五的传染病分别是水痘（199 081 例），沙门氏菌病（33 138 例），甲型肝炎（30 407 例），梅毒（24 874 例）和乙型肝炎（15 452 例）。[17] 有效疫苗的问世遏制了这些疾病的传播，并大大降低了许多危险的"儿童"疾病（包括麻疹、流行性腮腺炎、风疹和脊髓灰质炎）的发病率。然而，从动物传播到人类的新发疾病仍在世界各地出现，可能在非洲、亚洲，也可能在其他任何地方。这些病毒的名字既让人感到熟悉又令人感到害怕：汉坦病毒属（1993 年，美国西南部）、西尼罗病毒（1996 年，罗马尼亚；2002 年，美国）、寨卡病毒（多次流行：2007 年、2013 年、2015 年、2016 年）和埃博拉病毒（几内亚，2013—2016 年）。到 2018 年，美国的传染病形势发生了巨大变化。在美国疾控中心的列表上，许多重点关注的病原体都具有动物宿主。其中，流感（禽类和猪）、冠状病毒（蝙蝠、骆驼、鸟）和西尼罗病毒（蚊子）都位居前五。[18]

21 世纪初，病原体检测技术已经不再局限于简单的聚合酶链反应和传统的病毒学研究方法。2002—2003 年，在严重急性呼吸综合征出现，也就是第一次冠状病毒疫情流行时，高通量测序仪器就已经投入使用了。当病毒分离完成，培养出的病毒粒子可以提取出足量的遗传物质之后，自动测序仪结合基因组组装算法在5个月内就拼接出了这种全新冠状病毒的基因组（从2002年11月到2003年4月中旬，其中技术测序步骤仅需要31天）。[19] 接着，2012年，人们发现一种新的冠状病毒从骆驼迁到了人类。在这10年间，测序技术的水平实现了指数级的进步。二代测序用时3个月便测定了中东呼吸综合征冠状病毒（严重急性呼吸综合征冠状病毒的远亲）的基因组序列。[20] 序列信息和分子诊断工具使我们能够在病毒引起更广泛的传播之前就采取相应的行动。

仅仅几个月之后，2012年12月，当几内亚一个偏远村庄出现埃博拉疫情时，DNA测序技术很快就派上了用场。[21] 疫情暴发后，我们花了3周时间便从患者身上提取、恢复了病毒基因组序列。尽管基因组流行病学当时已经用于实时监测病毒在幸存者之间传播和通过性行为传播的过程，但如果我们更早获取到了序列信息，就可以利用这些数据完成更多事情。最后，在新冠疫情过程中，从"病因未知"到确定元凶的精确分子特征，仅仅用了3天时间。尽管我们还需要花费更多时间学习、理解这一病毒，但基因组测序和计算方法已经为我们提供了对抗疫情所需的基本信息。挖掘出蕴藏在病毒遗传物质——29 123个RNA核苷酸中的数据奥秘，即可引发一场搜寻救命药物与疫苗的全球性努力。

生物研究的范式转换：让计算生物学成为可能

"那些认为'科学等价于测量'的人，应该去达尔文的著作里找找数字和等式。"[①]

——戴维·休伯尔，《自传中的神经科学历史》

"实验是科学对自然的提问，而测量是记录自然的回答。"

——马克斯·普朗克，《科学自传与其他论文》

　　毫不夸张地说，生物学和物理学都曾长期与理论和数学格格不入。尽管前述两个领域都高度依赖于实验数据和观察，但生物现象的复杂性使得那些描述基本原理的方程式毫无用武之地。自伽利略和科学革命以来，物理学成功建立起了一套预测框架，帮助人们精确而定量地理解自然法则：麦克斯韦方程组、爱因斯坦的 $E=mc^2$、牛顿运动定律……生物学是否有可能也在某个时刻转变为一门定量科学，利用一系列方程从任何生物过程中做出预测？

　　毫无疑问，直到 30 年前，生物学家和大多数科学家都会坚定地给出否定的回答。进化论统一了生物学，而它完全建立在查尔斯·达尔文和阿尔弗雷德·拉塞尔·华莱士的观察之上。格雷戈尔·孟德尔的遗传定律更进一步，使用定量的实验方法得出

---

① 达尔文的著作主要基于观察和归纳，很少涉及数学计算，这表明科学不仅仅是测量。——译者注

结论。在遗传学领域，最接近于严格公式的是群体遗传学的基本原理，即哈代-温伯格平衡定律。这一定律表明，在非进化的大型群体中，等位基因和基因型的频率将世代保持不变。当等位基因频率已知且满足某些特定条件时，哈代-温伯格方程可以用于推算基因型频率；而与平衡状态的偏移可以用来度量遗传变异。

在过去的 70 年里，人们一直在分子生物学的强大框架内研究遗传学原理。我们已经详尽阐释了 DNA 复制、RNA 转录和蛋白质翻译（生物学的信息处理系统）的机制细节。目前尚不清楚的是，算法或方程式能否精确计算或描述，基因调控网络如何控制极其复杂的细胞过程、构建神经系统、协调生物体的发育以及驱动物种进化。自近一个世纪以前克莱伯首次提出克莱伯定律[①]以来，人们已经围绕生物系统的通用生长法则提出了许多假设与争论。[22-25] 我们观察到，自然界的生物体遵守许多能量比例定律。因此，人们相信，我们有希望以严谨的方式提出新的生物调控与生物过程理论，从而为科学家们提供用于研究生物现象的预测框架。

随着工具进步带来实验数据规模的指数级增长，新的计算方法为复杂科学的研究提供了可能，人们逐渐开始质疑数学无法描述生物系统的观点。2000 年，史蒂芬·霍金被问及，21 世纪是否会成为生物学的黄金时代，就像 20 世纪的物理学一样。霍金

---

① 克莱伯定律即基础代谢率水平与体重的（3/4）次幂成正比。——译者注

回答："下一个世纪将是有关复杂性的世纪。"[26] 处理复杂性问题的工具正是推动生物学成为真正的定量科学所需要的工具。

在信息革命发生的时候，能够支持生物发现的大规模数据生产技术也同步问世，它们一同推动了生物学研究的范式转变。其中的一个例子是现代 DNA 测序仪（例如圣迭戈基因组学公司因美纳制造的 HiSeq 4000）的诞生对生物学的改变。现代 DNA 测序仪的运作涉及复杂的化学与分子克隆过程，以及后期对数百万个"合成测序法"反应结果的高分辨率图像捕捉。它能够在 1.5 天内产生 1.5TB（太字节）的惊人数据，足以对 6 个人类基因组进行完整测序（其中每个基因组包含 3×10^9 个 DNA 碱基）。[27] 当我们通过后续计算分析流程完成测序结果的组装时，我们便得到了基于基因组序列的精确计算模板。我们可以将这些模板作为研究癌症基因组、制造药物以及设计疫苗的起点。

癌症研究方法的转变与癌症研究中的计算

对比计算机时代前后癌症研究的进展速度，我们就能发现范式转变带来的影响有多么广泛。20 世纪 70 年代，独立科学家们通过病毒和细胞培养实验在生物实验室里发现了第一个致癌基因：通过一系列经典分子遗传学实验，彼得·迪斯贝格和彼得·沃格特在劳斯肉瘤病毒中发现了致癌基因 src（肉瘤）的转化 DNA①。[28] 10 年之后，随着重组 DNA 技术（分子克隆）和

① 在癌症研究中，转化 DNA 通常是指含有致癌基因的 DNA 片段，这些片段可以导致正常细胞转化为癌细胞。——译者注

DNA 测序技术的发展，人们才最终测定了 src 的基因序列与蛋白产物。在今天看来，这一过程缓慢到让人难以想象。借助分子克隆技术，研究人员可以将含有外源基因的 DNA 从相应来源转移到细菌或哺乳动物细胞内。20 世纪 70 年代中期，我们才开发出分子克隆技术，并将之投入使用（见第四章）。

要了解 src 等致癌基因产物的生化性质以及癌症背后的奥秘，我们需要利用许多烦琐的方法来分离相应基因编码的蛋白质，再对它们进行研究。1977 年，若昂·布吕热和雷·埃里克森首次成功使用 RSV 免疫兔的抗 RSV 血清捕获蛋白质，也就是 src 的基因产物。[29] 随后，丹佛埃里克森研究组[30] 成员、加州大学旧金山分校的迈克尔·毕晓普、哈罗德·瓦慕斯和其他同事[31] 以及索尔克研究所的托尼·亨特[32] 等人进行的生化实验表明，src 基因编码了一种蛋白质酪氨酸激酶。

毕晓普和瓦慕斯的一个开创性发现解释了病毒致癌基因的起源。当时，他们提出了一个假说：病毒中的致癌基因来源于正常细胞中负责生长调控的基因。我们是否有可能在人类或其他物种中找到与 src 具有亲缘关系的蛋白（细胞同系物）？当病毒携带这些基因时，什么原因让它们具有致癌性？通过放射性标记的 DNA 探针与分子杂交试验，毕晓普和瓦慕斯发现几种禽类的基因组中也包含 src 样基因，它们能够与病毒 DNA 复合或形成杂交体（注：劳斯肉瘤病毒具有 RNA 基因组，因此实验前要先使用逆转录酶，即 RNA 依赖性的 DNA 聚合酶，将 src RNA 转化为 DNA）。[33]

20 世纪 80 年代初，在 DNA 测序方法出现之后，毕晓普和瓦慕斯测定了病毒（包括劳斯肉瘤病毒及其近亲禽类肉瘤病毒）、几种禽类以及人类基因组中的 src 基因序列。[34, 35] DNA 序列分析证明，病毒致癌基因的确起源于细胞内的"原癌基因"。到 1989 年毕晓普和瓦慕斯因其在逆转录病毒和致癌基因方面的工作获得诺贝尔奖时，分子技术和 DNA 测序已经帮助我们鉴定出了超过 60 种原癌基因。这些基因编码的蛋白，大多数（包括 src）的正常功能是通过信号通路或调控回路控制细胞生长与分化。对 DNA 序列的研究表明，癌症确实是一种由基因上的改变（突变）引起的遗传病。这种突变有可能是 DNA 碱基的增加或减少（插入或删除），也有可能是一种被称作点突变的单核苷酸改变（也称作单核苷酸多态性或单核苷酸变异），最终导致蛋白氨基酸序列发生了变化。借助 DNA 测序技术，我们可以方便地找到这些导致遗传"损伤"的突变。而像 src 这种基因，我们并未在人类癌症样本中发现它的突变形式；事实上，多份 src 基因导致的基因异常扩增或信号蛋白的过度表达是它导致癌症的原因。

接着，2000 年，历经了一代人的研究之后，罗伯特·温伯格和道格拉斯·哈纳汉从过去数十年的观察和实验（包括对 src 基因的研究）中总结出了"癌症标志物"的概念，并获得了研究领域和医学界的广泛认可。[36] 其中，最著名的两类标志物是"存在激活的致癌基因"与"抑癌基因的失活或缺失"。有证据表明，治疗各种癌症的一种有效手段是使用"靶向治疗"研制专门遏制致癌基因的药物。20 世纪 80 年代发现的致癌基因 BCR-ABL 为这一领域带来了一项重大突破。[37]BCR-ABL 是染色体易位导致的基因融合产物，也是慢性髓细胞性白血病的元凶。慢性髓细胞性白血病是一种罕见血癌，它的两大诱因是细胞生长失控和细胞死亡信号通路（细胞凋亡）失控——它们也是两种癌症标志物。通过筛选靶向 ABL 癌基因的蛋白质酪氨酸激酶抑制剂，瑞士制药巨头诺华公司发现了化合物甲磺酸伊马替尼。[38]后续研究发现，这一小分子也对其他蛋白质酪氨酸激酶（c-KIT 和 PDGFRα）具有活性。对于由这些基因中的突变引起的癌症，甲磺酸伊马替尼可能会延缓疾病的发展。2001 年，诺华公司的甲磺酸伊马替尼成为首个获得美国食品药品监督管理局批准的慢性髓细胞性白血病精准治疗药物。这一药物在美国的商品名是格列卫。[39]

格列卫的出现将慢性髓细胞性白血病从一种致死疾病转变为了慢性疾病。这一成功极大地推进了其他具有分子特异性的药物的研究与开发。在格列卫被推向市场之际，第一个人类基因组序列测序结果于 2001 年问世（初稿于 2001 年发表；完整版于 2003 年发表），为药物捕手们提供了大量潜在的新药靶点。然而，人类基因组信息本身对癌症研究帮助有限。如果没有基因组学方法为我们揭示基因功能，增进我们对肿瘤生长调控过程的理解，癌症研究就会停滞不前。在这一阶段，科研人员仍然专注于单个基因，临床医生继续通过解剖学手段观察肿瘤（例如乳腺癌、肺癌或肝癌），没有人关注癌症间共有的潜在分子特征。

基因组学后来居上，引领癌症研究进入了更加定量化与计算化的研究阶段。2008 年，大规模并行的二代测序技术已然成熟，华盛顿大学圣路易斯分校基因组中心的伊莱恩·马迪斯和理查德·威尔逊在一项提交给美国国立卫生研究院的项目基金申请中提出对整个癌症基因组进行测序。相比于在给定癌症类型中针对单个基因进行假说检验，全面肿瘤测序将为我们提供一种客观的、没有预设立场的无偏方法，用于揭示癌症中的分子变化。也可以说，这一过程是在寻找体细胞突变——在个体出生后发生于易患癌组织中的遗传变化。马迪斯和威尔逊认为，虽然正常人体基因组序列数据对癌症研究帮助不大，但既然自动化 DNA 测序技术和信息学工具已经就位，那么他们可以尝试开发一种新的研究方法，即肿瘤/正常细胞测序。基金审批人员却有着不同的看法。他们强烈建议，与其耗资 100 万美元进行大规模肿瘤 DNA 测序，不如继续采取过去 20 年的传统方法，对单个基因进行深入研究。

尽管基金申请并未获得批准，但马迪斯、威尔逊和基因组中心的同事们仍坚持利用因美纳公司最新的基因分析仪器对一位急性髓系白血病患者进行了 DNA 测序。这篇具有历史意义的论文发表在 2008 年的英国《自然》杂志上。首先，二代测序技术以惊人的准确性识别出了患者肿瘤组织与正常皮肤细胞基因组间的 3 813 205 个单核苷酸多态性位点。接着，借助计算分析工具，研究人员排除了自然发生的和非肿瘤特异的单核苷酸多态性位点，最终确定了 8 个获得性体细胞突变，并对每一个突变位点进行了独立验证。他们在论文摘要的结尾重重驳斥了短视的基金审批人员："通过研究，我们将全基因组测序技术发展成了一种无偏的癌症起始基因发现方法。这些在过往研究中被忽略的基因也可能成为靶向疗法的靶点。"[40]

在接下来的 10 年间，癌症基因组图谱[6]、国际癌症基因组联盟[7]等组织对数以千计的癌症基因组进行了测序。与此同时，癌症基因组研究催生出了一类新的产业：利用已知 DNA 突变、癌症特异性基因表达谱的分子特征以及细胞表面抗原进行癌症诊断。基因组测序（包括全基因组测序、全外显子组测序和靶向测序）带来了令人难以想象的数据资源，包括 ClinVar、dbGAP 和 COSMIC（癌症体细胞突变目录）[41, 42]在内的许多数据库因此兴起。COSMIC 始建于 2004 年，它是一个基于文献的科学数据库，旨在搜集所有已发表的肿瘤样本和突变数据。第一年，通过桑格研究所的相关项目，COSMIC 整理收录了 66 634 个肿瘤样本和 10 647 个相关突变。到 2018 年，COSMIC 的数据量大幅增长，达到了 140 万个样本和 600 万个突变。通过分析庞大的数据样本，研究人员发现 223 个关键癌症基因驱动了几乎全部 200 种人类癌症。[43]

与这些研究进展矛盾的是，对于大部分癌症，我们仍然没有办法对相关基因或信号通路进行针对性治疗。制药业在癌症新疗法研发方面取得的成果非常有限，全球大多数癌症药物发现计划的成功率仅徘徊在 10% 左右（如果我们计算流失率，那么临床试验阶段的失败率高达 90%）。制药业高管一致认为，要想提升候选药物在临床管线中的通过率，为面临严酷化疗和手术的无数癌症患者增加生存机会，肿瘤药物研发还需要解决几个关键问题。在人们看到了免疫疗法在数种癌症中展现出的奇迹般的效果后，大量投资就会立刻涌入免疫疗法与嵌合抗原受体 T 细胞免疫治疗领域。与此同时，经典的基于靶点的小分子药物设计则亟待由功能基因组学提供新的思路。为什么候选药物没有实现预想的治疗效果？为了回答这个问题，我们需要首先确认药物针对的靶点蛋白（即从肿瘤中发现的致癌驱动因子）是否为理想的目标，并思考如何才能提升抗癌药物的临床疗效。例如，大多数药物筛选试验是在癌细胞系中进行的，我们是否理解这些细胞模型在分子层面的特征？我们应该像分析原发性肿瘤一样对这些细胞系进行全面的分子特征分析。另外，人们还发现，虽然有些药物无法观测到积极的临床统计效果，但这些药物确实能够结合靶点蛋白，并且特定的基因突变谱更容易响应这些药物。这就是个性化精准医疗的雏形——"在正确的时间为正确的患者提供正确的药物"，以获得更好的结果。人们期待，通过进一步洞察基因组、表观基因组和临床数据，能够更好地判断患者对特定药物的响应，从而促使抗癌化合物研发走向更加量身定制的方向。

一支来自英国的顶尖科学团队率先做出了尝试。他们利用数据驱动的方法整合了功能基因组分析与药物筛选过程，并借助机器学习挖掘出了能够预测药物反应的癌细胞特征。[44] 这个由马修·加尼特研究组开发的框架高度依赖于定量方法。他们借助计算机算法从 11 289 个人类患者肿瘤样本的基因组数据中找到了数千个具有临床意义的癌症功能事件。这些事件大致可以分为突变、扩增和缺失，以及基因启动子高甲基化——这是癌症表观遗传修饰改变的重要特征。利用这些多组学数据与基因表达谱分析（转录物组学），加尼特研究组评估了超过1 000种源自肿瘤的癌细胞系，建立了这些细胞系的状态矩阵，确定了基于多组学的"脱水"版癌症功能事件。通过对比原发性肿瘤与细胞系，加尼特研究组发现了大量跨细胞系存在的重要癌症相关突变，这为我们利用这些分子特征明晰的体外模型进行药物敏感性筛选奠定了基础。

接下来，研究人员通过一项大规模药物基因组学分析实验测定了265种化合物对不同细胞系的细胞活力的影响，从超过20万条剂量-反应曲线中产生了超过100万个数据点（每个化合物对应5个数据点）。研究人员将所有实验得到的数据（IC50值）输入了基于统计学和机器学习的混合定量框架，最终输出结果便可以提示我们哪种药物更适用于哪种癌症，以及什么样的数据类型对于药物敏感性具有最佳预测效果。药理学模型揭示了大量具有癌症特异性的药物-基因组相互作用，而机器学习模型表明，基因组特征（癌症驱动突变和基因扩增）最适合用于敏感性预测。对某些特定类型的癌症而言，DNA甲基化数据相较于基因表达数据能够进一步提升模型表现。药理学模型为我们提供了可以用于临床测试的潜在新疗法，具有直接的临床意义；而机器学习模型告诉我们，癌症临床诊断应侧重于检测潜在的DNA改变，而非其他肿瘤分子特征（如DNA甲基化与基因表达）。如果要研究单个基因如何影响癌症表型或药物反应，基于CRISPR-Cas9的基因组尺度筛选是更加有效的方式。[45]这种分子遗传学方法是另一种全面客观、没有预设立场的无偏研究手段。

借助 CRISPR–Cas9 技术，我们可以用极其精确的方式激活、突变或沉默（敲除）单个基因。当早期研究聚焦于特定基因和通路时，这种基因组水平的筛选能够检验基因组中的每一个基因，以及基因组中可能存在的其他功能性元件。通过在细胞系模型中利用 CRISPR 系统进行功能失去型筛选，我们可以快速发现那些能够促进癌症转化、维持肿瘤性质的关键药物靶点蛋白和细胞通路。这让 CRISPR 技术变得颇具影响力。而算法则用于处理实验中产生的信息并确定癌症药物靶点的优先级。

类似的研究思路使得计算癌症研究逐渐成为热点。在一项研究中，贝汉及其同事设计了基因组水平的 CRISPR–Cas9 筛选实验，通过细胞活力测试找出了对癌细胞存活至关重要的基因。[46] 他们对 324 个癌细胞系中的 18 006 个基因进行了定向敲除，并通过超过 900 组实验测定了每个基因的"适应值"（这里的适应值与癌细胞存活能力相关）。最终，每个细胞系有 1 459 个处于中位的基因进行了适应值测量。这种体量的结果已经大大超过了传统研究方法的能力极限。因此，贝汉等人设计了一种叫作 ADaM 的计算机方法，对所有测定了适应值的基因进行了分类。如果一个基因在全部 13 种癌症类型（比如乳腺癌、胰腺癌、中枢神经系统肿瘤）中的 12 种里都被指定为低适应值基因，那么它就被称作"泛癌核心低适应值基因"，而其他基因则是"癌症特异型低适应值基因"。研究人员一共找到了 533 个泛癌核心低适应值基因。其中的 399 个是早前报道过的关键基因，还有 123 个是新发现的关键基因，它们参与了癌细胞的必需功能。而在癌症特异型低适应值基因组中，研究人员又发现了866个关键基因。后续分析从这两组基因中一共找出了628个可能的新药物靶点，其中74%的靶点仅针对某一种或两种特定癌症，这是非常了不起的分析结果。这项由计算驱动的研究，无论是规模还是成果都令人赞叹不已。它给癌症药物设计这一靶点贫乏的领域提供了进一步探索的工具及与治疗方法相关的假说，以利用体外或体内癌症模型进行测试与检验。

结构生物学与基因组学

数据科学和计算方法是结构生物学的驱动力。要想更加高效合理地搜寻关键靶点蛋白或改变复杂细胞通路，药物研发人员就需要依赖基因组学与结构生物学共同提供的关键数据。在身在北京的中国科学家上传新型冠状病毒基因组数据之后，数小时内，世界各地的研究人员就可以通过云计算工具分析序列、设计实验，并在实验室合成相关基因和蛋白质来进行进一步研究了。

当科学家谈论蛋白质结构时，他们通常指的是二级或三级结构——它们都是蛋白质在自然界中折叠的结果。所有蛋白质均由一串氨基酸类化合物组成，每种氨基酸都属于20种通用氨基酸中的一种。每种蛋白质独特的三维结构决定了它的生物学功能。蛋白质一级结构只是氨基酸的有序排列，二级结构则由一级序列的模式决定。一级结构中的重复序列就是一种常见模式，它可以形成螺旋，或各样片层形式的二级结构。

要获得三维结构数据，我们必须找到对应基因并生产相关蛋白质。首先，我们利用标准分子生物学方法扩增并克隆基因片段。然后，我们将克隆材料插入细菌基因组（有时也用酵母或其他细胞）并进行菌落培养，这些菌落就会生产重组蛋白。纯化并冷冻保存的蛋白或送入冷冻电子显微镜，或在结晶后通过 X 射线晶体学方法进行结构观察。

2020 年还没过去几个月，研究人员就已经从基因组序列中解析出了新型冠状病毒 3 个重要蛋白的原子尺度三维结构。这 3 个蛋白是制药和疫苗设计的关键靶点：刺突糖蛋白、主蛋白酶和依赖于 RNA 的 RNA 聚合酶。尽管新型冠状病毒基因组是迄今为止人们发现的最大的 RNA 病毒基因组之一，但它一共仅编码不到 30 种蛋白质。相比之下，大肠杆菌（存在于人体微生物组中）这样的原核生物基因组拥有大约 5 000 个基因，而苍蝇、马和人类等生物体包含 1.5 万 ~3 万个蛋白质编码基因。

在利用冷冻电子显微镜技术获取并处理了 7 994 幅显微影片后，我们获得了分辨率高达 2.9 埃（水分子的直径是 2.75 埃）的新型冠状病毒依赖于 RNA 的 RNA 聚合酶复合物（包括 nsp7 蛋白和 nsp8 蛋白）图像。[47] 这一结构基础不仅帮助我们理解了瑞德西韦这种抑制剂分子与复合物结合的原理，还启发我们进行了更多候选抗病毒药物的设计。刺突糖蛋白是病毒结合宿主细胞表面受体 ACE2 所必需的病毒表面蛋白。[48] 类似地，刺突糖蛋白的三聚体构象结构（见图 1-2）也为我们带来了药物设计的灵感。还有主蛋白酶结构——一种蛋白水解加工酶，它的作用是从较长的病毒多蛋白序列中切割和释放成熟蛋白片段，对于病毒不可或缺。[49] 在未来几个月里，为了推动新冠药物研发，我们将会解析出更多高分辨率的药物结合蛋白结构域以及抗原抗体复合物结构。

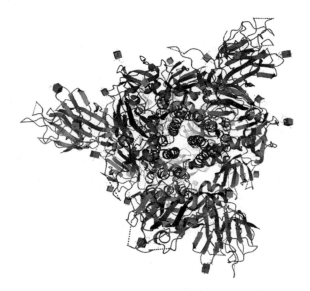

图 1-2　新型冠状病毒刺突糖蛋白结构 [49]

　　如何利用纯计算的方法，从线性一维序列中预测出蛋白质三维结构，是结构生物学的圣杯级问题。在我们能够利用一个服务器集群中的数千个计算节点来运行蛋白质折叠算法之前，人们便已经进行了一系列尝试。例如，华盛顿大学的 Folding@home 项目。这一项目起始于 2000 年，由斯坦福大学维贾伊·潘德实验室启动。他们以招募志愿者的方式，利用志愿者个人电脑里的 CPU（中央处理器）来进行分布式计算。[50] 在过去的 20 多年里，潘德实验室发表了上百篇论文，也利用新型冠状病毒基因组预测了大量高质量结构。DeepMind 公司（2015 年被谷歌收购）的团队则搭建了 AlphaFold 模型，首次发布了使用深度学习模型预测蛋白质结构的工作成果。[51] 这一成果最令人赞叹的一点是，他们的算法可以不借助同源模板对一级结构建模。AlphaFold 的核心是卷积神经网络，它以蛋白质数据库中的结构作为训练数据，学习预测蛋白质残基对的碳原子之间的距离。

DeepMind 在网站上宣称，"无模板"或从头计算的自由建模方法可以预测新型冠状病毒的部分蛋白结构。[52] 大量计算研究组正在通过一系列创新方法尝试更加准确的三维结构预测，DeepMind 和 Folding@home 只是其中的缩影。每年，CASP（国际最知名的蛋白质结构建模预测比赛）都会吸引 50~100 支团队参与。在自由建模这个类别中，AlphaFold 在 CASP13 上的表现远超大众预期，在每年的进展曲线上留下了一个陡峭的转折。随着疫苗和治疗开发走上制药领域的中心舞台，计算机生成的分子结构或将对全球公共卫生产生重大影响。

人类基因组测序

其实，生物学真正需要的是一个庞大的信息库——对几种关键生物的遗传结构的详细了解。其中包括人类，原因很明显。

——罗伯特·辛斯海默

圣克鲁斯工作室，1985 年 5 月

1939 年，在著名科学家阿尔伯特·爱因斯坦向富兰克林·罗斯福送达一封信件后，曼哈顿计划启动了。这封信件的内容现在已经尽人皆知：根据爱因斯坦对欧洲各地科学进展的了解，他认为我们已经具备了制造一种强力炸弹的技术可行性。通过这一绝密计划，人们实现了两种核链式反应的途径。在第二次世界大战末期，它们被部署在原子弹里，投放到了长崎和广岛。后续美国能源部领导发起的所有"大科学"项目都以曼哈顿计划的组织形式与工程模式为典范。

随着生物技术的诞生和人类遗传学研究的进步，从 1985 年左右开始，知名生物学家们和能源部健康与环境研究办公室的管理人员就在各种会议上提出并讨论了对整个人类基因组进行测序的提议。[1, 52] 这一项目被美国能源部称为人类基因组计划，它旨在为生物学和医学研究提供宝贵的信息资源，展示美国在科学领域的竞争力。同时，作为美国能源部评估核武器与核能源健康风险的任务的一部分，人类基因组参考序列可以成为一个理想的选择，帮助能源部评估辐射和能量透射造成的遗传损伤。但对生物学界来说，这是一个极其大胆的目标。与曼哈顿计划不同的是，这个项目的每一阶段都没有明确的技术路线。

在 1985 年的圣克鲁斯会议上，研讨会与会者明确了几项必须满足的要求。其中，至少 3 项对人类基因组测序至关重要的技术仍然不够成熟。首先，我们需要分子技术来构建基因组的物理和遗传图谱。戴维·博特斯坦首创的遗传定位技术为我们带来了曙光。当时，这一技术正在逐渐成熟，并可能用于定位人类基因组中的致病基因。[53] 另外两个实验室正在同时进行基因的物理定位工作：华盛顿大学的梅纳德·奥尔森团队在研究酵母基因组，而剑桥大学的约翰·萨尔斯顿关注线虫研究。这两项工作提供了人类基因组物理定位的技术可行性，但它们的方法对大型基因组来说可能过于烦琐。[54, 55] 奥尔森开发出了最早一代计算算法，从限制酶处理后的 DNA 产物中恢复基因定位信息。

自动 DNA 测序技术也是必不可少的。但在当时，只有一个实验室实现了这项技术。1985 年，第一台原型 DNA 测序仪刚刚在帕萨迪纳的加州理工学院的勒罗伊·胡德团队中建成。[56] 与测序相关的问题是，大家并不清楚我们需要什么样的计算方法来辅助测序与重构基因组，也不知道如何处理、储存和分析这些信息。第一个核苷酸序列匹配与比对算法慢得出奇，根本没有办法扩展到高通量数据分析的场景。此时，距离我们发明那些关键算法——测序质量评估、将测序片段组装为基因组，还有很长的一段时间。更要命的是，人们甚至不知道到底应该选择什么样的测序方式，也不清楚实现基因组测序计划需要解决什么样的计算问题。在 1985 年，测序完成的最大基因组是 EB 病毒①，一共有 1.72×10^5 个碱基。人类基因组大约有 3×10^9 个碱基。打个比方，这就好像我们的目标是抵达距地球 9 000 万英里②的太阳。当时，我们已经通过商业飞行器完成了旧金山到巴黎的 5 500 英里航程。为了完成剩下的旅程，我们必须打造一艘航天器。对怀疑论者而

---

① EB 病毒是一种疱疹病毒。——译者注
② 1 英里 ≈1.609 千米。——编者注

言，实现这一生物学领域的"大科学"项目似乎是白日做梦。

在1985年举行的圣克鲁斯会议上，12位专家打成了平手：一半赞成，一半反对。麻省理工学院的遗传学家博特斯坦是人类基因组测序项目的坚定反对者。博特斯坦以及其他科学家担心这样的大型科学项目会影响那些小型研究组继续从美国国立卫生研究院获取RO1经费。另一些来自科学界和国会的反对者则对项目预算持有异议。据初步估计，这一项目将在未来的15年间花费10亿~30亿美元。除此之外，人们对科学的政治化、项目如何组织以及谁来决定项目的科学重要性等问题均有争议。一些研究人员认为，获取染色体全部DNA序列并没有什么意义，他们更加关心外显子中包含的蛋白质编码序列。但我们无法轻易从真核基因的基因组DNA中分辨出内含子或外显子。由于当时的基因组项目并未包含基因发现算法的开发，我们只能通过信使RNA转录物分析获取编码序列信息。

与之相反的是，分子生物学家和人类遗传学家对人类基因组项目热情高涨。在他们的宏伟愿景里，全面解读我们自己这种物种的基因组序列，将会极大地帮助我们理解人类本质、实现医学突破。当时盛行的还原论的拥趸认为，基因组序列信息将为我们揭示每一个基因的奥秘，这将是通向所有生物学秘密的钥匙。从遗传学家的角度来看，基因组研究将极大地推动医学发展。他们期冀测序与遗传变异名录的建立能够揭露约3 000种已知遗传疾病的病因。后来，人们意识到这种观点过于理想化与简单化。例如，对精神分裂症而言，尽管我们掌握了丰富的家族史和病史信息，以及精神分裂症患者的已知基因变化，但我们仍对这种疾病的神经病理学细胞基础知之甚少，针对各种神经递质系统的治疗方法也均以失败告终。

沃尔特·吉尔伯特是基因组计划的狂热支持者之一。那时，他刚刚离开渤健（属于最早一批开发基于重组 DNA 技术疗法的生物科技公司），回到哈佛大学。但是，吉尔伯特不相信政府的努力会取得成功，在詹姆斯·沃森领导的探索人类基因组计划的美国国家科学院委员会里，吉尔伯特一直是刺头一样的存在。[57]后来，吉尔伯特退出了这一委员会，开始做出将基因组测序私有化的努力——为他新孵化的灵感，一家名为基因组公司的初创公司寻找风险投资。[58]这是一个颇为大胆的举动。吉尔伯特第一次管理生物技术公司的经历并不成功，他在 1984 年被迫辞去了渤健首席执行官的职务。此前两年，渤健一直处于亏损状态，考虑到与同类型优质公司，尤其是旧金山的基因泰克公司的竞争，情绪紧张的投资者想要一位商业领导经验更加丰富的管理者。但抛开商业经历不谈，吉尔伯特是一位才华横溢、富有创新精神的科学家，自 20 世纪 60 年代初以来，他就为分子生物学领域贡献了诸多基础性发现。1980 年，吉尔伯特因开发 DNA 测序技术与弗雷德里克·桑格共同获得诺贝尔化学奖。

吉尔伯特热衷于推进他自己的人类基因组测序计划，并将基因序列信息转化为商业利润。这种想法引起了许多人的担忧，甚至引发了伦理问题。一家私营企业怎么可以拥有基因组信息？如果你拥有一个新测序的 DNA 片段，那么其是否会被视作一种新颖的"物质组成"，并能够申请专利？对风投资本家来说，他们无法想象其中可以盈利的商业模式，也不知如何评估基因数据市场的规模。最终，由于1987年10月的股市崩盘，基因组公司从未实现腾飞。然而，10年之后，基因组测序领域的同人们震惊地发现，在人类基因组测序计划逐步推进的时候，生物学家与生物技术企业家克雷格·文特尔成立了一家私人公司——塞雷拉基因组公司，其与政府资助的项目展开了竞争。文特尔的目标是通过一个碱基接一个碱基的测序，实现基因组信息的商业化。

尽管美国国立卫生研究院支持的学术界整体上对人类基因组测序项目兴致不高，国会却非常看好这一疯狂的想法。1988年，国会向人类基因组计划拨款，这笔款项流向了美国能源部与美国国立卫生研究院，双方同意合作推动项目进行。这一计划草案于1990年4月公布，第一个5年目标是完成相应技术的开发，第二阶段则预计在2005年完成完整基因组测序，项目整个生命周期的预算估计为30亿美元。美国能源部的工作将由3个具有出色技术开发经验的国家实验室牵头：劳伦斯·利弗莫尔、劳伦斯·伯克利和洛斯·阿拉莫斯国家实验室。美国国立卫生研究院则成立了一个专门的机构——人类基因组研究办公室来监管测序项目，由沃森兼职管理。项目的另一项战略举措是招徕全球顶级研究中心里从事基因组测序工作的实验室，并以国际人类基因组测序联盟的名义推动各组织间的合作。几年之后，美国国立卫生研究院成立了国家人类基因组研究中心，其在1992年沃森离职后由弗朗西斯·柯林斯领导。人类基因组计划于2003年正式完成，估计耗资 27 亿美元——提前了 2 年，节约了 3 亿美元预算。

自 2001 年人类基因组工作草图发表以来，人类基因组计划已经成了载入史册的巨大成就，每一步突破都得到了详尽记录。[59, 60] 不管作为政府项目还是私人项目，我们能够完成这一不可能的挑战，离不开最初对它的工程化设计。美国能源部就是为了管理这样高预算的大型技术开发项目而存在的，其涉及的项目从望远镜到高能物理设备，不一而足。人类基因组计划的推进也伴随着 DNA 测序仪器、DNA 序列组装策略和基因组中心之间项目数据协调等领域源源不断的技术创新。对包含 30 亿个碱基对的人类基因组进行测序，这一愿景驱使测序通量指数级提升，测序成本大幅降低，并同时推动了许多其他重要的基因组学项目。

在人类基因组项目的初期，人们没有意识到，如果一直采取最初的方式，对嵌入大量克隆载体的重叠、连续 DNA 片段进行测序，我们就无法在 10 年之内完成测序。直到全基因组鸟枪法出现，完成基因组测序才成了可能。全基因组鸟枪法测序的概念于 1981 年提出，后续由基因组研究所的克雷格·文特尔实现了大规模开发。[61, 62] 1995 年，基因组研究所宣布了一项开创性的研究成果，他们利用鸟枪法完成了流感嗜血杆菌的测序，这也标志着 DNA 测序能力的腾飞（见表 1-2）。从 1965 年测定第一个 DNA 分子，到完成第一个人类基因组测序，随着时间的推移，推动研究取得进展的力量由化学突破转变为设备发展，最终，大规模并行测序和与之相匹配的高性能计算帮我们实现了目标。

表 1-2 DNA 测序的里程碑事件——从单基因到宏基因组

成就	分子或基因组	年份	长度（碱基数）
第一个 DNA 分子	丙氨酸转移 RNA	1965	77
第一个基因	噬菌体 MS2 包被蛋白	1972	417
噬菌体 RNA	MS2 RNA 序列	1976	3 569
噬菌体 DNA	phiX174 DNA 序列	1977	5 386
病毒基因组	SV40	1978	5 200
噬菌体	Lambda 噬菌体	1977	48 502
细胞器基因组	人类线粒体	1981	16 589
病毒基因组	EB 病毒	1984	172 282
细菌基因组	流感嗜血杆菌	1995	1 830 137
酵母基因组	酿酒酵母	1996	12 156 677
第一个多细胞生物	秀丽隐杆线虫	1998	100 000 000
模式生物 无脊椎动物	果蝇	2000	120 000 000
模式生物 植物	拟南芥	2000	135 000 000
脊椎动物基因组	智人	2001	3 000 000 000
模式生物 脊椎动物	小鼠	2002	2 500 000 000
尼安德特基因组 （古 DNA）	尼安德特人	2010	3 000 000 000
宏基因组	人类微生物组	2012	22 800 000 000

在人类基因组计划的整个生命周期中，生物信息学和计算生物学技术得以诞生并发展。在基因组测序接近完成的时候，信息技术的重要性越发凸显——DNA 序列组装需要大量的 CPU 与内存。人类基因组计划建立了一个全新的生物学研究框架，为生物学研究带来了影响深远的益处。从此，科学家不再需要在实验

之前就选定基因、变异或细胞机制作为假设验证的对象，而是可以客观全面地从基因组的角度看待问题。从人类学到动物学，人类参考基因组序列的完成为我们打开了跨越不同领域的发现之门。

现在看来，信息革命带来的强大能力是高科技领域赋予生物学的重要礼物。推动人类基因组计划的几位首席科学家在 2003 年回忆了计算在项目中的重要性。戴维·博特斯坦说，项目完成过程中最令人惊讶的一点是，如果没有计算机，就不会有人类基因组计划。梅纳德·奥尔森说："在这之前，整个计算基础体系都不存在。"[63] 对加州大学圣克鲁斯分校的戴维·豪斯勒来说，他的同事吉姆·肯特的工作直接反映了计算的重要性。吉姆·肯特负责最终的基因组组装，是基因组组装软件和基因组浏览器软件的主要开发人员。[64, 65] 人类基因组计划的宏伟壮丽激发了豪斯勒心中的诗意：

> 我们意识到——我们有一种走进历史的感觉，就是这样！这是世界——整个世界第一次看到它世代继承的基因遗产。人类是 38 亿年进化的产物。这就是我们的祖先历经无数次伟大胜利和沉重失败，为我们精心雕琢出的令人赞叹的信息序列。这是我们第一次阅读它。我们真的在阅读祖先传承下来的有关生命的密码。[63]

21 世纪的计算生物学

2003 年完成的人类基因组测序并没有完全展现出基因组的惊人复杂性。从今天的视角来看，仅仅把基因组视作位于包含 23 对染色体的细胞核区域的信息存储栈，这种观念并不准确。在这种被摒弃的观点中，细胞会从静态基因组中获取指导细胞活动的指令，就好像计算机通过加载软件、运行硬件来执行操作一样。现在，没有人会把基因组比作计算机软件。

静态基因组的错误认知源于我们缺乏对细胞调控（如基因转录、DNA 复制和修复以及表观遗传事件）的了解。后基因组时代的分子研究发现，一系列相互作用的调控分子和调控过程催生了高度动态的三维基因组。除此之外，我们还发现了非编码 RNA 家族以及新的调控机制，其中包括微 RNA、干扰小 RNA 和长链非编码 RNA，它们在被转录后主要起到抑制基因表达的作用。微 RNA 和干扰小 RNA 的存在能够触发一种被命名为 RNA 干扰的基因沉默途径，从而在多个水平上抑制基因表达。染色体区域可能处于"封闭"异染色质或"开放"常染色质状态，这种 DNA 可及性的变化严格调控着 DNA 复制和转录过程。RNA 干扰在 DNA 复制过程中起到重要作用，并能抑制占据基因组一半容量的转座因子的表达。

还有一项人们已经发现了几十年的知识，也是基因组复杂结构与调控的重要特征：超远距离增强子元件和近端基因启动子的相互作用。这两种基因组元件间的距离常常可达 10 万个碱基，为了调控基因活性，它们需要在三维基因组空间中彼此接近，这样，增强子上的基因激活转录因子就可以启动基因转录起始位点附近的启动子。近年来，人们揭示了许多有关三维基因组的重要特性。基因组的很大一部分（30%~40%）与核纤层相互作用，长达10兆碱基的DNA异染色质区域与核纤层共同形成核纤层相关结构域。[66] 核纤层相关结构域中的物理相互作用似乎能阻止对基因启动子的访问。这代表了又一种转录抑制的机制。

最后，新技术也在为我们揭示基因组层面表观遗传修饰的本质和尺度。环境影响或个人经历可以通过表观遗传机制促使基因组产生可遗传的变化。这一过程并不改变基因序列，而是修饰DNA或与DNA结合的组蛋白，从而改变基因活性。具体来说，表观遗传变化通过直接影响胞嘧啶碱基的甲基化（DNA甲基化）或组蛋白修饰（例如可逆的乙酰化或甲基化）来调节基因组功能。这些机制的发现为我们展现了一幅全新图景：动态三维基因组与数千个分子相互作用，在不同核亚域间进出，调控着数以千计不同基因组合的表达。这些基因表达的产物就是负责执行细胞所有生化过程的蛋白质。弗朗西斯·克里克提出的强大分子生物学框架——DNA制造RNA，再制造蛋白质的中心法则，又进一步增加了反馈调控的维度。因此，在过去10年里，一个更恰当的比喻是将基因组视为RNA机器。[67] 但同时，基因组也存储来自表观遗传修饰的记忆，并在重组和复制的循环中将数据传递给下一代。所以，一个更加全面的观点是，基因组是一个用于信息处理的分子机器。

人类基因组测序的应用

对大多数计算生物学家来说，人类参考基因组信息已经唾手可得——3.275GB（吉字节），一个不算大的文件，只需要一分钟就可以从互联网上轻松下载。孩子们可能会用一节高中生物课的时间在网站或基因组浏览器（由美国博德研究所[68, 69]、美国加州大学圣克鲁斯分校基因组研究所[65, 70]或英国桑格研究所[71, 72]开发）上浏览基因和遗传变异。现在，研究者还可以借助丰富的注释信息深入研究基因组。在基因组的任何区段，我们都可以获取功能性元件（例如外显子和内含子）位置、表观遗传修饰位点、转录物身份和具有临床重要性的已知突变等信息。

任何人都可以免费使用、探索价值30亿美元的测序产出和相关技术，这无疑是一件令人惊叹的事情。其实，我们在各行各业都能看到类似的现象，这是商业产品复杂工程成果的最终呈现。例如iPhone（苹果手机）、新研发的药物和台式计算机的图形处理器，每个产品都可能让相关公司花费超过10亿美元进行开发。这些产品是为庞大的消费市场打造的，成本可以在多年内摊销，利润率可观，因此这是一笔划算的长期投资。而对于纳税人资助的大型项目，全世界的研究组织都可以从中获益，并有望将这些科学知识正向回馈给社会。

在人类基因组计划推进的过程中，许多基因组中心和实验室建立了DNA测序工厂，并产出了大量有价值的基因组结果（其中的主要产出请再次参见表1-2）。现在的测序覆盖范围已经远不再局限于最初的模式生物，相关研究者已经完成了数千种真核生物以及数万种细菌的基因组测序工作。组学技术带来的大量实验测序结果同样被存放在各个核苷酸序列数据库中，例如美国国家生物技术信息中心的相关数据库。

在某种程度上，生成新物种的完整基因组序列仍然是一项技术要求很高，甚至需要灵感的工作，它依赖高超的计算技术进行基因组组装和序列注释。然而，人类个体基因组测序已经成为一项常规工作，我们不再需要对捕获的数据进行组装，将测序结果与最新的人类参考基因组进行逐碱基比对即可。

聚焦于健康或疾病中的遗传变异的 DNA 测序应用

以下应用利用了基因组序列变异检测的几种不同模式：全基因组测序涉及对整个基因组的分析，全外显子组测序捕获整个基因组中的蛋白质编码外显子的序列信息，基于二代测序的液体活检应用于在生物体液中发现的 DNA，靶向测序只检查特定基因子集或诊断相关的基因组合。以下是临床、消费者、科研人员与制药行业中使用人类基因组测序的场景列表。

罕见病诊断测序：利用全基因组测序定位遗传病突变，通常与亲本序列一起检测。

癌症诊断测序：利用全基因组测序、全外显子组测序或靶向测序对比肿瘤基因组与正常基因组，从而进行肿瘤临床评估；血液、尿液样本的液体活检和测序。

产前诊断测序：利用无创产前检测检查染色体异常（主要是21 三体综合征）。

个人基因组测序：基于研究目的或者直接面向消费者的全基因组测序或单核苷酸多态性阵列测序，用于识别遗传特征与健康风险。

人口研究：将全基因组测序和全外显子组测序用于疾病相关基因发现、人口等位基因频率计算、人类进化和迁移模式等基础研究。

病例对照研究：利用全基因组测序或全外显子组测序寻找与性状或疾病相关的遗传变异，用于基础或临床研究。

人口健康项目：国家出于公共卫生目的进行的全基因组测序，与人口医疗记录相结合。

药物基因组学研究：利用全基因组测序、全外显子组测序或靶向测序评估药物开发过程中的基因型–药物关联。

患者分层：在临床试验前，利用全基因组测序或全外显子组测序对个体按基因型分组。

药物研究：利用全基因组测序或全外显子组测序，识别风险等位基因、遗传修饰和疾病导致的功能缺失变异，从而进行药物靶点识别或靶点验证。

借助单核苷酸多态性芯片或微珠阵列在指定位点捕获"基因型"的技术也可以用于遗传变异的检测。

分析人类基因组序列信息

基于人类基因组测序的各类应用最终都希望实现两个目标：

确定疾病的遗传学基础，以及对个体和种群的变异进行归类。诞生于统计学、数学和计算机科学的计算生物学提供了实现这些目标的工具。在人类基因组计划刚刚完成的几年里，很少有人预料到基因组测序会成为成本约为 1 000 美元的常规操作。

正如我们在新型冠状病毒测序中所讨论的那样，二代测序技术为我们带来了突破性的机会。因美纳公司实现了二代测序方法的商业化，通过超高密度纳米孔阵列与合成化学测序相结合，这一方法能够同时并行数十亿个反应。它采用鸟枪法测序策略，将 DNA 剪切成数千万个片段并构建"文库"。通过对长度为 100~300bp 的片段进行测序，测序仪器可以产生数十亿个序列"读长"，这些读长随后会与人类参考基因组进行比对。这个方法的强大之处在于，理论上，我们可以用一定的测序倍数覆盖整个基因组，因此产生的冗余使得我们可以借助统计学方法确定准确的 DNA 序列与二倍体基因组中两份 DNA 拷贝共同决定的基因型。对于全基因组测序和全外显子组测序，我们需要 30~50 倍的基因组覆盖水平。图 1-3 展示了二代测序数据的现代分析流程。

二代测序数据的处理涉及仪器上的初级分析（例如碱基识别），基于参考基因组比对与多阶段变异识别的二级分析，随后是第三阶段的注释和解析。在二代测序方法的数据处理过程中，最消耗计算资源的是比对读长与参考基因组的步骤。这里我们将通过一个示例详细讨论这一步骤的难度：假设我们需要将 10 亿条读长映射回它们在基因组上的原始位置。从概念上讲，

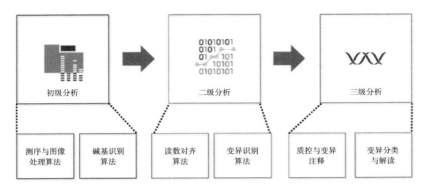

图 1-3 在因美纳测序仪上进行全基因组测序的基因组分析流程

我们可以将每个读长与基因组中的每个位置进行比对。对于一个 100bp 的读长，通过一次移动一个碱基，我们将进行 3×10^9 次比较。这种糟糕的搜索策略需要我们以非常低效的形式进行 3×10^{18} 次操作。同时，我们还有可能找不到完全匹配的序列；如果每 100bp 读长包含 1 个、2 个或 3 个碱基错配呢？即使只是暂存，我们也要考虑如何储存这样庞大的信息？为了解决这个问题，我们需要建立索引，采用类似于电话簿的方式，查找部分匹配的序列，并记录每个读长的最佳匹配。搜索算法就是这样利用索引和筛选步骤来避免计算爆炸的。[73] 这些搜索算法通常与能够容忍间隔与错配的比对程序结合在一起，从测序结果中生成匹配得分和其他评分指标。这些指标会与序列比对信息共同存储在巨大的二进制对齐文件里。

变异识别阶段的核心任务是捕获单个基因组中的序列和结构差异、记录存在的基因型及数据质量评估。计算生物学家花费了10 多年时间，开发出了一套更适合处理复杂任务与二代测序数据相关参数的工具。这一算法必须拥有确定合子性的能力，即判断基因型是以纯合子还是杂合子状态存在。同时，设计使得这一算法能够识别各种变异类别，其中包括：

- 种系和体细胞单核苷酸变异。
- 插入和删除。
- 拷贝数变异。
- 结构变异。
- 染色体断点位置。
- 基因融合。
- 新生突变。

许多工具都是基于贝叶斯统计框架实现的，并借助机器学习模型来提高基因型预测的准确性。[74, 75]

对于这种大数据集的分析，研究人员面临的根本问题是，如何区分基因组中存在的真实变异与测序或比对错误。测序仪器的错误率在 0.25% 左右。[76] 基因组变异的频率与仪器错误率相当或更低：每 500~1 000 个碱基出现一次单核苷酸变异（即 0.1%~0.2%）；拷贝数变异和结构变异则更为罕见。我们立刻就能发现，与基因组变异的期望发生率相比，测序错误更加常见。实践证明，利用贝叶斯定理预测变异位点十分有效。使用假设（H）和数据（D）确定贝叶斯定理中的概率（P）的简单数学公式如下：

$$P(H|D) = P(H)P(D|H)/P(D)$$

在任何位点寻找变异时，需要考虑 4 种纯合假设（AA、CC、GG、TT）和 6 种杂合组合（AC、AG、AT 等）。给定位点的基因型频率可以从"千人基因组计划"这样的种群数据库中估计出来。这些数据库还可以作为单次实验样本数据的补充，用于更新贝叶斯先验概率。在变异识别工具（例如 GATK 的单倍体识别工具）中，我们通过计算基因型可能性而非概率来估计假设是真还是假。就像贝叶斯学习和贝叶斯网络在当今许多行业中得到成功应用一样，贝叶斯方法在基因组学领域的应用也十分广泛。

尽管公众往往关注个人基因组，但变异发现的相关研究主要是在家族或大量人群中进行的。通常，我们需要 1 万甚至 10 万个个体基因组才能够发现新的变异并检测变异与疾病之间的关联。之所以需要进行这样的大规模基因组学研究，是因为大多数常见变异是已知的（并且是非致病性的），并已记录在数据库中；小规模研究更容易产生偏差（例如，种族多样性低）；而如果没有家族基因组信息的辅助，我们就很难从数据中识别出新生突变。为推动这些类型的研究，人们开发了许多新的工具，包括可以利用家族信息更准确、更全面地推导出基因型的"联合"变异识别算法。在联合识别算法中，我们会对全部个体同时进行贝叶斯计算。当今的计算设备与架构使得我们可以同时分析整个家庭和种群。[77]

组学技术与系统生物学

信息革命促成了高通量 DNA 测序技术的发展，推动了基因组学和计算生物学领域的建立。这些学科要么直接催生了新组学技术，要么推动了新组学技术的发展。而新组学技术现在已经广泛应用于生物学研究与药物研发之中。整体来看，组学技术帮助我们在大规模的、以发现为导向的研究中获取了基于不同类型分子或分子特征的功能基因组学数据。因此，组学技术极大地促进了生物学研究向无偏方法和定量方法的转变。与此同时，系统生物学研究人员正利用这些组学数据，通过整合临床、分子和细胞数据以及群体遗传学信息的方式，努力获取更具整体性的生理学结论。

组学研究是指对细胞或组织中独立生物实体进行全面分子分析的一套工作流程。对于每一种目标分子类型，我们都会遵循特定的研究步骤，从实验样品制备、自动检测和搜集分析仪器上的原始数据，到利用计算方法处理原始数据，最后借助机器学习和统计方法从一个或多个数据集中挖掘信息，寻找其中的启示。基因组学的计算分析流程如图 1-3 所示。在基因组学和稍后讨论的各种组学技术中，DNA 和 RNA 的分离已经存在标准化技术，而蛋白质样品的制备则更加多样化，并会根据实验目标有所调整。各类基因组学应用衍生出了相应的测序仪器标准操作程序。但整体来看，这一领域的标准化程度相对较低，人们依然在活跃地开发各种应用于组学数据集的新算法、统计方法与可视化工具。

本章前面内容的重点是信息革命与基因组学分析相关仪器和软件之间的紧密联系。在生物学研究中同等重要、复杂度却高出几个数量级的领域是蛋白质组。为了理解复杂生物过程和表型（主要由蛋白质功能驱动），我们必须深入了解蛋白质组的特性。而仅靠基因组学数据，我们无法获取这类信息。[78] 蛋白质组学的研究十分具有挑战性，因为我们没有办法通过单一的技术捕捉蛋白的化学和分子特征。蛋白质可能发生转录后修饰，包括磷酸化、乙酰化、泛素化和脂化。除磷酸化以外，这些修饰很难被检测或量化，但它们对于确定蛋白的功能或状态至关重要。为了执行细胞功能，蛋白质组也具有层级组织的特性。现在，我们可以借助高敏感度的技术检测各种类别的蛋白质-蛋白质相互作用。更高阶的分子复合物和相互作用网络本身不适合捕捉，但我们可以从数据中推断出这些复杂关系。

质谱法一直是鉴定蛋白质组成分的主要方法。我们可以通过鸟枪蛋白质组学和数据依赖采集技术获得蛋白质组的无偏完整覆盖。在这种方法中，特定质量范围内的肽会在串联质谱仪（通常是四极杆-轨道阱质谱仪）中被切割成段，因此其也被称为自底向上的蛋白质组学实验方法。在自底向上的方法中，在将蛋白质样品加载到质谱仪之前，需要对其进行酶处理。在基于数据依赖采集技术的蛋白质组学研究中，用于肽段识别的计算方法已经发展了几十年之久。其中，最常用的策略是使用数据库搜索算法，将获得的 MS/MS（串联质谱图）与蛋白质序列数据库进行比对。然而，尽管现代质谱仪采集的 MS/MS 数据质量有所提高，但仍有很大一部分质谱图无法得到解释。[79] 另外两种自底向上的方法是靶向采集和数据非依赖采集。在自顶向下的蛋白质组学中，蛋白质是作为完整的分子来研究的，不经过额外处理。这样做的好处是，我们可以（至少在原则上）同时测量同一分子上发生的所有修饰，从而确定蛋白质的完整特征。基于质谱的蛋白质组学技术正在迅速成熟，与 10 年前相比，如今它在生命科学领域的应用更为广泛。由于靶向采集与数据非依赖采集分析依赖于已知肽段的光谱库，蛋白质组图谱的完成将极大地促进这两种方法的发展。蛋白质测序、单细胞蛋白质组学和全新信息学方法的发展正在促进蛋白质组学与其他组学数据的整合，并将帮助我们更好地破译生物网络。

在所有新近产生的组学技术中，转录物组学无疑是对生物学研究和药物发现产生了最大影响的领域。基于系统聚合酶链反应 [80] 或芯片 [81, 82] 的基因表达谱分析技术于 20 世纪 90 年代问世。10 年后，在二代测序仪上对 RNA 转录物进行计数的能力催生了一项突破性的应用，即 RNA 测序。[83] 当时，由于 RNA 选择性剪接带来的复杂性，为了对不同转录物计数并对数据进行归一化，我们需要一整套新的信息学工具。在许多生物系统中，我们都成功以基因表达作为基因活性的表征。同时，这也是第一个利用聚类算法与机器学习来挖掘数据规律的功能组学方法。如果在给定细胞条件下，某些基因呈现共表达，或一致的调控效果，这些基因就会共同发挥作用。识别疾病与健康状态间相关性或差异性的基因表达催生了许多重要发现：在癌症研究中，基因表达谱是一种非常常见的分析方法，它能在我们定位肿瘤样本的基因突变之前，就为我们揭示肿瘤细胞中哪一条调控通路出现了异常。遗传学研究还会利用表达数据来寻找基因或位于数量性状位点内的单核苷酸变异，其也被称为表达数量性状基因座。

利用传统芯片或 RNA 测序测量 RNA 表达使用的是从大量细胞或组织中纯化而来的信使 RNA。近年来，单细胞技术显著改变了从大批量样本中获取平均测序结果的模式，催生了在单细胞分辨率上描述生物活性的新趋势。同时，它也促进了一系列与单细胞 RNA 测序类似的单细胞技术的发展。[84] 单细胞定量聚合酶链反应、质谱与流式细胞术等技术的产生使得细胞群异质性的研究成为可能。基于冷冻或甲醛固定石蜡包埋组织切片的转录物原位可视化技术也在飞速发展，这一领域的创新大幅推动了单细胞转录物组学的研究。传统基于荧光探针的核酸技术仅允许我们在每张切片上检测 1~4 个转录物，而借助较新的空间转录物组学方法，我们可以利用基于寡核苷酸的条形码技术，同时可视化数百甚至数千种 RNA。这一领域的发展还拓展了我们可以检测的 RNA 种类。现在，我们已经拥有能够测量核糖体 RNA 或全长 RNA（使用长读互补 DNA）的平台，甚至可以直接进行 RNA 计数或测序。

表观基因组学几乎与转录物组学同时出现。在真核细胞中，多种不同机制在多个水平上共同调控着基因的表达。在前文中，我们已经简单提到，DNA 调控元件与蛋白质转录因子接触，后者通过与增强子、启动子和绝缘子结合影响相关基因的转录。染色质免疫沉淀测序技术能够捕捉蛋白质-DNA 相互作用与参与相互作用的 DNA 序列，使得相互作用分析成了可能。还有许多分子技术可以用于表观遗传修饰的系统性测量，例如可以捕获 DNA 甲基化位点的 Methyl-Seq 和量化染色质可及性的 ATAC-seq。在转录物组学与表观基因组学领域，高度发展的数据获取技术正在帮助科学家们理解整个基因调控机制的图景。

信息革命的成果正通过系统生物学推动第三波创新浪潮：多组学数据整合与分析工具。RNA 测序信息与表观遗传数据的叠加可以为我们揭示在单一数据模态上难以被发现的基因回路。系统生物学研究所的前期探索也表明，针对个人多组学的研究能够为我们提供医疗健康方面独特且实用的新信息。现在，我们已经可以系统性地研究多种组学数据间的横截面相关性[①]。[85]

最有希望用于大规模数据分析的计算机工具非机器学习莫属。在基因组学研究中，谷歌的研究人员利用计算机视觉和卷积神经网络领域的最新深度学习技术，提高了变异识别的预测水平。[86] 机器学习已经展示出它在组学数据规律挖掘中的重要价值，同时，它还是少有的可以实现有效降维的方法，这一点对于单细胞 RNA 测序数据的处理尤为重要。

对其他组学类型而言，能够用于模型训练的数据量可能限制

---

① 横截面相关性是一种统计学概念，用于描述在同一时间点上，两个或多个变量之间的相关性。这种相关性通常用于研究不同个体、群体或现象之间的关系，以了解它们在某一特定时刻的相互关联。横截面相关性分析可以帮助研究人员发现数据中潜在的趋势和规律，从而为进一步的研究和应用提供依据。——译者注

了神经网络与深度学习的应用。在遗传关联性研究中，这种对数据的需求更为突出，因为我们只有对数百万甚至数千万个体进行基因分型，才有可能鉴定出统计显著的罕见变异。密码学领域的新数据共享范式可以极大地帮助那些需要人口种群规模数据集支持的研究。[87] 利用组学信息预测癌症也面临类似的数据问题，但产生问题的主要原因是异质性。现代机器学习方法会尝试从数据中寻找重复出现的模式。但是，如果不同模式（异质性）的输入会导向相似的结果呢？对癌症而言，不同的基因改变会导致相同的生物现象——细胞转化①。我们仍然需要生物实验，而非算法，来解决其中的许多问题。

---

① 细胞转化是指正常细胞在一定条件下发生的一种异常变化，进而获得了肿瘤细胞的特征，例如快速增殖、减少分化、侵袭和转移等。——译者注

第二章
人工智能的新时代

　　我们幻想过。我和图灵曾经讨论过模拟整个人类大脑的可能性。我们真的能够创造出一台和人类大脑一模一样的计算机，或者远远超越大脑的计算机吗？

——克劳德·香农

《香农传：从 0 到 1 开创信息时代》

　　睿智先驱们的梦想促进了人工智能的诞生。这其中，最关键的人物是人工智能与计算的教父艾伦·图灵，以及信息论的创始人克劳德·香农。图灵 1950 年发表的《计算机器与智能》[1]与香农 1948 年发表的《通信的数学理论》[2]既代表了他们各自的工作，也昭示着他们共同的梦想。在第二次世界大战期间，图灵在布莱奇利园展现出的出色的领导力与密码学专业技能，成了破译德军恩尼格码系统的关键。也正是图灵在 1936 年的一篇开创性论文中提出了关于可能的计算机器的想法。他在二战结束后重新开始计算机设计的工作。[3]许多计算机科学领域的专家认为，图灵的论文描述了计算设备通用性的想法，可谓计算机领域最有影响力的论文之一。论文中提出的机器，现在被称为通用图灵机，能够执行任何可以被明确提出的指令或程序。在论文中，图灵提出了对两个全新数学对象的定义：程序和机器。这一重大突破催生了一门全新的学科——计算机科学。有趣的是，主导这门学科的不是数学家，而是工程师。

几乎与此同时，香农正在大西洋的另一边为盟军开发加密系统。香农于1938年在麻省理工学院发表的硕士论文将布尔逻辑与电路设计结合在一起，奠定了现代计算的另一个基石。[4] 第三位奠基人物是博弈论之父约翰·冯·诺依曼，他阐述了现代计算机体系结构的基本思想。冯·诺依曼还是基于大脑信息处理模式的人工智能技术的早期支持者。这些创新者的聪明才智与扎实的数学理论基础为人工智能研究人员提供了广阔的空间，后者因此可以通过不同的角度（基础模块或上层系统）尝试让机器产生智能。

人工智能领域的发展主要受到两种不同思想流派的影响，即自顶向下派与自底向上派。其分歧主要存在于如何更好地构建能够解决问题并思考的机器。自顶向下方法的践行者是符号主义者，他们借助推理和逻辑来模拟智能系统，并使用知识工程来指导机器。这种方法也被称为经典人工智能或符号人工智能。在人工智能发展的早期，这一流派占据主导地位，他们通过预先编程让机器解决数学定理，或教授机器人执行简单的任务。这类机器最早被统称为知识系统。在过去的几十年里，通过自顶向下的思路，我们已经开发出了许多用于高级推理任务的技术。其中最强大的技术为，可以在给定决策点评估全部可能结果的搜索算法（前瞻搜索）与模拟时序逻辑的有限状态机。

自底向上阵营的拥护者从简单组件出发，并将概率论与统计学引入了各种机器学习过程的算法之中。在人工智能诞生之初，这套思路主要是通过由大脑结构启发而来的人工神经网络完成的——这就是连接主义。1943 年，受生物学启发，麦卡洛克和皮茨开发了第一个单个神经元的数学模型。[5] 在他们的模型中，一个二进制阈值单元（简化的神经元）可以同时对多个输入计算加权和，并进行非线性变换，而阈值的引入实现了线性判别。将输入的连续变量对应为二进制输出，这种阈值单元直观地展示了生物硬件（脉冲神经元）如何进行分类任务（这也是认知的标志）。

在人工智能刚刚起步的时候，早期研究者的目标就是教会计算机使用它们的电路完成人类可以完成的事情，比如推理、获取和整合知识以及学习语言。直到灵长类动物完成了最后一次进化，我们才发展出了这些重要能力。1950 年左右，图灵提出了一项评估机器的人类水平的测试——图灵测试。图灵测试的设想是，我们可以通过判断机器能否在对话中欺骗人类，来评估机器的人类智能水平。从本质上讲，如果一个人类无法确定正在和他进行对话的是机器还是人类，这就足以证明机器产生了人类水平的表现。尽管这种类人人工智能的概念在随后的几十年里不再流行，我们对人工智能的要求也逐渐提高，但在人工智能研究实验室以及整个社会中，人们仍习惯于以人类能力为标准对人工智能技术进行测试评估。

第二次世界大战催生的技术成就与神经科学、心理学和计算领域的发展，曾让人们天真地以为我们可以在 20 世纪下半叶实现人类水平的机器智能。即使到了 21 世纪之交，仍有人预测通用人工智能指日可待——也许就在 10 年之内。雷·库兹韦尔在其著名的未来主义著作《奇点临近》（首次出版于 2005 年）中，将通用人工智能（以及一台通过图灵测试的机器）出现的日期定在 2029 年左右。[6] 本书并不会提及通用人工智能在生物学和药物发现领域的应用；恰恰相反，在可预见的未来，面向任务的"专用人工智能"将成为人工智能对医学和科学进步最大的贡献来源。

走出布朗克斯区的人工智能

马文·明斯基和弗兰克·罗森布拉特代表了人工智能发轫时持续纠葛的两大派别，他们的人生道路从 20 世纪 40 年代的纽约布朗克斯科学高中 ① 开始交会。这所传奇的高中是未来创新的大熔炉，从人工智能和 ARPAnet（互联网的前身，由伦纳德·克兰罗克发明，他是麻省理工学院明斯基实验室的成员）到理论物理学，从布朗克斯科学高中走出的杰出校友们引领着科学、技

---

① 布朗克斯科学高中拥有惊人的诺贝尔奖获得者数量（总共 8 位），其中包括 7 位物理学家：1972 年因超导理论获奖的利昂·库珀，1979 年因电弱理论获奖的斯蒂芬·温伯格和谢尔顿·格拉肖，1988 年因开发中微子束方法和基本粒子结构获奖的施瓦茨，1993 年因共同发现脉冲星获奖的赫尔斯，2004 年因量子色动力学原理获奖的戴维·波利策，2005 年因光学相干性的量子理论获奖的罗伊·格劳伯。

术和工程的进步。明斯基毕生都在从事人工智能研究，博士期间对神经网络的深入探索让他成了坚定的自顶向下方法的推动者，并开始用数学模拟人脑的功能。明斯基还是一位发明家，他搭建了一台名为 SNARC 的计算设备，并获得了第一个共聚焦显微镜的设计专利。[7]罗森布拉特拥有心理学背景。在康奈尔大学读书期间，他开发了用于人工智能的自底向上连接主义方法。1958 年，罗森布拉特发表了单层神经网络模型——感知机。[8]罗森布拉特是一位天生的营销专家，他通过媒体铺天盖地的宣传打开了感知机的公众知名度。罗森布拉特还搭建了一台被称为 Mark I 感知机的设备来搭载他的设计。现在，这台机器被存放于史密森尼学会中（见图 2-1）。

图 2-1　Mark I 感知机（经史密森尼学会许可使用）

罗森布拉特在认知心理学方面的部分研究工作是，验证机器是否可以通过模仿大脑理解语言，或执行基于视觉的任务（如对物体进行分类）。Mark I 感知机并不是因为考虑图灵通用性而构建的，反之，它搭载了摄像头和一系列电位器［罗森布拉特早些时候在 IBM（国际商业机器公司）的 704 型计算机上编写了一个基于感知机的程序］——罗森布拉特希望借助 Mark I 构建一个机器分类器。Mark I 的军事使用手册里详细记录了进行分类器实验的方法。罗森布拉特预计，在不久的将来，我们就可以开发出具有类人能力的机器。这一愿景非常大胆，但也契合了那个时代的特征。在二战后的美国，对科技力量的极度乐观已经深入人心。20 世纪 50 年代初期，伴随着人工智能研究与原子时代的诞生，科幻小说和科幻电影也在蓬勃发展。但在新兴的人工智能领域，这种盲目乐观与对技术的天真主要存在于符号主义流派。创造"人工智能"一词的约翰·麦卡锡大胆提出，在他和其他人工智能先驱（包括明斯基在内）的共同努力下，算法和计算机很快就会赋予我们强大的能力。

我们提议于 1956 年夏天在新罕布什尔州汉诺威的达特茅斯学院进行为期 2 个月、规模为 10 人的人工智能研究。该研究将基于一个基本猜想，即原则上，我们可以描述出有关学习能力或智力的任何特征，其精确性甚至可以让我们通过机器来模拟这一过程。我们希望尝试让机器学习语言，理解并生成抽象与概念，解决现在只有人类能够解决的各类问题，并不断改进自身。我们认为，如果有一个精心挑选的科学家团队来研究这些问题，那么其只需要投入一个夏天的时间，我们就可以在其中的一个或多个问题上取得重大进展。

约翰·麦卡锡、马文·明斯基、纳撒尼尔·罗切斯特与

克劳德·香农，达特茅斯人工智能夏季研究项目提案，

1955 年 8 月 31 日

　　尽管听上去狂妄自大，但麦卡锡和明斯基仍然是领域内很有影响力的人物。他们共同创立了麻省理工学院人工智能项目（后来成为麻省理工学院人工智能实验室）。明斯基 1961 年发表的宣言《迈向人工智能》将符号操作定义为人工智能的基石，并为人工智能研究人员指明了接下来半个多世纪的道路。[9]次年，明斯基设计了一台图灵机，并证明了它的通用性（2007 年，斯蒂芬·沃尔弗拉姆也在他的机器上实现了类似壮举）。构建图形显示，搭建简单的机器人，进一步发展人工智能的概念和智能理论，明斯基的实验室似乎彰显着人工智能的未来。明斯基还作为技术顾问参与了 1968 年上映的斯坦利·库布里克的《2001 太空漫游》的拍摄，并因此逐渐进入公众的视野。1969 年，明斯基与西摩·佩珀特一起出版了《感知机》一书。这是一本颇具影响力且富有争议的书，书中抨击了罗森布拉特的工作，并对单层神经网络造成了致命打击。[10]在《感知机》中，作者通过数学方法证明了连接主义学习机器的局限性。事实上，这本书的封面是一个迷宫般的方形螺旋图案，作者以这种几何形式为例，展示了一个无法利用简单的神经网络模型捕获的结构。这一缺陷是由于感知机缺失一个逻辑组件——异或门。明斯基和佩珀特还

提出，任何规模的前馈神经网络（即多层神经网络）都不能保证自己可以找到问题的最优解。这一领域的许多人（从过去到现在）都因此认为神经网络没有价值。但这并不是他们通过数学得到的结论。明斯基多年来都试图指出这一点，却几乎于事无补。

在"第一个人工智能寒冬"时期（1970 年—20 世纪 80 年代中期），人工神经网络进入蛰伏状态，人们不再用它解决人工智能与计算机领域的问题，无论问题是模式识别、预测，还是学习输入数据的新表示。连接主义者们退守阵地，并见证着神经科学的惊人发展——尤以哺乳动物视觉系统的功能与组织形式、神经元信号传播和连接以及突触传递的化学基础等领域为甚。算力的爆炸式增长开始塑造实验室与产业界的可能性。或许，出乎意料但又极其重要的是，计算能力和数据存储带动了数据的指数级增长。似乎是在冥冥之中，这些趋势共同为神经网络的重生与复兴打造了舞台，并为机器学习成为塑造人工智能的主要力量奠定了基础。

从神经元、猫的大脑到神经网络

哺乳动物的大脑结构及其认知能力一直启发着人工智能研究的发展，最近更是成为人工智能研究的技术评价标准。约翰·冯·诺依曼和艾伦·图灵这两位定义了现代计算的科学家，都从神经连接中获取了有关网络模型的探索灵感。神经系统处理信息尤其是视觉信息的方法与原则，对现代人工智能技术做出了巨大的贡献。然而，单个神经元的复杂性，更不用说数千个神经、数十亿个神经元共同形成的网络结构，让我们难以窥探大脑的终极奥秘。我们如何能在一瞥之后的几十毫秒内就识别出花朵的存在？对"花朵"的意识是从哪里、又是如何出现的？由于缺乏对大脑行为模式的深刻理解，一些人对基于神经生物学的人工智能提出了质疑与反对。无法完整理解大脑运行机制意味着我们没有办法通过计算机或数学建模来模拟任何类似于神经认知的过程。但不管怎么样，大自然已经进化出了这种智能机器（即使它可能存在设计缺陷，也不适合在工厂中进行大规模生产），许多人工智能领域的重要灵感与突破仍来源于此——利用概率论与统计学方法对神经元组处理感官信息的过程进行建模。这是一种与自顶向下的逻辑和符号操作截然不同的思路。

在人工智能发展早期，罗森布拉特和其他一些人作为神经网络的拥趸，先是尝试了单个简单神经元的抽象模拟，后来逐渐开始对部分视觉系统功能进行建模。为什么从视觉信息开始？输入大脑的感知系统拥有一系列不同的感知模块——光、味觉、嗅觉、声音、疼痛、热感、触觉、平衡和本体感觉。负责重要感觉的受体大部分集中在特定的位置，比如光感受器（眼睛）、化学感受器（鼻子和嘴）和机械感受器（耳朵和皮肤），其他受体则广泛分布于全身，用于感知本体感觉、温度和疼痛。视觉信息中包含空间数据，这部分信息只能被人体光传感器——视网膜中具有特定分布的感受野捕获。与此类似，听觉信号的三维捕获与体感感知的二维捕获也很重要。另外，对几乎所有感官而言，时间也是一个重要信号。其中，视觉研究似乎是最直观的，感知和"看到"也紧密相关。

从上面的比较中，我们不难看出视觉感官数据更容易生成和解读，并且具有丰富的特征和维度，包括对比度、边缘、深度、方向性、轮廓和纹理等。来自视觉系统神经生理学研究的实验数据可用于模型策略的更新与模型结果的评估。研究视觉系统的另一个好处是，为"计算机视觉"任务搭建的设备同时具有科研、军事和商业用途。使用光学和投影系统处理光学信息相对容易。就像罗森布拉特在 Mark I 感知机上所尝试的那样，我们可以专门搭建一台携带摄像机的机器作为视网膜。

视觉的生物学基础非常复杂，但了解了感受野、聚合和特征提取器的概念，以及感官信息从视网膜到初级视皮质最终进入更高水平皮质的层级处理过程，我们就了解了启发神经网络设计与实现的主要思想。其中的许多，或者说大部分神经通路都有反馈回路或相互关联，我们将在本章之后的部分讨论这些内容。尽管人工智能先驱们了解视觉系统中感受野的特性（由斯蒂芬·库夫勒、霍勒斯·巴洛和凯弗·哈特兰发现），但他们尚不清楚大脑的层级处理方式和特征提取能力。但是，20 世纪 70 年代末至 80 年代出现的第一个神经网络模型已经包含了这些基本概念。

视网膜中的视觉信息处理

• 在哺乳动物的视觉系统中，位于视网膜后部的光感受器能够检测光子，并将能量转化为电信号，以作为输出。

• 视网膜中的并行神经通路进一步处理信息，最终输出将通过每只眼睛中的 120 万个视网膜神经节细胞共同传送到大脑（120 万是人类眼睛中的视网膜神经节细胞数据）。

• 视网膜神经节细胞传递一系列脉冲电位，并通过脉冲频率和脉冲序列的其他变量对感知到的信息进行编码。

• 视网膜神经节细胞的感受野以高度冗余的方式平铺整个视野，有超过 20 种不同类型的视网膜神经节细胞从上游并行通道接收输入。

• 视网膜神经节细胞可以充当像素编码器，简单地将原始像素数据传递给大脑。当中央视网膜（中央凹）中的视锥细胞与视网膜神经节细胞之间存在 1∶1 的对应关系时，这种情况就会发生。

• 大多数视网膜神经节细胞的感受野是信息聚合的结果：通过多对一映射，产生比单个光感受器更大的视网膜图像感受野。在信号传入大脑皮质的过程中，感受野会进一步聚合，其数据表征也会变得更加抽象，对应更大的视野。

• 视网膜神经节细胞也是特征检测器，它们的感受野可以区分中心–外周照明特征，这种特性决定了细胞对边缘和方向的选择性。

• 图 2-2 展示了视网膜神经节细胞感受野的中心–外周组织方式。

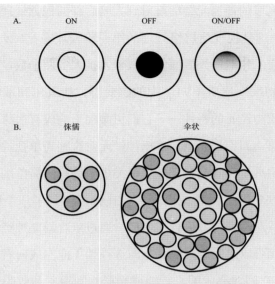

图 2-2　视网膜神经节细胞感受野

注：A. 不同类型的视网膜神经节细胞感受野是由中心-外周的拮抗机制共同定义的。其中，中心为兴奋性，外周圆环域通常为抑制性。ON 中心型视网膜神经节细胞会对刺激中心区域的光点做出响应，激活动作电位；当光点同时照射中心和外周区域，响应会被抑制。反之，OFF 中心型视网膜神经节细胞对中心黑暗、外周明亮的刺激有反应。ON/OFF 中心型视网膜神经节细胞对两者都有响应。

B. 侏儒和伞状视网膜神经节细胞感受野。灰色阴影为来自视锥细胞的输入。在中央凹中，侏儒节细胞的感受野中心是单个视锥信号，通过它可以实现颜色（波长）的选择性。反之，较大的伞状节细胞可以通过中心和外周感受野获得混合视锥信号的输入。

在人类和其他灵长类动物中，超过 30% 的大脑皮质负责视觉和高级感知任务的处理，凸显了这些任务在人类行为和生存中的重要作用。视觉信息从视网膜的视网膜神经节细胞轴突发送到大脑，经过视神经传递到皮质下区域外侧膝状体核中的神经元。这一区域的神经元继续投射到大脑后部的视觉处理区域，称为 V1 区。这是视皮质层级处理的第一阶段。在 V1 级别，视觉场的神经表示相对于外侧膝状体核输入扩大了两个数量级。通过分析猫的初级视皮质（V1）中的感受野，胡贝尔和威塞尔首次揭露了皮质神经元的特性——它们更倾向于响应有边缘、有方向的条形光斑，而不是光点。根据神经元对这些简单视觉刺激的不同响应，胡贝尔和威塞尔定义了两类皮质细胞：简单细胞和复杂细胞。这些实验以及其他更多实验让我们得到了一个明显的结论：视皮质对输入信号进行了变换。通过组合局部神经网络的输入，神经元可以编码方向性、方向选择性（向左或向右移动进入感受野）、空间频率（即平行线或光栅的间距）和双眼性。有一个假说对神经网络模型的后续发展（例如新认知机）起到了关键的推动作用[11]，即为了解释猫的视皮质中越来越复杂的感受野特征，胡贝尔和威塞尔提出，视觉信息可能是通过层级结构进行处理加工的。[12, 13]

更抽象的上层感受野是由更基本的底层感受野构建而成的，这种层级感受野的概念吸引了研究人员，促使他们开始寻找完成最终转换并表示图像识别的神经元。两个上层区域吸引了大家的注意：负责复杂运动和深度检测的神经元集中于颞中区，而负责图像（形式、颜色）识别的神经元集中于下颞皮质。从 20 世纪 60 年代末开始，许多神经生理学实验室（其中最著名的大概是普林斯顿大学查尔斯·格罗斯实验室）关注到一类只对面孔产生响应的神经元。这类细胞可能响应非常特别的面孔信号，比如祖母的脸。[14-16] 图 2-3 显示了一组用于在下颞皮质中引发皮质神经元放电的图像。"祖母细胞"的假说持续了很久，有许多人为这个概念着迷，也有同样多的人对它嗤之以鼻——大脑可以存储多少物体或图像？我们也在包括视网膜在内的其他生理结构中观察到了高度选择性的存在。例如，小鼠身上的一类视网膜神经节细胞 W3，似乎只对处于特定距离 / 在特定时间后便会引发潜在空袭风险的捕食者（比如飞行的老鹰）影像做出反应。[17] 人们现在认识到，虽然这种高度特异化的特征检测器确实存在，但这些神经元不大可能只能识别一组固定图像（比如你的祖母）。大多数高级视觉系统中的神经元都具有多功能性，并且它们的功能也会随着时间发生变化。

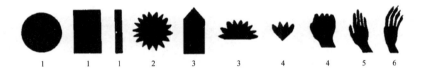

图 2-3　用于评估下颞皮质神经元反应的图像示例

注：对清醒灵长类动物下颞皮质神经元活动的记录显示，与其他手形图像或物体相比，神经元对于猴子的手部图像具有惊人的选择性。在实验中，每个图像或形状均会展示给动物。反应等级"1"表示无反应（左侧的 3 个图像）。反应最大等级为 6，出现在右侧的四指手图像展示中。这是最早揭示多层次视觉系统中存在复杂感受野的实验之一。

大脑皮质为大脑提供了一个大规模并行的生物计算架构。所有感觉系统都采用并行处理。显然，进化收敛到了这种能够提高信息处理能力的高效策略上。有大量证据表明，除视皮质区域外，所有其他感觉皮质也都拥有多级、分层组织的处理流程，整个皮质范围内共享一个 6 层的均匀层状结构。为了更好地实现"计算"目标，视皮质采取了许多策略来保证局部模块的连通性，以及不同层级结构间的连接性。兴奋性和抑制性神经元分处皮质结构的不同位置，图 2-4 展示了小鼠大脑皮质中的兴奋性锥体细胞。

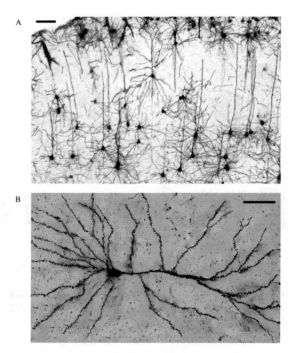

图 2-4　大脑皮质中的锥体细胞

注：A. 小鼠大脑的横截面。高尔基体染色的细胞为大脑皮质中的锥体细胞。放大倍数为 10 倍（左上角参考线为 100 微米）。染色揭示了皮质结构的层状组织，展示了锥体细胞在 II 层到 IV 层的位置。

B. 位于小鼠大脑皮质 II/III 层的锥体细胞（高尔基体染色）。此放大倍数下可以很容易地看到锥体细胞的树突树、细胞体和轴突投射（右上角参考线为 50 微米）。树突棘自树突末端延伸，建立神经元间突触连接。散布在整个图像的黑点是垂直于该神经元平面的神经突。

灵长类动物视皮质的第一个现代连接图于 1991 年制作完成，它揭示了一个复杂的视觉信息高速公路系统，其中，30 个视觉区域通过 300 个互连连接（见图 2-5）。[18] 这一连接图融合了多年来的实验成果，并且展示了层级的特性。这种真实存在于自然界的层级结构比胡贝尔和威塞尔最初设想的更加错综复杂。连接图可以反映出并行的前馈处理策略，但忽视了神经元间的相互联系、潜在的反馈回路、作用的强度以及网络调控的能力。

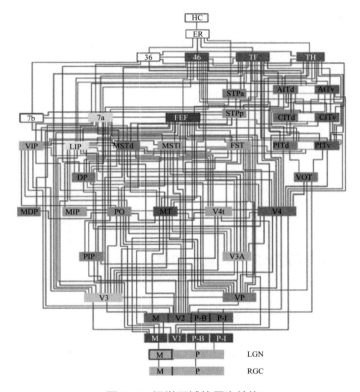

图 2-5　视觉区域的层次结构

注：费勒曼和范埃森的经典连接图综合了多年来对灵长类动物大脑中视觉信息处理和连接的研究成果。如同正文中讨论的，图中主要展现了由视网膜进入 RGC（图表底部）并存在于主要视觉区域（如 LGN、V1、V2 和 MT 的子区域）的连接。

复刻自然视觉系统，使得计算机视觉也可以实时完成复杂任务，这是人工智能先驱的共同目标。20 世纪 60 年代，明斯基在麻省理工学院的研究团队获得了一台大型计算机。机器人团队认为，设计一个基于规则的程序便可以赋予机器人类似人类的视觉和运动控制能力。他们低估了图像解读与三维运动这两项任务的难度。最终，通往视觉模拟的道路并不是由符号操作实现的。同样，罗森布拉特的感知机与其中搭载的模型也无法完成简单分类任务，尽管这是罗森布拉特设计感知机的初衷。我们需要从根本上革新这种神经网络的思想和算法。最后，依然是视觉系统中的信息处理方法指引我们实现了重要突破。神经科学研究表明，层级信息处理方案可以完成从信号检测到特征提取的一系列任务，这为实现模式识别和终极目标——分类与图像感知任务，提供了基础。感受野聚合与大规模并行计算策略的应用为下一代神经网络指明了前进方向，推动神经网络发展出了"看"的能力。

人工智能与深度学习领域的突破

只有一条证据能让我们相信人工智能能够解决一个难题：通过进化，自然已经解决了它。

——特伦斯·谢诺夫斯基

《深度学习》

本书对人工智能的关注重点是人工智能在生物医药领域的当前与未来应用。我们现在所讨论的人工智能主要是指机器学习。数据科学家与机器学习领域的工程师通过设计算法来处理数据、进行预测，并从计算机科学、统计学、认知科学和其他学科中学习、汲取及融合相应的技术。机器学习技术之所以能够在药物开发领域展现出强大的能力，是因为我们可以从各个科学领域与工业应用中借鉴相关的建模技术，而不用重新"造轮子"。

人工神经网络也是如此。20世纪80年代末，金融工业领域率先在商业应用中秘密使用了神经网络及算法。从那时开始，算法交易对金融市场以及对冲基金、银行和柜台交易员的盈利能力产生了深远的影响。到2017年，量化对冲基金占据了全美股票交易的27%。20世纪90年代，大型公司迅速采用了机器学习工具，通过大型数据库进行信用分析、欺诈检测和营销工作。在引领深度学习的一系列技术发展出现之前，机器学习方法在工业界得到了广泛的应用，从供应链预测到消费者行为分析，不一而足。这也为后来针对消费者的推荐系统的出现奠定了基础。1990—2010年，信息革命带来了机器学习模型与训练范式的进一步完善，以及以GPU（图形处理单元）为代表的更加强大的计算硬件。

为了适应海量数据集，机器学习方法变得越来越复杂。这些方法的部署也让亚马逊等电子商务巨头接管了零售业，帮助谷歌和脸书等公司实现了基于社交网络数据挖掘的广告投放。基于人工神经网络的深度学习也在许多其他行业展现出了广泛应用。在这里，我们必须讨论深度学习为何能解决如此众多的问题，以及其能够发挥作用的基本（非数学）逻辑。本书结尾的"推荐阅读"部分列举了多篇详细介绍人工智能与深度学习概念、方法和架构的权威著作及科学评论。

神经网络也是一种计算机器，同时，它们作为分析工具发挥着神奇的作用。神经网络的核心优势是对非线性现象（例如，天气、股票价格、药物–靶标相互作用以及化学和生物学领域发生的诸多相变）建模。神经网络的设计方式非常灵活，其中一些最成功的神经网络是依据大脑中运行的神经网络模仿设计的。人工神经网络处理信息的第一步是利用节点（或者叫作神经元）模拟出一个高度互联的结构。图 2-6 展示了神经网络的基本结构（图中是一个没有任何隐藏层的感知器）。在多隐藏层、全连接的前馈神经网络中，信息向一个方向流动，网络执行的计算能够支持强大分类器的构建，而输入层神经元的数值只是简单的初始数据（比如实验数据点、房价等）。

如图 2-6 所示，所有输入最终在输出层汇聚到同一个神经元上，由输入数据乘以边权值求和得到输出神经元的数值。神经网络的另一个重要特征是激活函数的引入。那些输入的和值会通过非线性函数的修正得到最终的输出。非线性函数可能是 $\tanh(x)$ 或 S 形函数，例如 $\exp(x)/[\exp(x)+1]$。因此，人工神经网络中的神经元可以被理解为简单加权分类器叠加上用于输出修正的挤压函数。如果输入数据中存在线性不可分的类别，在输入和输出单元之间插入非线性转换层就尤为重要。这套流程类

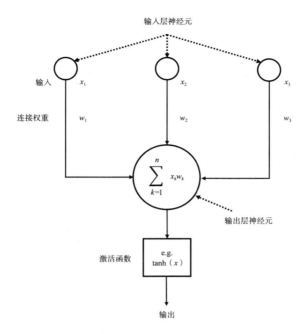

图 2-6　神经网络中的信息处理

注：神经网络的基本结构。神经元的值由外部数据（输入）或前馈神经网络中其他上游神经元的函数指定。将输入值（x_k）与连接权重（w_k）相乘后求和，再经过激活函数［例如 $\tanh(x)$］后输出的值便是下游神经元（输出层神经元）的值。神经元的最终输出可以作为网络下一层的输入。

似于生物神经元的运行机制：一个神经元的活性是由相邻突触前输入的总和的函数决定的。尽管这种网络只是神经元的高度简化版本，但异常有效。不管是生物神经元还是人工神经网络，它们能够实现学习功能的关键都是修改突触输入，或者说边的权重。

20 世纪 70 年代，当明斯基和佩珀特出版的《感知机》将单层神经网络描绘得一无是处、引发了许多领域的第一个"人工智能寒冬"的时候，符号人工智能作为主导范式继续向前发展着。20 世纪 70 年代至 80 年代，专家系统兴起。在专家系统的框架下，人们将精心设计的规则、知识或启发式方法写入计算机程序程序通过分析输入数据来执行任务并生成答案。这些专家系统可以很好地处理特定任务，但它们丝毫不具备泛化的能力，即为一项任务设计的专家系统不能直接应用于新的问题领域。生物学和医学领域的专家系统有：用于临床诊断决策的 INTERNIST 系统，用于根据质谱数据确定有机化合物结构的 Dendral，以及用于分子生物学的 MOLGEN 程序。这些专家系统都是由斯坦福大学开发的。其中一位开发人员对专家系统的定义可以给我们带来一些启示：

"专家系统"是一种智能计算机程序，它使用知识和推理过程来解决具有一定复杂性、需要大量人类专业知识的问题。实现这一过程所需要的知识水平与推理能力，让我们可以认为专家系统模型拥有与相关领域顶级从业者相当的水平。

——爱德华·费根鲍姆
《20 世纪 80 年代的专家系统》

与此同时，另一种人工智能方法开始复兴。这种方法认为，机器可以从大量经验中学习规则，从而解决各种问题。其基本思想是，我们可以设计一个系统来接收输入数据以及答案（或标签），并通过学习算法发现输入数据与答案之间的对应规则。在这种机器学习范式中，系统通过训练而不是显式编程来实现从输入到输出的映射。这里的学习过程也不涉及符号逻辑或层次决策树结构，而是采用统计学思维。当然，这类新的学习算法并不等同于统计学。它们处理的是巨大且复杂的数据集，其中每个数据集可能包含数百万甚至数十亿个数据点。机器学习采用的各种技术与理论方法最终被佩德罗·多明戈斯总结为"机器学习的五大学派"。多明戈斯的著作《终极算法》详述了这些分类，我们在表 2-1 中简要展示了每种学派的典型风格、算法和优势。除了符号方法不一定需要数据参与学习过程之外，其他所有现代方法都结合了基于大数据的统计机器学习。

表 2-1 机器学习的五大学派

学派	核心概念	算法	优势	参考文献
类比学派	支持向量	核方法，支持向量机	新类型映射	Hofstadter and Singer, *Surfaces and Essences*（2013）
贝叶斯学派	图模型	贝叶斯理论，概率编程，隐马尔可夫模型	不确定性与可能性	Pearl, *Probabilistic Reasoning in Intelligent Systems*（1988）
连接学派	神经网络	反向传播，梯度下降，长短期记忆网络	参数估计	LeCun, Bengio, and Hinton, *Deep Learning Nature*（2015）
进化学派	遗传程序	遗传算法，进化算法	结构学习	Koza, *Genetic Programming*（1992）
符号学派	逻辑与符号	归纳逻辑编程，规则生成系统，符号回归	知识构成	Russell and Norvig, *Artificial Intelligence: A Modern Approach*（1995）

注：该表部分基于佩德罗·多明戈斯《终极算法》对"五大学派"机器学习算法的描述。多明戈斯和斯图尔特·罗素关于终极算法的工作指出了结合并统一一部分或所有学习方法的可能性，例如，将逻辑引入概率算法。

连接学派与神经网络研究人员开发出了利用输入-输出对训练前馈神经网络的新方法——反向传播算法。这种随机梯度下降法通过对神经元之间的边权重进行多次微小迭代调整来减少输出结果的误差。[19-22]神经网络"大杀四方"的时代从此拉开序幕。来自南加州的早期开发人员证实了反向传播可以学习异或门——这种对电路设计无比重要的逻辑门终于可以在前馈神经网络中实现了。顺理成章地，这一重要的算法在 20 世纪 80 年代中期指引整个领域走出了人工智能寒冬，并为下一个时代的深度学习的兴起奠定了基础。

第二项创新是利用哺乳动物视觉系统中的层级结构搭建新型神经网络——卷积神经网络。1989 年，多伦多大学的杨立昆最早提出卷积神经网络的概念。[23]卷积神经网络是首批成功用于实际应用的神经网络之一（例如杨立昆的邮政编码数字识别程序）。卷积神经网络在实现中应用了反向传播算法——人们发现反向传播算法比当时正在测试的其他所有方法的计算效率都高。卷积神经网络能够轻易解决计算机视觉和图像处理的问题，以及其他连续的网格状拓扑数据问题，其中包括一维音频、具有三通道颜色的二维图像以及某些类型的三维、具有体积的成像数据和视频。图 2-7 详细展示了卷积神经网络的设计细节。杨立昆的卷积神经网络架构引入了灵长类视觉系统中的特征检测和池化策略。作为一种计算机视觉算法，它取得了空前的成功，并为视皮质如何工作的计算理论奠定了基础。

20 世纪 80 年代复兴的另一个重要的人工智能领域是强化学

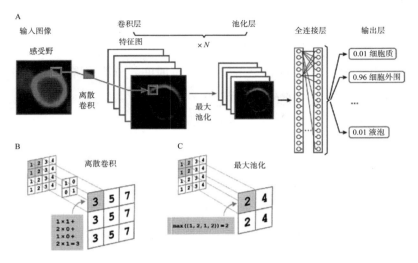

图2-7　卷积神经网络的设计

注：A. 卷积神经网络训练概述。卷积神经网络通过两个设计减少模型参数的数量：本地连接和参数共享。首先，与全连接网络不同，特征图中的每个神经元仅连接到前一层中的局部神经元组，即所谓的感受野。其次，给定特征图中的所有神经元共享相同的参数。因此，一张特征图中的所有神经元都会扫描前一层神经元中不同位置的相同特征。特征图可以检测图像中不同朝向的边缘，也可以检测基因组序列中的序列模体。

B. 神经元的活性是通过计算其感受野的离散卷积得到的，即计算经过激活函数后的输入神经元加权和。图中所示的卷积核是一个 2×2 的像素矩阵，它沿着图像数据滑动，作为滤波器来提取图像特征，如（A）所示。

C. 在大多数应用中，从图像中识别物体、特征的确切位置和频率，都与最终预测无关。池化层通过计算（例如计算最大值或平均值）汇总相邻神经元的活动，更平滑地表示特征。通过对像素距离超过 1 的小图像块进行相同的池化操作，我们便可以有效地对输入图像进行下采样，从而进一步减少模型参数的数量。

习。试错学习或通过环境交互学习的概念与计算一样古老。最初，心理学家和计算机科学家将这种概念引入了人工智能。克劳德·香农开发了一个从反复试验中学习国际象棋的程序。马文·明斯基同样对强化学习的计算模型充满兴趣。在讨论贡献度分配问题（强化学习领域的经典问题）时，明斯基在人工智能路线图中引入了一个重要的相关理论概念。[9]在下一次人工智能的浪潮中，1988 年，理查德·萨顿开发的时间差分算法将强化学习推向了人工智能研究的前沿。[24, 25]

机器学习系统是围绕期待解决的预期问题而构建的，它通常用于某种类型的预测，并需要在可用的结构化数据类型、算法的选择以及实现目标所采用的架构等方面进行仔细考量。机器学习技术通常根据学习算法的训练方式进行分类。我们将在本书第六章到第八章的药物发现的背景下讨论机器学习的新类别，比如多任务学习、多模态学习、迁移学习和批量学习等。机器学习的主要方法总结如下：

监督学习：通过实例学习。该策略使用目标已知的数据来训练学习算法。网络通过评估预测结果与目标的差异并调整权重的方式，最小化错误或损失函数，从而构建模型。这种方法广泛用于分类和回归任务，并覆盖了行业中的主要应用，例如图像分类、语言翻译和语音识别。

无监督学习：允许机器学习算法在没有已知目标帮助的情况下发现数据中的规律和特征。与监督学习相比，学习目标不会被显式指明。这种方法是数据分析的核心，常用于降维和聚类任务。

半监督学习：介于前两类之间，用于目标标签缺失或未知的场景。这种方法能从有限的信息中学习数据类别，并尝试在不同数据类别之间建立边界。它也用于生成式对抗网络。

强化学习：为顺序决策而不是分类任务而构建，学习的过程会影响未来的行动决策。强化学习通过与环境交互后的试错策略来完成训练，奖励函数可以提示模型每个状态下决策选择的优劣（例如，在国际象棋游戏中，我们可以通过强化学习确定某一步移动的后果）。

人工智能进入深度学习时代

深度学习在很短的技术时间窗口内便取得了令人极为惊叹的巨大成就，这离不开在过去短短几年内取得的一系列突破，它们释放了神经网络的巨大潜能。首先，我们需要一种新的算法来训练神经网络。2006 年，杰弗里·辛顿在训练他的深度置信网络时找到了解决方案，这也是推动深度学习发展的第一个重要突破。[26] 同时，在计算方面，技术公司英伟达于 2007 年发布了带有 API（应用程序接口）的 CUDA（计算统一设备体系结构）开发环境，这是最早被广泛接受的 GPU 计算编程模式。GPU 的并行性与多线程能力不仅能够实现良好的游戏性能，还非常适用于训练具有数百万个神经元和参数的深度神经网络。

接下来，在 2011 年，科学界开始编写神经网络的 CUDA 实现。斯坦福大学的吴恩达教授与英伟达合作，利用 12 块 GPU 便实现了需要 2 000 块 CPU 才能达到的深度学习计算效果。最后，还有一项关键因素促成并不断推动着基于深度学习的人工智能发展：可以用于模型训练的海量数据集。

2012 年，AlexNet 网络在 ImageNet 挑战赛中的表现让人工智能领域兴奋不已。[27] 借助新颖的卷积神经网络架构与基于 GPU 的训练程序，来自多伦多的团队使用巧妙的方法在一个包含 100 万张图片的数据集上完成了模型训练，并将图片识别任务的错误率在前一年的基础上减少了 50%。这次飞跃式进步让卷积神经网络一举成了计算机视觉领域最主流的算法，并为学术界和工业界构建了一个高效的深度学习框架。这个框架不仅利用了更大规模的数据集和计算资源，还改进了算法与架构，从而使得模型表征的数据形式能够更好地适配相应算法。

深度学习的第一个重要商业应用是通过音素分类实现了自动语音识别。当然，在深度学习出现之前，自然语言处理技术就已经存在了。许多自然语言处理系统花费了人们 10 多年的时间才逐步成形。其中一些项目是由美国国防部高级研究计划局或其他机构以及大公司资助的（例如催生了 Siri 的 CALO 项目），这些研发工作最终为我们带来了苹果的 Siri、谷歌的 Voice、亚马逊的 Alexa、微软的 Cortana 和百度的 Deep Speech 2。技术巨头们也在使用自然语言处理算法与其他机器学习技术搭建推荐系统。接下来是使用卷积神经网络实现的计算机和机器人视觉系统。谷歌的 Waymo 部门和特斯拉在自动驾驶领域一直处于领先地位。除了硅谷的技术泡沫以外，任何在业务决策过程中可能涉及大规模数据的公司都开始采用深度学习方法。同时，它们也会使用专注于特定领域的人工智能技术，来提升自己在行业内的竞争优势。

2013 年，DeepMind 的研究人员发表了 DQN 算法。这种人工智能方法利用强化学习与卷积神经网络学会了玩雅达利电子游戏。这一突破性创新足以说服曾经的怀疑论者，在开发具有泛化能力的人工智能方面，我们可以取得重大进展。此外，DQN还是第一个能够可靠运行的深度强化学习应用程序。2014年初，谷歌宣布以约6.5亿美元的价格收购这家英国公司，这也反映了DeepMind的团队能力与技术潜力。后来，这个团队推出了AlphaGo和AlphaGo Zero，在围棋这种复杂策略游戏中击败了世界冠军李世石。在中国，2017年举办的一场活动吸引了超过2.8亿名观众观看。后来，李开复在他的《AI·未来》一书中称这一刻为中国人工智能技术的"斯普特尼克时刻"。[28]在生物学和医学方面，基于人工智能的发现方法和平台从2015年左右开始取得重大进展，在医学图像领域实现了人类（受过培训的专业人员）水平的医学诊断准确性。

深度学习在药物开发领域的初步尝试似乎中规中矩。大约20年前，人工神经网络在分子信息学和药物发现领域迎来了第一个繁荣期。2013年，制药巨头默克公司发布了一篇利用机器学习技术解决QSAR（定量构效关系）领域多项挑战的文章，引起了公众的注意。深度学习网络在药物性质与活性预测比赛中取得了冠军，其准确度与默克公司的内部方法相比提高了14%。《纽约时报》也报道了这一结果。虽然很难确定哪一个在研药物是第一个基于人工智能开发的药物，但英矽智能自称利用生成式张量强化学习模型发现的DDR1激酶抑制剂是人工智能制药领域最领先的成果之一。[29]

当前人们对深度学习的狂热绝不意味着其他人工智能领域进步的停滞。以卡内基–梅隆大学的图奥马斯·桑德霍尔姆在策略学习方面的进展为例，2019 年，图奥马斯·桑德霍尔姆与诺姆·布朗（毕业于卡内基–梅隆大学，现在在脸书人工智能部门工作）在《科学》杂志上发表了一篇关于扑克人工智能机器人 Pluribus 的论文，是人工智能性能的又一个里程碑。这篇文章的标题是《用于多人扑克的超人 AI》。在扑克这种不完美信息博弈游戏中，玩家无法得知其他对手持有的手牌。这篇文章的发表，代表了不完美信息博弈研究多年来最好的成果。[30] 桑德霍尔姆和布朗开发了一套交互算法来评估扑克玩家的策略，而整个训练过程都是通过人工智能自我博弈实现的。

复杂策略游戏，尤其是那些涉及多个玩家的游戏，其中的挑战来源于随机性、不完美信息以及搜索所有可能结果和最佳行动所涉及的高计算成本。在论文中，桑德霍尔姆和布朗将 Pluribus 的技术创新分为了 3 类：

- 一种限制了搜索深度的搜索算法，可将所需的计算资源减少约 5 个数量级；
- 一种均衡发现算法，它使用线性蒙特卡洛反事实遗憾的方法改进了标准蒙特卡洛反事实遗憾；
- 改进内存使用的其他算法优化。

在通过自我博弈学习游戏策略的算法中，这些创新方法帮助模型实现了实时策略更新。

深度神经网络架构

　　不管是创建基于人工智能的应用程序，还是配置用于数据集分析的人工智能方法，其核心都是人工智能的底层架构。图 2-8 展示并概述了几种最常见的神经网络架构。

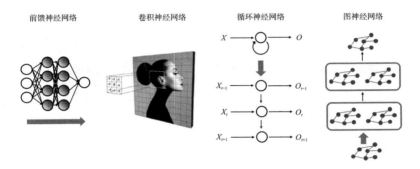

前馈神经网络　　　卷积神经网络　　　循环神经网络　　　图神经网络

图 2-8　神经网络架构

　　注：主要神经网络架构的图示。前馈神经网络将输入数据单向传递给全连接的隐藏层（见图 2-6）。卷积神经网络利用卷积核和池化操作处理网格状拓扑信息（见图 2-7）。循环神经网络架构示例（该网络有许多种可能架构）。循环神经网络采用自循环方式，每个神经元从前一个时间节点的神经元中获取输入（如示例中的 $t-1$、t 和 $t+1$）。图神经网络利用隐藏层和过程来处理图模型中的非结构化数据。

　　通过改变网络的深度与宽度，组合不同模块（例如卷积神经网络和循环神经网络），寻找对给定任务显著有效的特定学习和搜索算法组合，我们可以实现无数种网络结构与更复杂的系统。为提升图像分类任务效果，AlexNet 卷积神经网络包含 5 个串联的卷积层与下游 3 个连续的全连接层。在一项医学分类任务中，某团队搭建了一个具有 172 个卷积层的卷积神经网络，将深度增加到了极致。DeepMind 搭建的雅达利游戏人工智能以 AlexNet 的 5 层卷积神经网络作为感知组件，还使用了搜索算法确定最佳动作，然后与操纵杆运动控制器进行通信。AlphaGo Zero 的新颖架构使得模型可以用自我对弈（490 万场比赛）的无监督方式实现围棋训练。这一模型使用了基于神经网络的强化学习方法，将蒙特卡洛树前瞻搜索算法整合进了一个由"许多卷积层的残差块"组成的神经网络中。[31]

百度的语音识别系统 Deep Speech 2 是模块化架构的完美示例。他们要实现的目标是将录音输入网络并输出书面记录，这是一个很有挑战性的问题。循环神经网络非常适合处理文本序列，但首先，系统需要知道如何处理音频数据。百度工程师用模块化设计的方法来解决这个问题。作为音频频谱图的输入数据本质上是一个黑白图像，代表了在语音模式中检测到的频率强度。将音频转换为像素，便可以利用魔法般的卷积神经网络卷积层提取语音特征。接着，卷积神经网络的输出会被送入大量循环神经网络层，用于提取单词序列关系。然后是一系列全连接层。下一个处理阶段使用了一种新技术来实现标签和全连接层之间的对齐。为了辅助纠错，系统还要了解不同单词出现的频率及其在语言中的使用方式，最后，通过网络预测与语言统计结果结合的方式来预测最有可能的输出短语。举个例子，当系统在检查的短语是"窃贼从出纳窗口拿走了信心"时，它可以识别出"信心"一词属于误用或错误标记，甚至可以根据统计频率预测出遗漏的词语。

人工智能和神经网络架构在药物发现和开发中的应用仍处于

起步阶段。在后文中，我们将更详细地讨论循环神经网络架构和强化学习范式的发展。在数字健康应用以及针对行为和神经精神疾病的新型生物或非生物治疗干预策略中，这些系统可能将发挥重要作用。第七章和第八章将介绍长短期记忆网络和生成式对抗网络在医学图像、基因组学和药物发现领域的应用。

为了更好地了解生物或医学场景中极其常见的复杂动态系统，我们可能需要借鉴为机器人控制和自动驾驶而设计的架构。在自动驾驶领域，工业界已经普遍采用了一种 3 层架构，这是 21 世纪初参与美国国防部高级研究计划局超级挑战赛的团队提出的构想。这种模型集成了结合上下文的实时规划，包括处理传感器数据的传感层，用于理解地形的感知层，以及一个推理层。后者又包含一个路线规划器、一个"状态"评估器和一个运动规划器，从而基于当前和可预见的情况，实现导航任务的"思考"功能。在不久的将来，药物和医学探索领域或许也有望建立一个类似的系统，来模拟药效动力学、器官系统随时间产生的生理变化，甚至模拟所有可以调节基因表达、控制疾病进程的潜在途径。人工智能和生物数据可以实现什么样的目标，完全取决于制药行业想象力的天花板在哪里。

深度学习在医学领域的滩头阵地：医学图像

医疗健康领域无疑将是人工智能时代最早期的受益者之一。本书的一个重要前提是，人工智能技术将会促进生物学领域的巨大进步，引领新治疗方法的发展，提升医疗健康领域的核心技术水平，从而改变医学的未来。近年来，利用深度学习进行医学图像分析的应用呈爆炸式增长，彰显了人工智能在临床诊断过程中的巨大前景。这就是人工智能技术席卷医学领域的开始。

凸显成像诊断对医疗健康领域的重要性的一个事实是，美国医疗健康系统在 2017 年产生了超过 8 亿张医学图像。2012 年，AlexNet 与卷积神经网络在图像分类任务上的性能突破预示了医疗健康领域与其他行业即将发生的巨大变化。这些商业或科学相关领域具有一个共同点：图像数据在其中占据重要地位。科技赛道和电子商务公司率先利用了深度学习领域卷积神经网络的进步。而直到 2013—2014 年的研讨会和会议报告，以及随后 2015 年的第一篇期刊论文，卷积神经网络才从学术研究进入可能具有潜在诊断应用价值的医学图像领域。2014 年左右，风险投资开始入局医疗人工智能影像创业公司。我们将在第六章深入探讨对人工智能算法和这类初创公司的投资热潮。现在，医学图像分析领域已经几乎成了深度学习的天下，其中卷积神经网络架构仍然占主导地位。

60 多年前，医学领域便提出了将计算机辅助诊断集成到临床实践中的目标。那时也是计算机、人工智能和统计机器学习兴起的时代。历经几十年，为什么我们还没有实现目标？人们很早就认识到统计方法可以协助诊断，并提出了使用符号逻辑系统进行鉴别诊断（1959 年）、使用贝叶斯定理预测肿瘤类型[32]以及以"光学扫描和计算机分析"作为乳房 X 光检查辅助手段的想法（1967 年）。这些方法没有成为临床主流，甚至从未进入现实世界，它们基本停留在学术医学领域。直到 20 世纪 70 年代，当我们可以利用计算机来编码（数字化）并分析放射影像（例如来自胸部 X 光片的图像）时，人们才开始更加认真地思考计算机辅助诊断和数字图像分析的可能。

20 世纪 70 年代的另外两项发明也促成了基于计算机的诊断医学革命：计算机断层成像与磁共振成像技术。这些新的成像技术能够以极高的分辨率可视化软组织和三维结构。1977 年，我们用 0.5T 磁场生成了第一张用于医学的磁共振成像图像；最近，我们已经可以用 7.0T 的磁共振成像机器观察亚毫米尺度的细胞，这为我们了解人类皮质神经元活动创造了可能。[33]

计算机辅助诊断进步的另一个要素是建立影像存储与传输系统。这是一个创造于 1982 年的术语，它要求临床、放射科和医院信息管理系统投入巨大努力进行信息整合。到了 21 世纪，尽管我们已经精心设计了专家系统并推广了影像存储与传输系统，但计算机辅助诊断在临床中的价值仍然十分有限。这些系统无法取代训练有素的放射科医生，甚至增加了他们的工作量。

4 个高度依赖图像的临床工作领域急需人们解决计算机辅助诊断应用的挑战，实现人类水平的计算机辅助诊断系统：放射学、病理学、皮肤病学和眼科学。长期以来，人们追求的是能够最大限度地减少错误、减轻人类工作量并能在复杂扫描中给放射科医生提供预分析和已知特征的人工智能组件，从而提高医疗健康实践中诊断阶段的效率。在使用 X 光成像、磁共振成像、计算机断层成像和正电子发射层析术的诊断医学领域，成像分析工具需要具有强大的特征提取、模式识别和分类性能。例如，临床肿瘤学领域的图像任务通常包括组织异常检测（癌性结节、肿块、钙化等）与特征分析（通过分割算法定义边界、诊断分类和肿瘤分期），在许多情况下还包括用以跟踪治疗响应的诊断后时序监测。通过自动或手动方式提取与这些特定任务相关的特征，并开发相应的计算流程，我们便可以量化任务。这些与疾病相关的预定义特征，例如肿瘤的三维形状或纹理，可以作为机器学习模型（支持向量机或随机森林等）训练的输入，用来实现对肿瘤或患者的分类，从而提供临床决策支持。对图像放射学特征的量化和解读几乎是实现所有基于图像的放射学任务的一致前提。

许多研究表明，相比于其他机器学习方法，深度学习架构可以更完美地完成几乎所有成像任务。在图像分割、器官检测和疾病表征任务中，各种深度神经网络架构已经参与了超过 100 项临床研究。余坤兴（Kun-Hsing Yu）及其同事的工作很好地展示了卷积神经网络给癌症图像诊断领域带来的进步与方法论创新。在 2016 年发表的第一篇论文中，来自斯坦福大学迈克尔·斯奈德研究团队的余坤兴利用癌症基因组图谱提供的海量组织病理学切片对两种非小细胞肺癌亚型进行了分析。[34] 他们设计了一套计算方法来识别切片图像，并对主要亚型——腺癌和鳞状细胞癌进行分类。这两种亚型合计占据全世界肺癌的 80% 以上。余坤兴使用一个名叫 CellProfiler 的软件包提取了将近 1 万个特征，随后选择了部分特征作为各种机器学习算法的输入。结果显示，在根据组织病理学切片预测肺癌类型和预测肺癌严重程度两项分类任务中，基于人工智能的系统与富有经验的肿瘤学家水平相当。余坤兴随后构建了无须 CellProfiler 便可提取特征的卷积神经网络。表 2-2 展示并比较了不同算法的性能。[35]

表 2-2　机器学习方法在癌症基因组图谱测试集上的肺癌诊断性能的比较

机器学习方法	肺腺癌 vs 邻近致密良性组织	肺鳞状细胞癌 vs 邻近致密良性组织	肺腺癌 vs 肺鳞状细胞癌
基于神经网络的方法			
AlexNet	0.95	0.97	0.89
GoogLeNet	0.97	0.98	0.90
VGGNet	0.97	0.98	0.93
ResNet	0.95	0.94	0.88
基于非神经网络的方法			
使用高斯核函数的支持向量机	0.85	0.88	0.75
使用线性核函数的支持向量机	0.82	0.86	0.70
使用多项式核函数的支持向量机	0.77	0.84	0.74
朴素贝叶斯分类器	0.73	0.77	0.63
装袋算法	0.83	0.87	0.74
使用条件推理树的随机森林	0.85	0.87	0.73
布雷曼随机森林	0.85	0.87	0.75

注：该表显示了用于区分肺腺癌与邻近致密良性组织、肺鳞状细胞癌与邻近致密良性组织以及肺腺癌与肺鳞状细胞癌的分类器的接受者操作特征的曲线下面积。

卷积神经网络为什么能在医学成像任务中达到甚至超过人类水平？是什么让卷积神经网络广受关注？卷积神经网络能够战胜

其他机器学习方法，很大程度上是因为数据（深度神经网络训练的核心和灵魂）战胜了领域专业知识。借助大数据，深度神经网络（尤其是卷积神经网络）可以自动学习特征表示并识别任何浅层神经网络或机器学习算法无法提取的抽象特征。影像存储与传输系统飞速积累的大量可用成像数据进一步提升了深度学习的优势。卷积神经网络的另一个优点是，在不同数据集或不同成像模态上执行相似的任务时，网络提取的特征比手动提取的特征具有更好的泛化性。对于在特征选择时让人头疼的个体间差异，深度学习方法还具有很好的鲁棒性。最后，卷积神经网络内置的自动化特征学习功能也是一个实用的强大优势。相比于其他机器学习方法和计算机辅助诊断流程，卷积神经网络让我们摆脱了成像分析流程中的手动预处理步骤。

2015 年，基于磁共振成像的前列腺癌诊断研究第一次展示了卷积神经网络可以达到人类水平性能的迹象。[36] 而最伟大的、可能对全球健康产生最重要影响的研究之一，是人工智能专家吴恩达领导的斯坦福团队证实深度学习可以实现专家水平的胸部 X 光片诊断。[37] 这个团队的研究人员开发了一个名为 CheXNeXt 的卷积神经网络，在 chestX-ray14 数据库超过 10 万张胸部 X 光片上完成了训练。训练后的模型在肺炎检测任务上超过了放射科专家的表现。如果我们使用人工智能分析数百万高危人群的胸部扫描结果，就能发现并减少肺结核在欠发达国家的传播，从而减轻全球结核病负担。现在，许多研究都展示了深度学习算法在医学领域的惊人效果。尤其是在乳腺 X 射线摄影、糖尿病性视网膜病变和皮肤恶性病变领域，深度学习已经取得了突破性成果。

人工智能最终将如何用于安全的医疗实践？有充分的证据表明，深度学习系统能够克服早期失败的计算机辅助诊断/特征工程在临床实践中遇到的挑战。一个可能的方向是，人工智能提供肿瘤、细胞或分子水平的定量指标，辅助病理学家进行主观诊断。即使与医疗健康系统整合有限，精心设计的自动化方法结合医生在诊疗回路中的实时反馈，我们也可以降低成本并大大改善患者的治疗效果。如果我们能够克服数据搜集、模型训练和临床部署方面的挑战，就可以将深度学习领域最先进的算法引入安全且经过验证的临床领域（见图 2-9）。

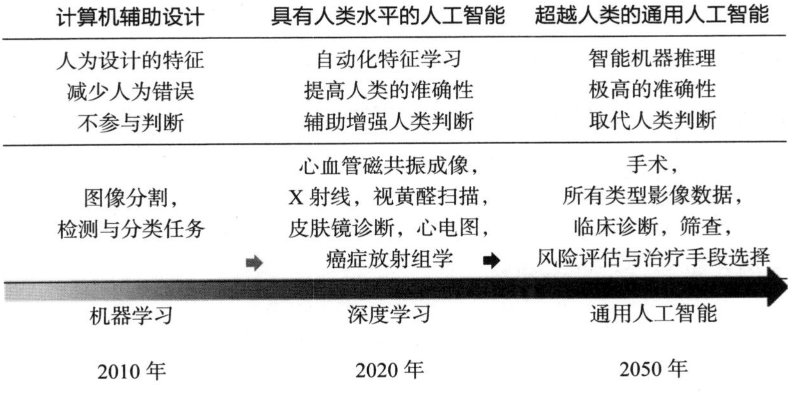

计算机辅助设计	具有人类水平的人工智能	超越人类的通用人工智能
人为设计的特征 减少人为错误 不参与判断	自动化特征学习 提高人类的准确性 辅助增强人类判断	智能机器推理 极高的准确性 取代人类判断
图像分割， 检测与分类任务	心血管磁共振成像， X 射线，视黄醛扫描， 皮肤镜诊断，心电图， 癌症放射组学	手术， 所有类型影像数据， 临床诊断，筛查， 风险评估与治疗手段选择
机器学习	深度学习	通用人工智能
2010 年	2020 年	2050 年

图 2-9　将人工智能融入医疗实践的未来之路

注：该图描绘了从 2010 年的计算机辅助设计、2025 年左右的具有人类水平的人工智能，到 2050 年超越人类的通用人工智能的可能发展过程。图中标示了可能由机器执行的医疗和诊断程序。

人工智能的局限性

　　许多知名人工智能研究人员、科学家和观察家都迅速指出了人工智能的局限性，表达了他们对构建成熟人工智能真实进展的怀疑态度，并谴责了媒体对这一话题的过度炒作。与此同时，人工智能先驱们的理想——期待人工智能能够推理并掌握诸如幸灾乐祸、人权或不公正等抽象概念，似乎越发遥不可及。其中的部分原因是对媒体的抗议——媒体一直在挖掘超越人类的智能已经存在的证据，并揣测着可能发生在数字领域的下一个重大突破。如果我们以能否完全重现人类的认知功能或能力（语言、创造力、视觉或情商等）作为衡量人工智能系统的标准，那么我们大概会感到失望。毕竟，我们还远未理解大脑的工作原理。尝试从连接主义发展出心智理论的神经科学家，以及人类脑计划的有力推动者都承认，想理解大脑，我们还有很长的路要走。早期，人工智能和大脑研究人员都怀揣一个宏大的梦想：一旦拥有合适的模型和算力，我们就可以解释意识或在机器中产生意识。但是现在，人们几乎放弃了这个目标。

　　人工智能领域曾经历了长达几十年的沉寂期，最近的技术发展才使得那些振奋人心的商业与科学应用成为现实。深度学习领域的惊人进展表明，人工智能的发展与技术和工具紧密相关，它并不像一些科学学科一样，需要不断从发现中得到新的见解。虽然人工智能是一个工程领域，但它在实验设计和假设检验方面与生物学和物理学有些类似。正如我们在第一章谈到的，算力促进了生物学的进步；同样，算力的发展也使得人工智能达到甚至超越了人类水平。

人工智能的局限性是什么？为什么会存在这些局限性？在人工智能领域，批评主要集中在两个方面：一是针对构建通用人工智能的尝试的局限性，二是针对深度学习范式（以及在构建通用人工智能时使用深度神经网络）的局限性。下面列出了其中的一些内容：

- 如果不主动将具有推理和规划能力的特征引入方法，我们就无法实现通用人工智能。这些批评针对人工神经网络和特定领域的人工智能。
- 当前的通用人工智能方法缺乏理解上下文的能力。这限制了模型对语音、时间序列数据和其他场景的解读。
- 深度学习理论研究进展缓慢；在没有理论基础的情况下，制造智能机器将限制我们的发展。
- 深度学习在大脑建模方面表现很差，这意味着我们的方向有误。人类可以利用少得多的数据进行学习。
- 深度学习无法泛化。训练好的模型无法轻易地迁移到另一个领域。
- 深度学习的严重过拟合问题。深度神经网络只是通过训练记住了示例。
- 当前的深度学习方法只是人类智能的初阶版本。实际上，它只不过是一种更好的模式识别算法。

• 有证据表明，深度学习性能已经进入瓶颈期，借助深度学习实现通用人工智能可能行不通。

制药行业的关注点更加实际，并具有鲜明的行业特性：

• 对数据的需求限制了深度学习的应用：制药公司表示，结构化数据难以获取，成本高昂，并且获取数据的方法往往面临可靠性的问题。
• 竞争造成了数据共享壁垒，重要数据难以大幅积累。由于医疗隐私的限制，临床试验分析相关的关键医疗记录信息存在数据访问问题。
• 在药物开发中，深度学习的应用场景有限（主要是虚拟筛选与定量构效关系）。
• 已经拥有高效的机器学习算法，不再需要深度学习方法或大型数据集。
• 人工智能仅能提供边际改善。深度学习对产量或效率的小幅提升不值得制药行业在数据科学、计算机科学和高性能计算方面进行投资。
• 可解释性。深度学习算法是黑盒模型，我们很难理解算法为什么会做出某种预测，或给出某个结果。

在社会层面，人工智能同样面临许多可能的问题。这些话题广为人知，也往往会带来激烈的讨论。大多数问题与人工智能偏见（性别、种族、阶级和健康状况歧视），失业，可能造成的社会动荡以及人类丧失决策自主权相关。社会对未来人工智能的能力的一大担忧是，许多工作岗位将被算法、计算机和机器取代，成百上千的做同样工作的人类将面临失业。例如，在医疗健康领域，人工智能技术非常适合进行诊断工作，因为诊断的核心是搜集患者数据（症状、观察、扫描结果、病史、分子谱数据、遗传信息、社会经济数据等）并预测特定结果，推荐措施或推断原因。机器输出的结果包括病理生理状态（疾病）、可能的患病原因及治疗建议、下一步诊断检查建议，甚至其他任何对患者具有医学价值的行动策略。深度学习正巧擅长从高维数据中搜索相关性并做出预测。

在医学界，人们一直担心基于人工智能的诊断可能会完全取代放射科医生。未来学家尤瓦尔·赫拉利表示，人工智能非常适合解决医疗诊断问题，未来将开发出经受充分训练，具有丰富知识、准确预测能力和超人表现的医疗机器人，人类医生培训将成为过去时。但目前大多数人工智能与医学交叉领域的专家认为，人工智能不会在短期内取代医生。正如埃里克·托普在他的《深度医疗》一书中阐述的那样，人工智能的作用将是辅助医生的工作，为医生提供另一种专业视角，并为医生节省大量时间，让医生有更多的时间与患者相处。[38]

人们也一直关切另一个巨大隐忧。科技巨头，如美国的脸书、谷歌、微软、亚马逊和苹果以及中国的百度和腾讯等公司，拥有庞大的技术资源、市场实力和人工智能的能力，它们规模巨大，影响力遍及全球。它们将如何运用人工智能造福社会？美国加州大学伯克利分校著名的人工智能学者兼教授迈克尔·乔丹警告说，我们需要全社会的投入与一个全新的工程学科来构建"社会规模的决策系统"。为了解决针对人工智能的恐惧和相关道德问题，学术界和工业界的人工智能研究人员齐聚一堂：麻省理工学院的迈克斯·泰格马克于 2015 年在波多黎各组织了第一次会议；随后，2017 年，人们在加州太平洋丛林举办的阿西洛马会议上进行了第二次讨论，重申了考虑技术影响的重要性——就像 20 世纪 70 年代，在同一地点，DNA 重组技术的相关研究人员曾进行的那样。人工智能已经进入了一个新时代：大脑启发的计算技术将继续推动各个行业的数据驱动应用，商业刺激将促使开源框架、算力与算法设计不断取得重大进展。科技领域一直推动着这些进步与基础工程的发展。属于制药领域的时刻尚未到来。

第三章
通向新药的漫漫长路

自然能够治愈疾病。

——希波克拉底

公元前 460 年

纵观疾病治疗的历史，为了寻找具有药用特性的天然或合成物质，人类已经进行了长达 1 万年的探索。即使是在现代制药科学的背景下，大部分时候，探索也都意味着借助大自然这本医典进行随机实验。在过去的几千年里，药物寻找的历程就是一场对地球上超过 35 万种植物的巨大宝库进行永无止境的搜寻的旅程，它带给我们的是数千种有益于饮食健康的食物、生物活性分子和维生素，以及更加珍贵的具有药用价值的植物衍生化合物，它们能够减轻疾病症状或逆转疾病进程。在这些发现之中，源自罂粟的止痛化合物在两个世纪前奠定了制药业的基础。

从文艺复兴之后一直到 19 世纪，几乎所有可能含有药理活性成分（例如鸦片中的吗啡或可待因）的混合物和草药，都未被纯化提取。为了更好地溶解这些物质，并提高生物利用度，人们会将它们与酒精或其他形式的溶剂混合。在植物产生的众多化合物中，具有药用价值与生物活性的化学物质主要由有机小分子构成。在欧洲，快速发展的化学研究帮助药剂师、炼金术士甚至江湖骗子获取了更高纯度的植物提取物。新的化学加工技术为患者提供了更加标准化的止痛药物制造途径，但不幸的是，它也使药物更易于被滥用与分发。19世纪初，德国药剂师弗雷德里希·塞尔吐纳成功从鸦片胶乳中提取出了吗啡，这是日后药物生产工业化必需的早期突破之一。伊曼纽尔·默克也开发了类似的生物碱提取技术。1827年，默克看到了扩大生产与销售鸦片生物碱的机会。19世纪30年代，在德国，默克的家族企业完成了"从药房向工厂"的转变。默克的第一家工厂建立在德国达姆施塔特（一个在法兰克福以南、靠近莱茵河的小镇）东部边缘。

伴随着新化学加工技术与工业革命的融合，制药业在德国资本主义环境中蓬勃发展。炼金术和它生产出的各种毒药与神药逐渐淡出了医学实践，欧洲和美国开始从植物提取物中分离出单一成分，从而获取纯药用化合物。分析化学和有机化学技术的进步以及天然提取物的潜在商业价值引发了各种植物生物碱的分离热潮，我们获得了包括咖啡因和奎宁（1820）、尼古丁（1828）、阿托品（1833）、可可碱（1842）、可卡因（1860）和毒蝇碱（1870）在内的纯化物质。默克公司的科学家和其他人也成功分离出了其他阿片类生物碱（可待因、罂粟碱和蒂巴因），巩固了罂粟作为人类历史上最重要的药用作物的地位。

随着合成化学的发展，药物发现之旅在19世纪后期进入了一个崭新阶段。一个新的思路是，我们可以通过改变自然界中的物质来合成自然界中不存在的新化合物。那时，西方世界的医生和医学从业者才刚刚开始放弃希波克拉底的理论，即4种体液——血液、黄胆汁、黑胆汁和痰对应于4种人格特质，它们分别是多血质、胆汁质、忧郁质和黏液质。炼金术士曾将金、汞和硫等元素与酸和一系列有机材料（粪便、马尾和根茎类蔬菜等）混合在一起，进行着充满想象力的组合。但他们并没有尝试创造自然界之外的新结构。他们也根本做不到这件事，因为在那时，人类还没有发展出足够的概念或理论来解释生命的物理本质与化合物的化学组成。只有在拉瓦锡、普里斯特利、阿伏伽德罗和其他化学家建立的科学基础上，再加上道尔顿原理和1802年提出的原子理论框架，化学家们才预见到修改自然界中存在的化学结构的可能性。当化学领域逐渐成熟，工业制造规模足以合成一系列用于研究和生产的化合物时，新化合物设计和检验方向应运而生。几乎与此同时，大学逐渐建立完善了药理学实验基础。1905年，约翰·纽波特·兰利提出了作用于单一受体的激动剂和拮抗剂这一重要概念，并补充了保罗·埃尔利希在化学受体方面的工作。[1, 2] 在整个20世纪，工业企业积累了大量药物化学专业知识。基于这些知识所产生的工具，使得制药公司能够使用更便宜、更有针对性的合成分子代替纯化的天然提取物。建立一个以临床科学、生物化学、微生物学和生物学偶然发现为指导的跨学科研究企业，正是实现成功药物发现的秘诀。

生物技术推动了治疗发现的第三个阶段，并迅速成为"生物制剂"这类新型药物的创新驱动力。20世纪70年代，学术研究领域的分子生物学家发明了重组DNA技术，使得新一代治疗药物的开发和制造成为可能。生物技术为我们带来了合成蛋白质产品的希望，我们从此可以得到和人体细胞中几乎一模一样的蛋白产品。现在，我们可以利用新的途径，从细胞工厂中获取激素（例如胰岛素和促肾上腺皮质激素）作为治疗药物。在过去，我们只有从动物组织中才能获取这些具有重要商业价值的产品。我们可以利用工程技术改造细胞，从蛋白质的基因序列信息开始，生成这些复杂的生物大分子。为了获取最终的生物药物，制药行业迅速扩大了细胞培养与蛋白纯化的生产设备规模。1982年，在世界上第一款生物技术药物的竞争中，礼来公司通过与生物技术公司基因泰克合作获得了胜利。它们的重组人胰岛素获得了美国食品药品监督管理局的批准，商品名为优泌林。

单克隆抗体技术是生物制剂进入治疗领域的另一项重要推动力。这项技术创造了一种名为杂交瘤的新型细胞类型，用于产生源自小鼠免疫系统的单一B细胞抗体。通过与肿瘤细胞融合，我们可以源源不断地从培养环境中获取基因相同的B细胞克隆。1986年，第一个小鼠单克隆抗体获得了美国食品药品监督管理局的批准，并由杨森制药以商品名莫罗单抗（Orthoclone OKT3）上市销售。这种基于抗体的药物是一种免疫抑制剂，它能够识别一种名为CD3的T细胞特异性蛋白，从而阻断T细胞活化，并能对抗器官移植产生的急性排斥反应。自莫罗单抗问世以来，基因工程一直在推动单克隆抗体制造工艺的持续改进，例如移除小鼠基因组序列，从而避免可能引起严重并发症的不必要免疫反应。最新一代技术使用仅包含人类抗体基因的小鼠杂交瘤系统生产治疗性抗体，称为完全人源化抗体。另一种叫作"噬菌体展示"的替代技术让药物开发人员通过遗传学技术和新细胞系，以完全不同的方式发现并构建抗体。[3] 全球最畅销的药物修美乐——一种用于类风湿性关节炎治疗的完全人源单克隆抗体，就是通过噬菌体展示技术生产的。

尽管生物药物的开发流程十分复杂，但在过去几十年间，我们源源不断地开发出了新的生物药物，用于治疗癌症、自身免疫性疾病、心血管疾病和代谢紊乱等疾病。生物制剂已经开始主导全球药品销售：单克隆抗体和重组蛋白疗法共计占据全球药物销售前十中的八个，并在 2019 年创造了近 750 亿美元的收入。在新冠病毒感染疗法开发竞赛中，单克隆抗体是首批投入使用的药物之一，这其中包括礼来的 bamlanivimab 和再生元的抗体鸡尾酒 REGN-COV2，后者曾在 2020 年 10 月用于治疗特朗普总统的新冠病毒感染。

在第三次治疗发现的浪潮中，生物技术公司成了发现的引擎。主要制药公司（几乎所有现在被认为是"大型药厂"的公司）争先恐后地重组，并将生物技术专业知识纳入它们的早期发现和临床前开发计划，作为现有的小分子药物管线的额外补充。生物学领域的先进概念与分子生物学、遗传学和免疫学领域催生的工具，让药物捕手和药物化学家们将重点和起点从探索新的化学结构转移到识别新的分子靶标。与生理过程相关的生物学知识和基因组数据呈指数级增长，阐明了许多潜在的治疗干预位点。许多时候这些位点是与生物活性相关的全新药物靶标，但因无法找到合适的小分子药物而被忽略了几十年之久。为了挖掘这些潜在的宝藏，化学家和生物学家齐心协力，创造了一种新的药物发现范式。在这种范式里，生物学家负责靶标发现与验证，以及高通量筛选分析方法的建立。通过高通量方法，我们可以从庞大的分子库中寻找可能干扰或改变靶标活性的化合物。寻找对活细胞中靶标具有效力的候选药物的过程被称为"苗头化合物发现"。基于生物学的高通量筛选是 21 世纪苗头化合物发现的基础。

生物技术热度高不仅仅因为它能给制药公司带来利润（它们已经拥有非常丰厚的利润了），还因为它为战胜疾病带来了无数工具与可能。在治疗发现的第四阶段，细胞和基因治疗、基因编辑、细胞重编程以及合成生物学的最新发展正为治疗领域的变革提供最及时有效的工具。新的治疗范式将从我们自己的细胞与基因开始。重新编程细胞、重新连接大脑、重写基因、重新设计蛋白机器，这些正是第四阶段的特征，也真正关乎医学的未来。

治疗发现的 4 个时代

治疗发现经历了 4 个时代。

植物学时代：通过在自然药典中进行随机实验，发现植物化合物有医疗、娱乐和宗教用途。

化学治疗学时代：对植物化合物进行化学提取和纯化；新型化合物合成与制药工业的诞生。

> 生物治疗时代：生物技术公司引入生物制剂制造，催生了一系列新的治疗类别，包括抗体和重组蛋白等。
>
> 治疗工程时代：通过工程方法设计细胞和基因疗法（而非发现），通过基因编辑生产设计生物分子，通过处方软件修改大脑活动/行为，基于病毒载体、纳米颗粒或血液循环中的纳米机器人等精确药物输运系统的新型治疗手段。

医学的起源：自石器时代以来鸦片的作用

在全能的上帝赏赐给人类以减轻痛苦的所有药物中，没有一种比鸦片更普遍、更有效。

——托马斯·西德纳姆（1624—1689）

"谁能离开鸦片世界？"

——夏尔·波德莱尔

《人造天堂》（1860）

医学起源与人类历史密不可分，与鸦片的发现史步调一致。考古植物学证据表明，新石器时代的北欧、西班牙和整个地中海地区都有罂粟的痕迹。不管是青铜时代的小雕像或饰有罂粟荚的珠宝，还是现代医疗系统为患者开出的数十亿粒药丸，都彰显着鸦片在人类文化中的重要性。各种形式的鸦片生物碱不仅承担着医疗、娱乐和宗教用途，也具有重要的经济价值。数千年来，它们一直伴随着人类文明。

与 19 世纪的工业革命和 20 世纪的信息革命相比，新石器时代的革命可以说是人类历史上最重要的一次革命。它打开了通往文明的大门，发展出了让我们种植并收获作物、驯养动物以及建立定居点的技术。之后许久，我们才迎来了医疗实践和药物使用的创新，从而抵御疾病、饥荒与战争的蹂躏，并应对一系列影响身心健康的社会弊病。

7 500 多年前，农业兴起，新石器时代的农业定居者将相关技术带出了新月沃地，并把农业作物引进了西欧与北欧。对这些地区几个考古遗址的碳化植物材料的分析提供了许多作物共存的证据。例如，各种小麦、豌豆、扁豆、大麦和亚麻都从近东地区传播而来。这其中，罂粟是个有趣的例外。它似乎曾沿阿尔卑斯山向东南方移动，又在很久之后重回地中海地区。

不知是作为杂草，还是驯化或培育的作物，我们在距今约 7 300 年前的线纹陶文化遗址中发现了两种罂粟亚种的种子。[4-6] 而西班牙科尔多瓦省南部的墓葬洞穴则挖掘出了非常明确的证据，帮助我们确定了罂粟在新石器时期的种植范围与罂粟在新石器文化中的重要地位 [7]——在蝙蝠洞（著名史前遗址）的墓室中，几具尸体与装有罂粟种子的小编织袋一起埋葬着。[8] 几个不同的新石器时代遗址都存在着罂粟的痕迹，这意味着一种或多种文化已经驯化了罂粟物种。在当今英国剑桥以西 35 英里的朗兹的一个考古遗址中，人们则有另一项有趣发现。一个史前垃圾场挖掘出了一组 8 个罂粟种子，年代为公元前 3800 年—前 3600 年。这表明当时可能存在着与不列颠群岛居民的罂粟交易。[9] 这项发现为我们提供了更多与鸦片的传播和潜在用途相关的信息。

不断积累的史前证据表明，治疗发现的第一阶段，也是持续时间最久的阶段，在石器时代晚期便开始了。当时，人类开始了农业实践，也忙于采集各种植物，目的是找到具有药用价值或能带来精神愉悦的植物化合物。后者包括能够扭曲知觉的致幻化合物，它们用于宗教和精神目的；还有各种其他形式的精神活性化合物，包括影响头脑、情绪和行为的兴奋剂和镇静剂等，其中许多仍是当今时代的娱乐性药物。同时，伴随着时间的推移，草药逐渐兴起。几乎所有文化都拥有自己的草药疗法。在 17 世纪之前，西方医学中最重要的草药著作是希腊医生佩达努思·迪奥斯科里德斯在公元 50—70 年撰写的《药物论》。这部 5 卷本的著作记录了 600 多种药用植物，是所有现代药典的前身。《药物论》无疑受到了亚里士多德的门徒与继任者泰奥弗拉斯托斯撰写的植物学论文的影响。泰奥弗拉斯托斯在他著于公元前 350 年—前 280 年的 10 卷本《植物志》中首次系统性描述了多种植物。其中，第九卷讲述了如何提取树胶、树脂和果汁，以用于药物。亚里士多德和希波克拉底曾讨论罂粟的药用功效，亚里士多德知道鸦片具有催眠作用。

在中世纪，许多药典是由从事传统波斯医学的医生编写的，其中包括阿维森纳于 1025 年撰写的《医典》以及 12 世纪伊本·祖尔和 14 世纪伊本·拜塔尔的著作。在中国，人们认为草药起源于近 5 000 年前。然而，已知最早的中国药典是《神农本草经》，它涵盖了 365 种草药的使用，可追溯到大约 1 800 年前。

16 世纪中叶，西欧的药典权威转变为《药典》，它由欧洲最伟大的植物学家之一瓦勒留斯·科尔杜斯（1515—1544 年）在德国所著。科尔杜斯是最早一批开始系统研究《药物论》中描述的药用植物的人。他在《植物志》中记录了这些研究成果——这部著作也是有史以来最重要的"草药书"之一。出于个人兴趣而在南欧寻找植物疗法时，科尔杜斯在意大利感染了疟疾后身亡，年仅 29 岁。

我们几乎可以从所有这些药典中找到关于鸦片的草药配方和使用建议。甚至，追溯到几千年前的古埃及时期，公元前 16 世纪的《埃伯斯纸草卷》[①] 中记载了一个著名的使用鸦片帮助婴儿入眠的配方：

> "小儿止哭方：罂粟荚，壁飞尘，合为一，滤，服四日，即见。" [10]

到了中世纪后期，在埃及人、希腊人和罗马人将鸦片纳入他们的医疗实践的几千年后，奥斯曼帝国、波斯帝国（萨法维王朝）和大英帝国开始将鸦片用于医疗和娱乐。16 世纪，不同文化发展出了不同的鸦片使用模式：奥斯曼帝国、波斯帝国和印度

---

① 这份记录是在一个木乃伊的墓中发现的，于 1873—1874 年被出售给德国埃及学家乔治·莫里茨·埃伯斯。据推测，这份记录是由美国埃及学家埃德温·史密斯贩运的，他购买了另一份著名的纸草书，以其名字命名。

莫卧儿王朝的人们更喜欢吸食鸦片，而在欧洲，帕拉塞尔苏斯在 1500 年左右发明了鸦片酊，这是一种将鸦片类生物碱与酒精混合得到的液体混合物。在接下来的近 200 年里，这种神奇药水都被奉为圭臬。1667 年，英国医生托马斯·西德纳姆推出了他的鸦片酊配方，将鸦片与雪利酒、藏红花、肉桂和丁香混合在一起。这种强效混合物广受欢迎，它改变了人们对鸦片的消费偏好，席卷了欧洲，后来又进入了美国。一个有趣的巧合是，1668 年，弗里德里希·雅各布·默克在德国达姆施塔特收购了天使药房。这就是世界上第一家制药公司默克公司的前身。[11] 来自欧洲的医生与药剂师们测试着各种不可靠的新配方，在对抗当时的流行疾病的战斗中结成了微妙的联盟。

时间来到 18 世纪中期，英国药剂师在医疗服务过程中充当了越来越重要的角色。除了进行手术外，他们还负责配药和开具处方。1776 年，著名的苏格兰经济学家亚当·斯密打趣道，药剂师是"穷人在任何时候的医生，以及富人在遇见小问题时的医生"[12]。药剂师面临的最大挑战之一是，在人们对药物化学性质和提取方法知之甚少的时候，如何才能提供更标准化的剂量和更纯净的药物。而精通化学的专家则通过对药物进行实验，或者掺入其他成分，成了药剂师的威胁。而当药剂师试图维护他们的垄断地位时，医生和其他人则在想方设法限制英国药剂师的权力。18 世纪 90 年代，他们开始尝试通过英国议会推动改革和监管，直到 1815 年，《药剂师法案》颁布。[13]

19 世纪之交，英格兰、法国与德国的社会变革、全球贸易、科学进步和医学实践格局的转变为破解鸦片之谜创造了完美的条件。在通过药理学手段研究鸦片诱导睡眠的原理时，弗雷德里希·苏尔蒂纳首次成功分离出鸦片生物碱。他将其命名为"摩啡"，以希腊梦神摩耳甫斯的名字命名。后来，这一物质的化学名称又被改为"吗啡"，以与碱性物质的命名规则保持一致。欧洲的化学家与制药公司很快便得知了苏尔蒂纳分离出结晶吗啡的消息。这条广泛传播的消息即将改变药物市场的经济模型与发展趋势。因为从土耳其、埃及和其他地方可以相对容易地获取鸦片，从鸦片药物生产中获利的唯一瓶颈便出现在了化合物分离这一步。伊曼纽尔·默克看到了其中的机会，并于1826年开发出了类似的吗啡提取方案。紧接着，正如伊曼纽尔·默克在1827年《医药和化学创新（内部文件）》中提到的那样，他推动公司建立了商用鸦片生物碱和其他产品的大规模生产线。不久之后，默克公司开始生产吗啡和可待因作为止痛、镇咳和治疗腹泻的药物。图3-1展示了含有"天堂之乳"的罂粟荚膜，吗啡的分子结构以及植物中发现的主要生物碱化合物。

　　生鸦片和鸦片生物碱是一门大生意。它们不断增长的经济价值对19世纪中叶产生了巨大的影响。19世纪30年代，从事鸦片贸易的英国海商通过广州港向中国出售了大约1 400吨鸦片。当时，吸食鸦片的人遍布中国社会的各个阶层，中国政府面临着一个巨大的问题：到19世纪30年代末，中国可能有1 200万人吸食鸦片成瘾。在与英国的贸易协议谈判失败后，中国彻底停止了鸦片进口，引发了1840年与英国的第一次鸦片战争。[5]在美

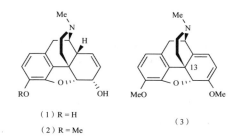

（1）R＝H
（2）R＝Me

（3）

图 3-1　罂粟荚膜和鸦片生物碱

注：左图：罂粟荚膜；中图：植物中常见鸦片生物碱的母体化合物，其中，R基为氢原子时即为吗啡（1），R基为甲基时即为可待因（2）；右图：蒂巴因（3）。

国，自独立战争以来，各种形式的吗啡同时流通着。费城的罗森加滕制药公司于 1832 年率先建立了结晶吗啡的生产线。美国内战极大地推动了吗啡的使用，据估计，有 1 000 万颗鸦片药丸和 280 万盎司其他鸦片类化合物用于治疗受伤的士兵。吗啡可以通过皮下注射自我给药，这可能是导致参战士兵和退伍军人阿片类药物成瘾率很高的原因之一。一个合理的猜测是，导致美国阿片类药物成瘾问题的主要原因之一就是南北战争期间的血腥战场。

　　或许是冥冥之中，又或许是偶然，止痛药、阿片类药物和其他麻醉剂成了奠定制药业基础的药物。从任何理性的科学角度来看，当时不可能出现针对疾病或传染性病原体机制的药物。在发现和认识到微生物在传染病中的作用并发展出细菌理论之前，医疗实践最重要的目标是帮助患者缓解症状并提高生活质量。因此，药房、医生和公众的需求是获得副作用更小、效力更强大、剂量更稳定的药物。而制药公司已经准备好了。在生产吗啡和可待因的基础上，默克公司于 1862 年将可卡因纳入生产线。弗里德里希·拜耳公司的管理层开始研发水杨酸的化学替代品。水杨酸是一种从柳树树皮中提取的具有退烧作用的化合物，但会产生副作用。同时，拜耳公司的研发主管卡尔·杜伊斯贝格和实验药理学主管海因里希·德雷泽也对制造成瘾性较低的吗啡或可待因衍生物充满兴趣。1897 年，费利克斯·霍夫曼完成了首次乙酰水杨酸的合成。在后来上市销售时，这一药物被命名为阿司匹林。阿诺尔德·艾兴格林是这一研发小组中的化学家。1944 年，身处特莱西恩施塔特集中营的艾兴格林写信称，是他授意霍夫曼进行水杨酸乙酰化的研究。[14] 由于艾兴格林是一位德国犹太人，屈从于纳粹的统治，他的贡献在他生前鲜被提及。吗啡乙酰化后的产物是二乙酰吗啡（又称海洛因），这是一种比母体分子更加有效的阿片类药物。[14, 15] 尽管乙酰水杨酸和二乙酰吗啡并不是拜耳的首创，甚至还被申请过专利，但通过激进的营销手段，拜耳成功将公司的标志与行业史上最成功的药物（阿司匹林）以及最臭名昭著的药物（海洛因）绑定在了一起。

工业制药

除非尝试从未尝试过的方法，否则期望实现从未能实现的事情就是一种不切实际且自相矛盾的幻想。

——弗朗西斯·培根，《新工具》

1620 年

时间是评判科学成果的最佳标准。我深知一个工业发现很少能在其第一发明者手中展现出所有潜能。

——路易斯·巴斯德

1879 年

工业革命期间，全球制药业诞生于两条截然不同的商业创业路径之中。直接路径源于药剂师或药房，历史上，其负责药物供应，并有雄心在更大规模上生产标准化的已知药物。德国默克公司和几乎所有美国大型制药公司的前身均出自这种模式（见表 3-1）。另一条路径是由合成化学驱动的。在人们认识到化学在工业领域的广泛应用价值之后，瑞士和德国的煤焦油染料公司便开始尝试进入制药领域。工业革命期间制药行业的崛起与 100 年后科技行业的兴起有着惊人的相似之处。正如化学和碳氢化合物基础构件是制药创新的催化剂一样，电气工程和集成电路是计算时代进步的驱动力。

表 3-1　全球制药业的起源

化学公司	成立年份	全球销售额（美元）及整合状态（2019）	早期药物与医疗产品
嘉基（瑞士）	1858*	486 亿，与汽巴合并，现为诺华制药的一部分	抗炎药
汽巴（瑞士）	1859	与嘉基合并，现为诺华制药的一部分	消毒剂
赫斯特（德国）	1863	404 亿，现为赛诺菲的一部分	解热药，抗结核药，普鲁卡因，胰岛素
卡勒	1863	被赫斯特收购	解热药

化学公司	成立年份	全球销售额（美元）及整合状态（2019）	早期药物与医疗产品
拜耳（德国）	1863	499 亿	阿司匹林，海洛因，巴比妥类药物
勃林格殷格翰（德国）	1885	213 亿	鸦片生物碱，乳酸
山德士（瑞士）	1886	与汽巴-嘉基合并，现为诺华制药的一部分	安替比林（退热剂）
百时美施贵宝（美国）	1887	261 亿	牙膏，矿物盐缓泻剂
施贵宝（美国）	1892*	被百时美施贵宝收购	醚，洋地黄，箭毒

药房与医疗用品公司	成立年份	全球销售额（美元）及整合状态（2019）	早期药物与医疗产品
默克（德国）	1827*	179 亿	吗啡，可待因
比彻姆（英格兰）	1842	447 亿，与史克必成合并，现为葛兰素史克的一部分	轻泻药
辉瑞（美国）	1849	507 亿	抗寄生虫药，维生素 C
先灵（德国）	1851	被拜耳收购	阿托品和尿素甲醛
惠氏（美国）	1860	被辉瑞收购	甘油栓剂
夏普 & 多姆（美国）	1860（1892）	被默克（美国）收购	药品包装，皮下注射
帕克-戴维斯（美国）	1866	被华纳-兰伯特收购，现为辉瑞的一部分	破伤风和白喉抗毒素，可卡因
礼来（美国）	1876	231 亿	医疗包，胰岛素
伯勒斯·惠康（英格兰）	1880	与史克必成合并，现为葛兰素史克的一部分	疫苗
强生（美国）	1885	828 亿	抗菌绷带，避孕药
雅培（美国）	1888	333 亿#	生物碱，消毒剂
H.K. 马尔福德（美国）	1889	与夏普 & 多姆合并，现为默克的一部分	天花疫苗，白喉抗毒素

药房与医疗用品公司	成立年份	全球销售额（美元）及整合状态（2019）	早期药物与医疗产品
默克（美国）	1891	479 亿	维生素 B_{12}，可的松，链霉素
武田（日本）	1895[*]	297 亿	止泻药，奎宁，糖精
罗氏（瑞士）	1896	619 亿	碘，止咳糖浆，巴比妥类药物

注：销售数据基于《福布斯》全球上市公司 2000 强榜单（www.forbes.com/global 2000/#f6c8ed7335d8，2020 年 5 月 13 日）、公司年报（勃林格殷格翰）或邓白氏（默克公司）。

雅培销售额是指艾伯维公司的销售额。雅培在 2013 年成立艾伯维，从而开展独立的制药业务。

* 在进入制药业前已经拥有悠久历史的公司：默克成立于 1668 年，最初是一家药店；嘉基最初成立于 1758 年；武田成立于 1781 年，最初是一家日本传统药物和中药销售商；施贵宝于 1858 年在布鲁克林建立了实验室。

制药和计算机行业的发展

以下总结了对制药和计算机行业发展起到至关重要作用的事件和经济条件。

市场需求：预先建立起具有巨大需求的市场。

资本：英国、比利时和德国为不断发展的产业提供资金。

资源：产品制造所需的原材料丰富且廉价。

劳动力：经受专业训练，拥有技术技能的劳动力队伍不断壮大。

研发：研发活动天然成为成功企业的组成部分，可以支持持续创新。

发明家和先驱：大学与工业界之间的紧密联系是创意和技术知识的关键来源。

19 世纪 50 年代中期，纺织业蓬勃发展，英国、比利时、德国、法国和瑞士在机械化制造和蒸汽机的加持下占据了行业领导地位。天然纺织染料价格昂贵，需求量大，且只能从植物来源获得，合成染料面对的是一个蓄势待发的巨大市场。瑞士和德国莱茵河沿岸的几家公司一直在生产天然染料，并且具备地理位置优势——它们与下游纺织品制造商相距不远。1834 年，德意志关税同盟的成立，打破了德国各州之间的壁垒，商品得以自由流通，改变了经济格局，来自英国和比利时的投资涌入了莱茵河地区的工厂。

个人电脑和互联网业务的繁荣初期伴随着"硅谷神话"，药物研发行业早期也曾拥有神话般的创业空间。20 世纪 70 年代，史蒂夫·乔布斯和史蒂夫·沃兹尼亚克在加利福尼亚州帕洛阿尔托的郊区车库里搭建了第一台个人电脑的原型；几十年后，无数创业公司在加利福尼亚州旧金山湾区的公寓和小隔间里诞生。随着 19 世纪中叶工业革命在美国、英国、德国和瑞士等地逐步推进，一批新的企业家开始探索尝试，并最终促成了两个全新且关系密切的行业——化学生产和医药制造。

在美国，医生爱德华·罗宾逊·施贵宝于 1858 年创立了施贵宝公司。他在自己位于布鲁克林的住所里搭建了一个创业实验室，一边研究醚的生产，一边尝试着他的早期商业理念——实现重要药用化合物的工业化生产。1856 年，在伦敦东区的联排别墅里，年轻的化学家威廉·亨利·柏琴在家中的阁楼上搭起了实验室，进行合成化学实验。

许多因素共同造就了工业制药这场席卷世界的风暴，但柏琴利用煤焦油中的化学物质合成奎宁时的偶然发现，正是这场风暴的起源。当时，18 岁的柏琴是一个化学专业的学生，他的导师是德国侨民奥古斯特·威廉·冯·霍夫曼——一位煤焦油化学成分和有机合成技术方面的专家。到 19 世纪中叶，煤气和固体焦炭已经成为欧洲（包括英国）和美国家庭与工业界的主要燃料来源。煤焦油是高温烧煤制造煤气和焦炭时产生的副产品，因此是一种来源丰富的工业废料。霍夫曼曾认为煤焦油中的碳氢化合物可以用于化学合成，并提出煤焦油中的主要成分苯胺可以作为合成奎宁的起点。奎宁是一种珍贵且稀缺的抗疟疾化合物，来源于南美洲金鸡纳树皮。霍夫曼的猜想是正确的。

柏琴许多次生产奎宁的尝试都以失败告终。但有一次，他用重铬酸钾在硫酸中氧化了苯胺，得到了被他命名为苯胺紫的紫色染料。[①] 这是第一种人工合成的有机化学染料，柏琴和他的导师都意识到了其中的商业价值。然而，二人走上了不同的道路。令霍夫曼感到遗憾的是，柏琴离开了学校，在父亲的资助下成立了一家小公司，申请了苯胺紫在英国的生产专利，并在

---

① 煤焦油发生化学反应后的产物可能是苯胺、邻甲苯胺和对甲苯胺的混合物。柏琴得到的并非单一化合物，而是含有常见多环色素结构的混合物，这种结构是产生明亮的紫色的关键。[16]

伦敦郊区建立了一个工厂来生产这种染料。霍夫曼离开了他担任创始院长的皇家化学学院（现为伦敦帝国理工学院），回到了德国，与他人共同创立了德国化学学会，并担任柏林大学的教授。霍夫曼的回归让德国在相关专业技能与人才培养中取得了巨大优势，新的煤焦油染料和化学公司在莱茵河沿岸如雨后春笋般涌现。

德国在第二次世界大战前一直主导着全球化学和制药业。是什么造就了这种领导地位？最主要的原因是强大的科学基础和对深入研究的持续关注。[17, 18] 拜耳公司就是这种成功商业模式的典范。1863 年，拜耳创始人开始在自家厨房里进行实验，试图根据当时已知的技术制造苯胺染料。然而，第一代煤焦油染料缺乏纺织品所需的特性——色牢度和耐光色牢度。要想解决这些问题，就必须深入探索，并紧跟科学界的最新研究步伐。当时，一个巨大的难题是，人们对分子（例如苯）的化学结构缺乏了解。大家知道苯分子的经验式是 C_6H_6，但是碳-碳键在分子中是如何分布的？有机化学领域的巨头之一——出生于德国的奥古斯特·凯库勒在他 1865 年发表的有关苯结构（一个具有交替双键结构的六碳环化合物，这是苯胺的基础结构，见图 3-2）的论文中揭开了有机化合物结构的重要秘密。[19] 基于煤焦油混合物中简单芳香族或脂肪族化合物，拜耳公司的应用化学家得以构建（用化学家的话来说是"衍生"）出一系列染料。

因为并非所有染料制造商都具备工业规模的专业加工能力，所以基于苯胺的染料制造工艺催生了另一个市场——从煤焦油中

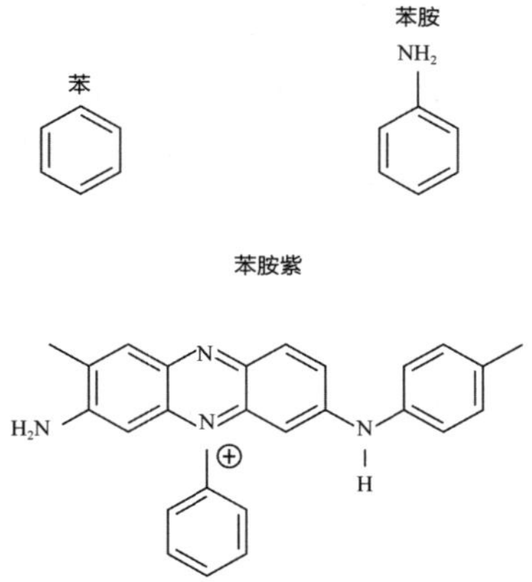

苯胺

NH₂

苯

苯胺紫

图 3-2　煤焦油染料行业的化学基础

注：苯、苯胺和苯胺紫的化学结构。凯库勒关于苯的结构和理论、霍夫曼关于染料的原料猜想以及柏琴的苯胺紫合成是推动煤焦油染料行业诞生的科学灵感。

提取制造染料的化学原料。新兴的有机化学领域与广阔的市场使得众多公司纷纷成立，但最终，只有以研究为导向的创新公司才能生存。回顾那段时期，激烈的商标竞争迫使染料企业从国际市场中寻求机会，专利可以通过各种手段被规避或忽视（就像在瑞士发生的那样），而德国尚未实施专利保护。柏琴的专利一文不值，它只在英国境内有效。后来，制药公司作为煤焦油染料化学公司的子部门起家，以脂肪族和芳香族为代表的有机化合物在药物化学中得到了广泛应用，并带来了丰厚的利润。

保罗·埃尔利希与化学药物的诞生

对 19 世纪末的化学公司和染料行业来说，要想从制造化学品和纺织品染料转向制造人类药物，它们需要的是具备医学背景、关注化学与生物学间联系的临床科学家。两个几乎同时出现的领域——药理学与微生物学，恰巧可以提供这种桥梁关系。从事药物研发工作需要跨学科方法，处于药物发现领域的前沿学者，尤其是保罗·埃尔利希，自然明白这一点。但在当时的世界，只有在德国的拜耳、默克和赫斯特等公司里，才能找到这种刚刚开始形成的产业氛围。

埃尔利希对医学领域做出了巨大贡献。他奠定了免疫学和药理学领域的数个理论基础，并领导了开创性的治疗发现研究。1908 年，他因"阐述选择性毒性原理并展示化学物质对细胞的选择性清除"而与他人共享了诺贝尔生理学或医学奖。[20] 作为化学治疗概念的创始人，埃尔利希想创造一种化学"神奇子弹"，从而在不伤害宿主细胞的情况下，特异性地针对并消灭病原体，就像精确制导武器一样。埃尔利希看到了苯胺染料（例如亚甲蓝）的潜力。埃尔利希对这些染料十分熟悉，他在组织学领域的研究生工作便涉及相关内容。除此之外，他的表兄弟卡尔·魏格特还是率先将苯胺染料用于细菌研究的人。由于亚甲蓝能够与引起疟疾的疟原虫结合并给这些微生物染色，埃尔利希推断这些染料会与寄生虫的特异性受体产生相互作用，也许能被开发成一种合适的治疗方法。埃尔利希从他长期合作的赫斯特公司拿到了一些染料。由于缺乏合适的动物模型，埃尔利希在两名感染了疟疾的柏林莫阿比特监狱囚犯身上进行了测试。[①] 疟原虫从他们的血液中消失，他们康复了。这是一项惊人的成就。这场在 1891 年完成的小型临床试验成为历史上首次使用合成"候选药物"来靶向人类传染病病原体。[21]

终止抗疟疾药物研究后，埃尔利希在罗伯特·科赫的指导下进行另一项具有里程碑意义的临床科学研究。科赫是医生、细菌学家，也是病原体理论的提出者。科赫希望埃尔利希能够与埃米尔·贝林合作，后者正在尝试通过"血清疗法"治疗白喉，这也是一项具有开创性的研究。当时，国际上似乎正在进行一场血清开发竞赛，大家正想尽办法从免疫动物中制备能够抵抗致命白喉毒素的血清。科赫安排埃尔利希研究标准化制备方法。1894 年，他们的免疫血清临床试验取得了成功，赫斯特公司也争取到了在整个欧洲生产并推广"贝林-埃尔利希合成白喉疗法"的商业权利。在美国，帕克-戴维斯是第一家生产免疫血清的公司。1901 年，贝林因在应对这种可怕儿童疾病方面的显著临床成就与体液免疫理论，获得了首个诺贝尔生理学或医学奖。

埃尔利希也获得了第一届诺贝尔奖的提名，但并未获奖。他也没能从与赫斯特公司的合作中拿到全部应得的报酬。但埃尔利希没有止步于此。他在抗疟原虫的领域取得了初步成功，并在接

---

① 埃尔利希早期使用亚甲蓝进行的组织学研究表明，这种染料可以选择性地染色活体神经的轴突。在莫阿比特监狱接受治疗的犯人们还患有能够引发疼痛的神经症状，对于这种染料化合物能否在治疗疟疾的同时减轻疼痛，埃尔利希也十分感兴趣。据报道，亚甲蓝既具有镇痛作用，又具有抗寄生虫作用。然而，由于奎宁的疗效更显著，亚甲蓝从未成为治疗疟疾的主流药物。

下来的 20 年里领导着法兰克福的实验室与研究所继续进行着基于染料的抗病原体药物研发。到 20 世纪初，埃尔利希已经建立了一套完整的抗微生物药物发现体系。在这个由有机化学家、微生物学家和药理学家组成的团队里，埃尔利希推动了有史以来第一个真正的药物筛选项目，其运作模式也被新兴制药行业广泛采用。

锥虫是埃尔利希药物发现计划的下一种目标寄生虫。1896—1906 年，一场毁灭性的昏睡病席卷了非洲，导致 30 万~50 万人死亡。包括英国、德国和法国在内的殖民大国担忧它会给持续殖民化的努力带来威胁，都热切盼望着遏制这种疾病的方法。阿方斯·拉弗朗在巴黎巴斯德研究所的研究发现，锥虫很容易在实验室动物身上传播。埃尔利希和他的日本同事志贺洁建立了锥虫感染的小鼠种群，并针对不同种类的锥虫测试了数百种新型化合物。其中，一种叫作纳加那红的染料在被感染的小鼠身上展示出了令人振奋的活性。接着，埃尔利希又从其他染料公司寻求结构类似于纳加那红但具有更好的药物特性的染料。通过后续基于药物化学和药物效果的筛选，埃尔利希终于发现了台盼红。在对这些基于苯并嘌呤的染料化合物进行一系列测试时，埃尔利希还意外揭示了一个抗瘟疫抗生素研发领域永恒的挑战：微生物会产生耐药性，治疗无法再让小鼠产生对相应疾病的免疫。非洲兽医的实地测试证实了这项实验室中的观察结果。

在埃尔利希研发的化学药物中，影响最为持久的是第一款梅毒治疗药物。梅毒是一种令人畏惧的疾病，会在全球周期性地肆虐。埃尔利希实验室制备的化合物成了历史上第一种半合成抗微生物药物。1905年，埃尔利希的柏林同事埃里克·霍夫曼和弗里茨·绍丁确定了梅毒的致病源。他们发现，这种寄生在人体中的病原体是一种被称为苍白密螺旋体的细菌。霍夫曼建议埃尔利希使用砷化合物治疗梅毒患者，因为这些螺旋状的细菌病原体与锥虫具有类似的生物特性。现在我们知道，这个建议相当荒谬：除了同样拥有寄生的生活方式之外，苍白密螺旋体与锥虫毫不相干。

第一款具有一定抗锥虫疗效的治疗药物是砷酸，它是由法国生物学家皮埃尔·雅克·安托万·贝尚于1859年合成的金属毒物衍生物。埃尔利希和他的同事阿尔弗雷德·贝特海姆进行了大量的药物化学研究，以期合成毒性更小但能用于梅毒治疗的砷化合物。埃尔利希的想法是，要将两个组分结合在一起，其中一个与病原体结合，另一个负责最终破坏病原体——在这个案例里就是砷毒。在接下来的筛选阶段，埃尔利希等人花费了几年时间，生成了数百个"先导化合物"候选分子。

在药物发现流程中，推动候选药物进入下一阶段的一大难关是体内药理学实验。这里涉及利用实验动物确定药物剂量方案、评估药理特性并分析药物毒性。刚刚加入实验室的日本学生秦佐八郎负责在兔子身上测试埃尔利希和贝特海姆创建的新化合物库。在秦佐八郎通过一系列筛选流程评估了数百种新颖的化学结构之后，他们终于确定了化合物606在兔子感染模型中具有最佳活性。随后是通过人体临床试验测试药物在梅毒患者身上的疗效。1910年，埃尔利希和贝特海姆公布了化合物606用于梅毒治疗的第一批结果，出色的试验表现使得临床医生对化合物 606 的需求量大增。埃尔利希的研究所顺势发放了 65 000 个免费药物样品来推动更大规模的临床试验。不久之后，赫斯特公司签署了该药物的销售协议，并将它命名为砷凡纳明，还附上了巧妙的推广词——"拯救生命的砷"。伴随着全世界的赞誉，埃尔利希终于得到了他梦寐以求的"神奇子弹"。

埃尔利希的理论为现代药物发现和实践打开了大门。在 20 世纪初，他的受体理论、化学药物治疗原理和关于药物作用机制的观点因为太具革命性而一度引发争议。例如，埃尔利希在巴斯德研究所的竞争对手们就对受体理论提出了质疑。当时，科学家们对于药物发挥作用的原因众说纷纭。我们现在知道其他理论都是完全错误的，但那些观点也曾流行几十年之久。[15] 埃尔利希明确指出，药物可以与受体（或其他靶点）结合，从而影响细胞生理。

在制药行业和治疗发现领域的发展早期，德国的科赫、贝林和埃尔利希以及法国巴斯德研究所的拉弗朗、梅奇尼科夫等人的临床研究标志着医学领域开始向科学方法加速靠拢。科学过程是理论与观测的交互，在医学领域，就是治疗方案与临床结局的交互。在埃尔利希的药物发现框架里，动物模型可以作为临床假设检验的第一步，为我们提供治疗可能成功或失败的证据，终点清晰明确。早期药物发现阶段还具有强烈的试错特性，接下来一个世纪的药物发现流程几乎保留了这种性质。在埃尔利希研究昏睡病和梅毒时，人们已经确定了相关致病病原体。埃尔利希希望通过"神奇子弹"选择性地靶向并摧毁微生物，但同时对分子靶点与化合物之间的相互作用或导致药物起效的生化过程一无所知。通过试验数千种化合物在不同剂量下的作用，历经一次次尝试与失败，埃尔利希偶然得到一两种能够产生预期效果的化合物。在发现砷凡纳明之后，又经过了几十年，科学家们意外地发现了磺胺药物的抗生素特性，然后重新发现了青霉素。

制药业：药品与战争——20世纪的新药

构成动植物的丰富物质，以及它们神奇的形成和分解过程，自古以来就吸引了人类的关注，也引起了早期化学家们的极大兴趣。

——埃米尔·费雪

1902年获诺贝尔奖时的演讲

20世纪上半叶，借助卡特尔协议、专利保护以及对研究和制造技术的巨大投资，德国化学工业，包括拜耳和赫斯特等拥有制药部门的公司，一度占据全球商业主导地位。从某种程度上说，这就是当今时代大型制药公司的原始版图（见表3-1）——它们诞生于那个时代，并制霸至今。曾大力支持拜耳对早期合成药物进行研究投资的卡尔·杜伊斯贝格也是从第一次世界大战前到纳粹时期德国染料行业卡特尔化的核心人物。美国的托拉斯，尤其是洛克菲勒标准石油托拉斯，对竞争对手、定价、生产和分销方面的垄断控制，促使杜伊斯贝格将德国的化学公司联合起来，推行类似的模式。1905—1906 年，拜耳与爱克发和巴斯夫一起组成了 Dreibund 卡特尔。另外三家德国化学公司（包括赫斯特在内）紧随其后，组成了 Dreierverband 卡特尔。第一次世界大战后，1925 年，杜伊斯贝格和巴斯夫总裁卡尔·博世联合德国六大化学公司成立了臭名昭著的法本公司（又名染料工业利益集团）。从那时起，直到第二次世界大战，法本都是整个欧洲最大的企业，也是世界第四大企业，仅次于通用汽车、美国钢铁和新泽西标准石油公司。

以法本为首的德国化学卡特尔即将给世界带来可怕的后果。依托卡特尔成员内部化学实验室的技术进步，德国摆脱了对外国供应（例如智利的硝酸盐）的依赖。卡特尔化学家取得的重大突破——哈伯-博世固氮工艺，实现了农业肥料和烈性炸药的大规模生产。这些化学公司还生产了战争中使用的有毒气体：第一次世界大战期间的芥子气、光气和氯，以及第二次世界大战期间纳粹在集中营对数百万犹太人进行种族灭绝时使用的氰化氢毒气齐克隆-B。法本是希特勒战争机器的主要承包商，它曾剥削奥斯维辛集中营中的"奴隶劳工"，让其生产合成燃料、塑料和其他材料。第一次世界大战后，各大卡特尔公司的化学家、工程师和管理者在实现德国的民族主义野心和走向军事化经济的过程中发挥了越来越重要的作用。[22]

卡特尔的行为及其经济活动对世界地缘政治产生了深远的影响，但也推动了医药行业的剧变，尤其是在美国和英国。在第一次世界大战前，这两个国家几乎没有进行过药物研究。相反，公司聘请行业内化学家的目的是依据美国1906年出台的监管法规《联邦食品药品法》评估药物纯度。最终，战争与盟军在德国卡特尔面前的劣势促成了对合成化学家与合成化学研究的需求。由于德国限制甚至完全停止了外科手术设备（占美国供应来源的80%）和药物（如砷凡纳明、阿司匹林、苯巴比妥和普鲁卡因）的出口，第一次世界大战伊始，战场上就出现了严重的医疗用品短缺。新武器的投入和壕沟战的特殊性造成了更加惨重的伤亡，医疗紧急情势愈演愈烈。

　　向欧洲战场输送药品、消毒剂和麻醉剂刻不容缓。从英吉利海峡到瑞士，4 000英里的战线，带来的是后勤挑战和医疗噩梦。抗生素还需要一代人的时间才会出现。由于产气荚膜梭菌的污染，将任何类型的伤口暴露在有水的战壕中都会有致命感染。英国人使用煤焦油化学技术制造消毒剂，他们还发现次氯酸钠能够有效对抗这种致命细菌。而德国士兵可以使用拜耳、默克和赫斯特生产的镇静与镇痛药物，甚至包括强效巴比妥类药物佛罗拿、阿司匹林、安替比林、非那西丁和吡咯酮。其他镇静药物还有缬草、溴化物盐、水合氯醛和三聚乙醛。战争后期，各方都出现了严重的吗啡和海洛因短缺。各种类型的传染病引起了战争中50%的死亡：战壕热（由虱子传播的细菌导致）、伤寒（由老鼠引起）、麻疹、流感、脑膜炎、痢疾以及花柳病（梅毒和淋病）。

　　在战争前，砷凡纳明是世界上开具处方最多的药物；很快，德国赫斯特的工厂就停止了这种药物的生产。在英国、美国、加拿大、法国和日本，化学家顶着巨大压力寻找着砷凡纳明的合成方法。这是一场与时间的赛跑。他们成功了。1915 年 6 月，费城皮肤病研究实验室的杰伊·弗朗克·尚贝格及其同事生产出他们自己的砷凡纳明。1917 年，在获得联邦贸易委员会的许可并绕过德国专利后，他们成了陆军和海军梅毒药物的主要供应商。[23] 在战争爆发后的几周内，伯勒斯·韦尔科姆开始生产英国的砷凡纳明。[24] 这些战时紧急情况促使政府和工业界通力合作，绕过卡特尔贸易壁垒的保护，建立更标准化的生产流程，并为正在开发中的药物提供临床试验评估监管途径。

第一次世界大战也改变了制药业的进程。1917 年的《与敌贸易法》允许美国扣押外国资产，德国公司在美国的子公司被新的美国商业利益集团拥有或出售，其中包括默克、拜耳和赫斯特，以及数以千计的德国化学专利和商标（包括拜耳的阿司匹林）。英国参战时采取了类似行动：德国医药商标被叫停，英国政府从 40 所不同的大学和技术学院招募了化学专家等人才，教授和学生投身于重要药物活性成分的发现，并与新兴的制药行业合作进行药物生产。

在战争结束后，出于国家建设与重获经济实力的双重考量，德国卡特尔迅速采取行动，重组并控制了化学行业。据记载，作为托拉斯的化学公司筹集了 10 亿马克的资本用于建造工厂和增加硝酸盐产量。[25] 根据《凡尔赛和约》，德国需要在 1921 年 5 月 1 日前向盟军支付 200 亿金马克（相当于当时的约 50 亿美元）作为战争赔款的分期付款，随后还要发行价值数百亿的债券（包括利息）。[26] 德国需要依靠化学公司的产业与经济实力进行重建。

战争与缔结和平条约的另一个后果是，德国被迫放弃了 4 个非洲殖民地，即多哥、喀麦隆、德属西南非洲（今纳米比亚）和德属东非（卢旺达、布隆迪和坦桑尼亚）。出人意料的是，卡特尔曾试图以其医疗商业机密作为交换，希望将殖民地归还德国。据《纽约时报》（1922 年）以及随后的《英国医学杂志》（1924 年）[27]报道，拜耳公司的科学家和德国政府代表曾尝试利用他们发明的昏睡病（非洲锥虫病）疗法获取地缘政治利益。

　　早在战争爆发之前，拜耳公司就已经意识到抗寄生虫药物在非洲殖民地的潜在政治重要性。在约 1904 年埃尔利希关于锥虫与台盼红早期研究成果的基础上，拜耳的化学家更进一步，在接下来的 10 多年里，研发并筛选了 1 000 多种基于染料的药物，药物的结构式也越来越复杂。终于，1916—1917 年，他们找到了一种最有效的药物——苏拉明。这种化合物的简称是拜耳 205，后来以"日耳曼宁"为商品名进入市场。这场对寄生虫的胜利意味着英法殖民者可以继续在他们的活跃着采采蝇（寄生虫的媒介）的占领地区活动，不再需要担心疾病。但不出所料，英国政府识破了德国敲诈勒索的企图。法国和英国的科学家着手研究拜耳 205 之谜。1924 年，巴斯德研究所的埃内斯特·富尔诺公开发表了拜耳 205 的结构式。第二次世界大战期间，纳粹制作了一部宣传片，名为《日耳曼人：一个殖民行动的故事》。颇具讽刺意味的是，片中描绘了一个德国英雄的形象与德国在非洲的人道主义努力。值得注意的是，到现在，这种具有 100 年历史的药物仍然被列在世界卫生组织的基本药物标准清单上。

从合成抗生素到从微生物世界中寻找新药

发现微生物是导致传染病的元凶，不仅推动了治疗学的早期突破，还让生物学家、化学家和制药公司看到了技术创新与征服人类疾病的可能的经济回报。在路易斯·巴斯德证伪自然发生论、罗伯特·科赫研究疾病的细菌起源、约翰·斯诺进行霍乱的流行病学观察之前，公众并不认为微生物与疾病之间存在联系。主流观点认为，"瘴气"以某种方式导致了疾病，尸体、医院和各种有机物散发的恶臭是疾病的源头（瘴气理论）。那时，人体的运作方式、药物的作用方式以及导致疾病的原因都是完全未知的。直到1882年，科赫确定了细菌与结核病之间的因果关系，为医生和染料公司的化学家指引了走出黑暗的方向。在随后被称为细菌学黄金时代的年代里，人们相继发现了超过20种传染病病原体，例如霍乱、伤寒、炭疽和梅毒等。尽管埃尔利希和拜耳的科学家们在研制抗寄生虫药物方面取得了早期成功，但我们急需一种真正的"广谱"抗生素来消灭各个种类的细菌。

德国兴起了探索新抗菌药物的热潮。学术研究人员与化学公司之间的独特关系进一步增进了研究热度，其中重量级的几家公司于1925年联合成立了法本公司。德国明斯特大学的病理学家格哈德·多马克从大学请了长假，加入了法本公司设立的研究所，探索苯胺类药物在细菌学领域的潜力。1932年，多马克取得了第一个成果：他发现了一种抗菌化合物，这种化合物后来被拜耳公司作为皮肤消毒液 Zephirol（西非罗）出售。多马克的第二个项目具有开创性意义。通过数年的药物筛选实验，多马克发现了一个全新且重要的药物类别——广谱抗生素。这类化合物可以有效破坏链球菌、葡萄球菌和淋病细菌。其中，多马克发现的第一个化合物是一种强效红色苯胺染料（sulfamidochrysoidine），它可以治疗人类和其他动物的链球菌感染。在第一次临床试验中，多马克治愈了身患链球菌败血病的女儿。随后，经过两年正式临床试验，该药物于 1935 年以"百浪多息"的商品名投入市场。多马克因这一发现获得了 1939 年的诺贝尔奖。当时，纳粹政权迫使多马克放弃了这一奖项，但在第二次世界大战后，多马克重新接受了证书与奖章。

然而，仍有一个谜团围绕着百浪多息：实验室中的细菌学测试其实并未发现百浪多息的任何抗生素特性。法国巴斯德研究所的研究人员偶然发现了其中的奥秘。百浪多息的活性物质实际上是它的代谢产物，即广为人知且结构更加简单的分子：磺胺。这个意外发现启发了人们对磺胺类药物的探索，并凸显了药动学研究的重要性——药动学已经成了当今小分子药物发现的核心。在接下来的几十年里，磺胺演变成了药物研发的重要结构骨架，衍生出了包括抗生素、降压药、利尿剂和抗糖尿病药在内的各种新药物。[17]

百浪多息推出后不久，青霉素的重新发现开启了抗生素药物发现的另一个重要时代——从地球微生物中提取化合物的时代。当然，微生物药物时代早在 1928 年就开始了。那年，亚历山大·弗莱明发现，有一种微生物污染了他培养的金黄色葡萄球菌，污染产生的某种化合物抑制了金黄色葡萄球菌的生长。这种由青霉菌产生的活性化合物被命名为青霉素。1929 年，有关青霉素的论文悄无声息地发表了。[28] 10 年后，牛津大学的弗洛里和钱恩团队在弗莱明的工作基础之上完成了他们关于青霉素的权威研究，3 个人共享了 1945 年的诺贝尔奖。[29, 30] 青霉素是一种极其有效的药物，但弗莱明发现的菌株只能产出极为微量的青霉素。英国战场的严峻形势迫使盟军共同探索青霉素工业化生产的方法。1941 年，弗洛里和他的同事诺曼·希特利前往美国，说服了美国农业部和工业界实验室在战争年代联合起来，共同寻找提升青霉素产量的方法。两年之内，菌株工程和生长改造将青霉素产量提升了 100 倍。辉瑞、默克、施贵宝和温斯洛普化学公司是美国的主要青霉素生产商。1943 年，在战时生产委员会的资助下，名单上的公司增加到 9 家。

其他制药公司也相继成立了自己的微生物学实验平台与研究部门，探寻新的微生物药物。在青霉素之后不久，人们从不同种类的链霉菌中发现了链霉素（1943）、氯霉素（1947）、四环素（1948）和红霉素（1952）等抗生素。大学和工业界的实验室也在继续开发新的青霉素生产菌株。它们在 1951 年转向了产黄青霉菌，最终创造出了超级菌株 Q-176。后来，所有青霉素生产菌株都是在 Q-176 的基础上发展而来的。微生物为我们提供了大多数主要类别的抗生素，包括 β-内酰胺类抗生素（青霉素）、氨基糖苷类抗生素（链霉素、新霉素）、大环内酯类抗生素（阿奇霉素、红霉素）、四环素类抗生素、利福霉素、糖肽、链阳性菌素和脂肽。2000 年以来推出的 20 种用于治疗人类感染的新抗生素中只有 5 种来源于合成或半合成的新化合物类别。为了对抗生存环境中的竞争者，经过 10 亿年的进化，细菌防御体系创造出了各种化合物，它们是对抗其他细菌近乎完美的武器。在第四章中，我们将介绍一种用于对抗噬菌体（专门感染细菌的病毒）的细菌防御系统：CRISPR。在借助基因编辑手段治疗人类疾病的方法中，这一体系已成为最有前景的工具之一。

青霉素的发现对制药行业、医学实践和全球健康产生了不可估量的影响。制药公司终于发现了一条新的制药途径：挖掘巨大的微生物化合物库。随着 DNA 的发现与 DNA 和蛋白质合成机制的明晰，人们终于了解了这些早期药物的生化特性：它们是 DNA 或蛋白质合成的抑制剂。前期研究揭示了药物在分子水平上的相互作用机制与其治疗效果之间的直接联系。弗莱明菌株的低青霉素产量还意外推动了微生物基因工程的诞生，人们首次尝试重新设计代谢通路，从生物体而不是试管中生产化合物。对医学界来说，丰富的抗生素来源意味着普通医生也可以使用强大的武器来对抗从最常见到最罕见的细菌感染。如今，世界卫生组织基本药物标准清单中约有 25% 是用于治疗传染病的小分子药物。然而，与抗菌药物耐药性和 MRSA（耐甲氧西林金黄色葡萄球菌）等超级细菌之间的永无止境的战役，再次将抗生素发现列入了医疗系统的紧急需求清单。从全球人类健康的角度来看，自第二次世界大战以来，青霉素及其他抗生素的出现挽救了无数人的生命。在抗生素出现之前，人们主要通过改善公共卫生及个人卫生状况、提高生活水平来降低死亡率。抗生素的临床实践减轻了昔日传染病的影响，并为我们对抗源自人类自身的另一重恐怖阴影——癌症，提供了重要的启示。

开发癌症疗法

最有希望帮助我们理解并对抗肆虐的癌症的途径，是寻找癌细胞中的遗传损伤，并阐述相关损伤如何影响基因的生化功能。

——约翰·迈克尔·毕晓普

1989 年获诺贝尔奖时的演讲

从拜耳公司推出阿司匹林与海洛因，到批量生产弗莱明的青霉素，这半个世纪的制药业基本上是在人们对生物学知识，尤其是疾病成因一无所知的环境中发展的。为了对抗传染病，制药领域的合成化学家与学术界的合作者们通过试错的方式，先在实验室的感染动物模型中测试化合物，然后再进行人体测试。在这一过程中，他们既不了解候选药物的可能作用机制，也没有办法预测药物的安全性或疗效。最初的抗癌药物研发也采取了类似的思路。从 20 世纪 40 年代到 50 年代初，埃尔利希关于化学治疗和选择性靶向的理论引领这一新兴领域走上了细胞毒性药物的方向。大量案例和传闻都佐证了利用药物破坏不同类型细胞的可行性。但是化学合成物是否具有不伤害体内正常细胞的选择性呢？ 1917 年 7 月 12 日，德军向比利时的伊普尔投放了化学武器，这一场残酷的袭击为我们提供了第一条线索。磺胺芥子气袭击了战场，杀死了 2 000 名士兵；幸存者身上烧伤严重，胃肠道受损，骨髓中的细胞也被完全摧毁。后来，两位美国病理学家对幸存者进行了身体检查。他们发现，幸存者的淋巴和血液组织以及骨髓（白细胞的发生地）受到了严重的损伤。但在当时，没有人知道这些细胞为什么受到如此巨大的影响，这些结果发表后便被人遗忘了。[31]

临床中观察到的化学毒素选择性细胞作用提供了靶向破坏细胞群的第一条可行性证据。几十年之后，因为担心新型化学武器出现，美国政府希望能够对这些化学物质进行全方位解密。1942年，政府启动了一项绝密计划。耶鲁大学的路易斯·古德曼和阿尔弗雷德·吉尔曼开展了一项绝密课题，研究硫芥和氮芥化合物的生物效应。在小鼠和兔子身上进行了严密测试后，他们选择了一名患有淋巴肉瘤的 48 岁男性作为第一位接受氮芥疗法的患者。方案设计了连续 10 轮的"化疗"。第 2 轮化疗结束后，患者大大小小的肿瘤已经明显缩小；10 轮化疗完成，肿瘤已经完全消失。至此，淋巴瘤的首次化疗取得了成功。1946 年，在首份临床报告公开发布后，吉尔曼和弗雷德里克·菲利普斯在《科学》杂志上讨论了化疗的潜在细胞作用机制：

> 此外，细胞的增殖活性似乎与它们对这些化合物的易感性有关。
>
> 我们相信，只有了解其对细胞作用的基本机制，我们才能实现对战争中刺激性气体伤亡案例治疗的重大突破。因此，我们对硫芥和氮芥影响细胞基本过程的作用机制进行了研究……我们还对氮芥在肿瘤治疗，特别是淋巴组织瘤治疗中

的可能价值进行了严谨的初步试验。

——阿尔弗雷德·吉尔曼和弗雷德里克·菲利普斯

《科学》，1946 年 4 月 5 日

氮芥可以使 DNA 烷基化，并产生 DNA 链间交联，从而造成广泛的 DNA 损伤。这种化学修饰能够触发基因组监测机制，引起程序性细胞死亡。[①] 为了寻找类似的新化合物，人们进行了几十年的药物筛选与临床试验。然而，现在癌症治疗中最常用的 DNA 烷化剂仍然是氮芥，其中包括顺铂、环磷酰胺和双（2-氯乙基）甲胺，后者也是早期化疗临床试验中使用的原始化合物。

抗叶酸类药物与 DNA 合成抑制剂的出现

对抗癌症与对抗外来细菌不同。只有在更深入地了解细胞生物学和药理学原理之后，我们才能更加科学地设计出遏制肿瘤的针对性化学疗法。实现这一目的有两个前提。首先，研究人员必须拥有有关细胞生化和生长调控机制的基础知识，明确抑制癌症生长的分子靶标。其次，同等重要的是，我们需要能够从临床观察中获取有关药物反应、给药方案、毒性和意外临床事件的反馈。现代药物研发范式很好地整合了药物开发的这两个组成部分：处于临床前开发阶段的靶标发现与验证，以及由临床部门监管的临

---

① 细胞对 DNA 烷化剂的反应非常复杂。根据细胞类型、DNA 烷化剂和细胞状态的不同，可能涉及的反应有自噬、细胞分裂抑制或促进肿瘤细胞存活的 DNA 修复。更详细的介绍请参见博尔丁等人的综述。[32]

床研究和分阶段临床试验。在癌症治疗领域，制药公司的尝试有限，学术界和医疗机构承担了大部分创新工作。最理想的开拓者应该是一位在医学与科学这两个领域都游刃有余的医学科学家。这一人选就是在哈佛医学院和波士顿儿童医疗中心从事儿童白血病研究的儿科专家悉尼·法伯。

由 DNA 突变导致的白细胞不受控制的增殖会导致血液系统肿瘤。若突变发生于位于淋巴组织的白细胞中，则会引发淋巴瘤；而骨髓中白细胞前体的特殊突变能够引起白血病。20 世纪40 年代初，法伯提出了一种全新的白血病治疗思路：攻击癌细胞的代谢通路。有证据表明，维生素缺乏可能与急性白血病有关，因为肿瘤快速生长的患者在血液检测中往往展示出血清叶酸（维生素 B_9）不足。法伯尝试向几个白血病儿童注射了叶酸类似化合物（丁蝶翼素和蝶酰二谷氨酸）。不幸的是，"治疗"加速了白血病进程。这一结果促使法伯转向了叶酸拮抗剂。他从纽约的莱德利实验室获取了几种合成化合物，并发现它们具有抑制肿瘤生长的作用。随后，法伯挑选了其中效果最好的叶酸拮抗剂——氨基蝶呤，在 16 名患有急性淋巴细胞白血病的儿童身上进行了小型临床试验。在这些患有晚期癌症的儿童中，10 人的症状得到缓解，临床病情有所改善。可缓解只是暂时的。尽管有些患儿曾短暂康复，但更多孩子的病情仍持续恶化。[33] 但即使如此，法伯仍取得了一个了不起的成功。这是癌症治疗领域一个坚实的里程碑。遗憾的是，当这一成果于 1948 年发表在《新英格兰医学杂志》上时，医学界大多数人都对它持怀疑态度。而如今，人们广泛认为这是癌症研究领域的一次根本性进步。

在法伯研究抗叶酸类药物（包括氨甲蝶呤）的同时，乔治·希钦斯和格特鲁德·埃利恩正在纽约的伯勒斯·韦尔科姆实验室研究嘌呤和嘧啶类似物——另一种癌症治疗的针对性策略。希钦斯相信这些化合物可以通过阻断 DNA 合成来抑制细胞生长。许多科学家认为希钦斯的研究纯属盲赌，因为当时我们尚未完全了解 DNA 在细胞中的角色与作用，对于 DNA 与肿瘤生长间的关联所知甚少。合成化学家埃利恩极富创意地合成了一种嘌呤拮抗剂：2,6-二氨基嘌呤。这种拮抗剂在细菌生长抑制测试中展示出了良好的效果。1947 年，团队将埃利恩的化合物送到了斯隆·凯特琳研究所，这里对于利用实验体系进行癌症化疗药物筛选有丰富的经验。在后续针对白血病患者的临床试验中，2,6-二氨基嘌呤展示出了强大的潜力，但它的毒性也强劲到令人难以承受。1951 年，埃利恩和希钦斯又开发出两种新的化疗药物：硫鸟嘌呤和 6-巯基嘌呤。在对氨甲蝶呤耐药的患者身上进行的6-巯基嘌呤测试中，约 30% 的患者获得了完全康复。在快速验证了这一发现后，6-巯基嘌呤和法伯的氨甲蝶呤于 1953 年被美国食品药品监督管理局批准用于治疗急性淋巴细胞白血病。

在这一项化学治疗领域的奠基性工作中，埃利恩和希钦斯采取了一种更加合理的药物发现方式：基于对基本生理化学机制的了解进行药物发现。在他们的开创性工作之后，人们很快取得了更多突破。大鼠肿瘤模型的生化分析催生了另一种与 DNA 和 RNA 合成相关的化疗策略。在动物模型中，肝癌细胞似乎比正常细胞更快消耗尿嘧啶——RNA 的 4 个碱基之一。注意到这一差异后，威斯康星大学麦迪逊分校的一个研究组提出，我们可以利用尿嘧啶类似物靶向抑制尿嘧啶生物合成路径。查尔斯·海德尔伯格合成了 5-氟尿嘧啶，然后与新泽西州纳特利的罗氏制药合作，将化合物制备成药剂，在患有"晚期恶性肿瘤"的患者身上进行了测试。[34] 积极的治疗效果让这一药物成了第一种针对实体瘤的化疗药物，时至今日，它仍是结直肠癌和许多其他癌症治疗方案中的重要一环。后续研究表明，5-氟尿嘧啶具有多重细胞毒性。在细胞内，它会被转化为胸苷酸合成酶的底物 5-FdUMP（5-氟脱氧尿苷单磷酸），从而抑制脱氧胸苷一磷酸产生。而脱氧胸苷一磷酸是 DNA 合成和基因组复制的必需物质。此外，5-FdUMP 还会偷偷整合进新合成的 DNA 和 RNA 中，阻止后续的大分子合成。揭秘氨甲蝶呤的作用机制和药理学原理则花费了更长时间：用了 10 年确定了这一药物的靶点——二氢叶酸还原酶；又用了 50 年时间，直到 2004 年，才等到第二种抗叶酸类药物——礼来公司的培美曲塞，其获批用于间皮瘤治疗。[35] 与 5-氟尿嘧啶类似，氨甲蝶呤能够干扰 DNA 和 RNA 的生物合成路径，导致细胞失去必需的基础组分，最终触发细胞程序性死亡。[①]

---

① 几十年后，人们发现氨甲蝶呤是一种有效的类风湿关节炎治疗药物，在大大低于用于化疗的剂量下即可见效。但这一药物最终并未被作为抗炎药物，很大程度上是因为这种药物在用于高剂量化疗时产生的毒性让大家谈之色变。

作为癌症化疗药物的抗生素

化疗竞赛还开辟出了第三条赛道：探索微生物化合物作为新药物的潜在来源。细菌会产生对增殖中的人类细胞有细胞毒性的化合物吗？美国罗格斯大学的塞尔曼·瓦克斯曼团队从放线菌中分离出了几种抗生素化合物。斯隆·凯特琳研究所的科研人员发现，其中一种特别的化合物——放线菌素 A，可以抑制小鼠肿瘤生长。在德国，拜耳实验病理研究所（格哈德·多马克发现广谱抗生素的地方）的研究人员得知抗生素可以抑制肿瘤生长后，又找到了一些新的化合物，其中包括放线菌素 C。瓦克斯曼测试了放线菌素 C，并在 1953 年分离出了放线菌素 D。他与法伯合作，证实了放线菌素 D 能够治愈儿童肾癌——肾母细胞瘤。后来，人们发现放线菌素 D 对其他几种类型的癌症也有效果。20 世纪 60 年代，法国、意大利和日本的实验室独立研发出了两种具有类似细胞毒性的抗生素：柔红霉素和博来霉素。

用于癌症化疗的小分子药物

以下是癌症化疗中的小分子药物及其在细胞中的作用机制。

DNA 损伤化合物：DNA 烷化剂，包括氮芥、环磷酰胺、丝裂霉素和顺铂，主要通过引发 DNA 化学交联起作用。交联会激活 DNA 修复事件，导致细胞周期停滞，并能引发 DNA 损伤反应，通过凋亡引发细胞死亡。

DNA 合成抑制剂：抑制 DNA 前体分子合成的化合物，包括嘌呤类似物氨甲蝶呤和 6-巯基嘌呤，以及嘧啶碱基类似物 5-氟尿嘧啶。

DNA 复制抑制剂：通过长春花生物碱（如长春花碱）、紫杉醇以及 DNA 拓扑异构酶抑制剂（如喜树碱和柔红霉素）干扰细胞分裂周期（抗有丝分裂作用）。

RNA 转录抑制剂：抗生素药物放线菌素 D 通过嵌入 DNA 并阻断聚合酶进程来干扰所有类别的 RNA 聚合酶。

学术界科学家和临床研究人员与研究所或政府资助的药物筛选项目通力合作，催生了代表第一代癌症疗法的药物发现和创新治疗方法。斯隆·凯特琳研究所的地位日渐提升，同时为学术界实验室以及化学和制药公司提供服务。1955 年，美国国家癌症研究所成立了国家癌症化疗服务中心，恢复了其在美国的药物筛选项目，以进一步推动白血病方面的研究。1957 年，欧洲启动了一个类似的计划，即欧洲癌症研究和治疗组织。尽管市场并不看好这些项目，它们的临床响应率也往往难以令人满意，但在鼓励制药公司承担癌症药物开发风险方面，这些药物筛选计划发挥了重要的早期作用。

癌症最可怕的特征之一是耐药性。几乎所有类型的人类恶性肿瘤都可能发展出耐药性。肿瘤的遗传多样性意味着总有某个细胞亚群（亚克隆）具有耐药机制，例如能够通过转运蛋白将化疗化合物泵出细胞，从而使这个亚克隆继续不受抑制地生长。癌细胞有一系列机制可以抵抗有毒药物带来的选择压力。直到数十年的试验与临床开发带来有效的联合疗法，我们才终于能够有效地控制癌症，制药公司也才开始看到成功的曙光。

将一个候选药物从一个基于细胞培养和动物模型测试的概念中引入临床，这一过程还面临着许多其他的实际挑战。肿瘤学中的小鼠模型无法用于精准的临床结果预测，癌细胞如何篡夺细胞生长调控也是 20 世纪七八十年代长期困扰人们的一大谜团。单克隆抗体技术以及分子生物学家对致癌基因和抑癌基因的揭示最终为我们指明了道路：细胞增殖失控是由信号蛋白突变导致的，因此，我们可以精准靶向这些突变蛋白。针对慢性髓细胞性白血病中过度激活的激酶（基因组重排产生的致癌 Bcr-Abl 融合蛋白）开发的靶向药物格列卫，引领了基于精准医学的新一代药物发现。

免疫疗法

近一个世纪以来，癌症治疗范式专注于寻找选择性作用于癌细胞的化学疗法和药物，通过引入细胞毒性化合物来扰乱癌细胞信号通路。另一边，免疫学家一直困惑于癌症为何能如此成功地逃避免疫系统。它们好像外来的小混混，却能在体内环境中茁壮成长。研究人员早已了解 T 细胞如何识别细菌、病毒以及其他外来肽，但 T 细胞信号传导和激活则更加复杂，通过多种组分同时参与的分步过程才能实现免疫反应。詹姆斯·艾利森及其同事发现，免疫反应的最后一步涉及细胞检查点（或者叫"刹车"）的移除，这个发现彻底颠覆了长期以来人们对免疫反应的认知。研究人员意识到，我们不必治疗癌症本身，而是可以治疗免疫系统。

这种新方法被称为免疫疗法。一种叫作CTLA-4的T细胞受体起到了刹车的作用。相应地，通过抗体阻断CTLA-4的功能则可能激活T细胞。1996年，艾利森的团队首次证明了抗CTLA-4抗体可以抑制小鼠肿瘤生长。[36]在人体中，检查点抑制剂伊匹木单抗（商品名"逸沃"，来自百时美施贵宝）的第一次测试就让数百名转移性黑色素瘤患者的病情得到了长期缓解（至少很多年的缓解）。如果没有这个药物，这些患者的预期生存期只有11个月。后来，日本的本庶佑及其同事发现了第二种检查点抑制剂：PD-1蛋白。PD-1也是一种存在于T细胞表面的受体。人们发现，肿瘤细胞上存在PD-1的对应配体，这一配体被命名为PD-L1。[37, 38]在2011年逸沃获得美国食品药品监督管理局批准后，默克和百时美施贵宝开发了独立靶向PD-1蛋白的单克隆抗体药物。临床结果迅速出炉，默克的帕博利珠单抗（商品名"可瑞达"）于2014年获得上市批准。2019年，可瑞达在美国的销售额达到了111亿美元，在全部处方药中排名第二。百时美施贵宝凭借纳武利尤单抗（商品名"欧狄沃"）延续着它在免疫肿瘤学领域的成功。2019年欧狄沃的销售额为72亿美元，排名第四。检查点抑制剂药物拥有巨大的潜力，因为在理论上，它们具有对所有癌症类型的普遍适用性。制药公司和生物技术公司因而大规模投入新型肿瘤免疫药物的研发，尤其是药物联合使用的研发。一个惊人的数字是，2019—2020年进行的5 000项临床试验中，有一半以上旨在测试跨多种癌症类型和阶段的联合疗法。

我们在图 3-3 中概括了癌症疗法的发展历史。在图里，我们将最初的创新发现与最终的治疗模式联系起来，突出了从初始概念形成到产品获准之间的时间差——有时长达几十年。值得注意的是，新疗法的出现需要不断创新。同时，我们应该关注，有关免疫系统的基础发现如何为我们开辟出了全新的思路，让我们能够对抗各种狡猾而凶残的肿瘤。

21 世纪的医药商业模式

当今制药公司的治疗发现模式可追溯到 150 年前欧洲、英国和美国的煤焦油化工厂和当地药店。有机化学原理奠定了基于合成或半合成化合物创造新药典的基础，随之而来的是非凡商机。百花齐放的化学公司迅速涌现，在这些公司的制药部门里，药物化学家和药理学家畅想着新合成技术将引领他们实现的目标。默克和拜耳建立了以流程优化为核心的中央研究实验室，它们也是最早一批采取这种策略的公司。这些公司与富有创造力的科学家达成合作，并依赖他们的外部创新作为公司初始产品。这些科学家包括保罗·埃尔利希（发明抗梅毒药物砷凡纳明）、马丁·弗罗因德（发明止血药物马钱子碱）以及埃米尔·费雪和约瑟夫·冯·梅林（他们一起设计了第一款巴比妥类药物佛罗拿，其最初由拜耳和默克公司共同销售）。微生物化合物的发现与随后

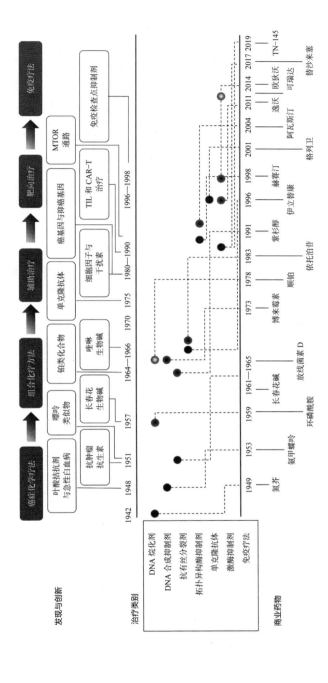

图 3-3 癌症治疗发展：从创新到落地

注：时间轴上方展示了为癌症治疗带来突破性进展的发现和创新事件；中部灰色圆圈代表首次引入某个分子类别或治疗方式的时间，第二代和第三代方法用不同的灰度加以区分。底部黑色圆圈代表着这些治疗或药物类别所对应的最终商业产品的化学名称或品牌名称，与获得美国食品药品监督管理局批准的时间。

抗生素时代的开启，也体现了学术界与工业界紧密的合作，多马克、吉尔曼、瓦克斯曼、法伯等人都曾参与其中。第二次世界大战后，大多数重要制药公司都建立了微生物学部门，完善了生产设施，并聘请了细菌学、药理学和生物化学方面的人才来加强公司的研发实力。如今，同样的制药公司雇用了一大批化学家、转化医学家与疾病生物学家来研究复杂生物学，以期在它们深耕许久的治疗领域里，在长期积累的经验之上取得更大的突破。例如，诺华公司在心血管和精神疾病领域积累了 50 多年的经验，在免疫学领域积累了 50 年，在肿瘤学领域积累了 25 年。这些巨大的竞争优势使得公司能够在它们涉足的治疗领域展现出更深刻的药物设计理念与更加规模化的生产能力。

现代药物研发范式的关键部分源于制药行业与医院医生和位于医疗系统核心的学术性医疗中心之间的紧密关系。从癌症药物开发流程中，我们便可以发现，医生为患者和监管机构提供了重要的联系渠道，并在医学观点的传播中起到关键作用。处于肿瘤治疗领域前沿的研究机构和临床医生对于药物使用和新治疗模态的创新至关重要。但或许最重要的是，医学界与政府监管机构创立了以赞助商-研究者为组织形式的临床试验框架，有力推动了临床开发的进步。

制药企业的全部命运都依赖于临床试验的结果；这是在人类群体中进行的测试，具有明确的终点，并且可以为高管、投资者和监管机构提供至关重要的决策数据。通过与医生合作，我们现在可以利用精准医学方法实现越来越复杂的临床试验设计，例如伞式试验与篮式试验。精准医学依赖于分子特征定义的队列——具有特定生物标志物的患者亚群。美国食品药品监督管理局和其他监管机构要求，候选药物必须展示出其在生物标志物阳性人群中的临床疗效，并且应在生物标志物阴性人群中不具临床效果。对小规模研究来说，这样的试验无疑极具挑战性。因此，制药公司高度依赖统计数据，通过分子检测获取明确遗传特征以及各种真实世界数据源产生的真实世界证据，例如可穿戴设备的传感器数据、临床测试数据和患者报告的结果。

制药行业的运营模式已经演化为一系列具体与独立的工作，覆盖从早期发现研究到美国食品药品监督管理局批准的全部流程，如表3-2所示。

表3-2　小分子药物发现与研发流程

阶段	目标	任务
早期发现 1~3年	靶点发现	依据已知生物知识或新发现评估疾病靶点 组学分析
	靶点验证	靶点验证测试 确定靶点与疾病关联的遗传学证据
	苗头化合物发现	获取化合物库 高通量筛选 结构生物学 药物化学
	苗头化合物确认	化合物特异性、选择性与机制的二次验证 化合物类型成药性分析

阶段	目标	任务
临床前 阶段 1~2 年	先导化合物鉴别	结构–活性关系分析 合成可行性分析 体内；药效分析 药动学和毒性分析
	先导化合物优化	生物有效性，排出，分布，吸收 制剂 体内；深入药动学／药效学分析 确定生物标志物
	开发候选药物	毒性与药物相互作用特性 符合《药品生产质量管理规范》的生产可行性 临床终点开发 生物标志物开发
	新药研究申请前阶段与 新药研究申请	可接受的临床剂量和临床前药物安全特性 达到《药品生产质量管理规范》要求 明确新药研究申请监管途径
临床开发 4~6 年	人体概念验证 1 期临床	最大耐受剂量与剂量反应曲线 人体药理学证据 安全性评估 诊断方法开发
	临床概念验证 2 期临床	可接受的药动学／药效学特性 药效证明 生物标志物数据与患者分层 靶点结合评估 安全性与耐受度
	临床概念验证 3 期临床	大规模临床研究 相对于现行治疗标准的疗效 药物生产 伴随诊断
注册 0.5~1 年	监管提交	新药申请或生物制品许可申请 美国食品药品监督管理局审查

　　早期发现主要关注基于生物学知识或行业科学家与合作者的最新研究成果的治疗假设评估。这一过程涉及靶点蛋白的发现与

验证。在最理想的情况下，我们能够确认靶点蛋白与疾病的遗传学证据，并在此基础上向前推进。接下来，对于小分子药物发现项目，我们将开始寻找可以与靶标结合并影响其生物活性的化学实体。通过各种分析与高通量筛选技术，我们可以发现并验证苗头化合物，并最终确定用于临床前开发的早期先导化合物。临床前工作侧重于吸收、分布、代谢、排泄和毒性研究以及基于动物模型的药动学评估。同时，一旦确认药品中的活性药物成分具有生产可行性，公司就会决定是否提交相应的新药研究申请。获得批准后，就是以药物疗效和安全性为重点的临床开发阶段与越来越复杂的临床试验，即 1 期、2 期和 3 期临床试验。（表 3-2 未涉及 4 期临床试验。4 期临床试验包括对已批准的药物进行的试验，用于持续监测药物上市后的安全性和患者的药物响应。）证明药物疗效和可接受的安全性需要随机对照试验。基于药物和靶标特征，以及药物批准路线图，临床试验设计可能产生细微差别，例如规模、患者人群和持续时间。第一批随机对照试验是在 20 世纪 40 年代完成的。由于能够带来客观无偏、基于事实证据的信息，随机对照试验已经成了药物验证的黄金标准。为了获得更加权威且明确的结果，任何随机对照试验都包含 3 个重要元素：将实验药物与对照药物进行比较；在对照组和治疗组之间随机分配患者；在合乎伦理且满足其他需求的情况下，尽可能让患者和临床医生不知道患者接受的是正在测试的药物还是对照品。

制药行业的研发力挑战

对商业企业而言，新疗法的开发伴随着常人难以想象的风险与挑战。在其他工业领域，我们很难见到类似的局面。几项研究曾追踪制药行业的产品批准率，并发现在小分子药物领域，平均约10%的新药研究申请能够最终获得美国食品药品监督管理局或欧洲药品管理局的上市许可。[39-42] 在这里，我们还仅仅讨论了进入临床开发阶段（表3-2中的1期临床及更后期阶段）的化合物。

很多原因共同导致了居高不下的药物流失率，以及随之而来的高药物成本和全行业研发力疲软等问题。所有制药公司都会面临药物安全性与毒性问题导致的药物流失，比例为10%~30%。这类问题虽然占比不大，却十分顽固。即使一个项目已经具备了十分清晰的生物学理解，新型小分子或其他类型药物的引入仍可能对人体有害，它们或许会产生毒性以及其他不可接受的副作用。在药物开发流程中，70%与安全性相关的药物流失发生在临床前阶段，这意味着剩下30%由于安全问题而注定被淘汰的药物仍然会进入人体评估。大约15%的总药物开发成本来自临床前安全性分析（见表3-2）。即使那些具有精确靶点特异性的小分子药物，也可能与人体内10万种不同分子接触并发生相互作用。

直到最近，建模随机相互作用与脱靶效应仍极具挑战。候选药物的安全性问题往往发生在3期临床。通常，这个阶段涉及由1 000名甚至更多志愿者组成的大型患者群体。与规模较小、往往仅招募数十至数百名志愿者的1期与2期临床相比，患者数量的增加能够提升严重副作用的发现概率，但也可能向一个药物项目宣判"死刑"（"死刑"判决姗姗来迟，因而代价不菲）。临床试验设计、规划和执行中的问题也会带来失败。这些问题包括在非响应患者群中测试药物，或患者分层不当。失败则可以被概括为在错误的时间或错误的剂量下给药，或对新化合物的人体药动学了解不足。

新药研发失败的主要原因是药物在 1 期、2 期或 3 期的临床研究中缺乏疗效。2010 年对 108 个 2 期临床试验的分析表明，50% 的药物在 2 期临床中因疗效不足而被叫停，剩下约 30% 因"战略"原因、20% 因安全性和药动学原因终止。[43, 44] 对后期失败的剖析往往指向生物学层面，人们可能选择了错误的生物学假说或生物学问题，导致在转化研究中，错误的分子通过了早期筛选，进入了人体试验阶段。例如，虽然我们在动物模型或细胞体系中观察到了特定药物干扰的效果，但对应的生物学机制无法"迁移"到人类疾病修复场景中。靶点验证环节同时与靶点蛋白和疾病模型相关，它也是最容易出现失误的环节——我们可能将疾病修复与错误的靶点机制假设关联起来。[42] 另一类可能的失败原因是开发中的候选药物疑似或确认无法与靶点结合。这类问题的根源在于，在开发过程中，靶点-配体结合仅存在体外生化测试证据，却缺乏活体细胞或组织中的证据，或证据不明显。成本高昂的项目也会因为市场因素被叫停。例如，在递交新药研究申请之前，企业如果认为一个药物的疗效特性不具有商业竞争力，就会终止相关流程。

尽管制药公司已经积累了一个世纪的经验，并付出了极高的研发费用，但新疗法的开发成本仍出现了大幅增长：2003—2013年上涨了145%，达到每种新药26亿美元。[45]在慢性病治疗（如糖尿病、抑郁症和高胆固醇）领域，这个行业或许已经没有能力开发出面向大众市场的新畅销药了。许多制药公司支付了显著的过渡成本，从历史上以小分子药物为核心的商业模式转而开发针对特定遗传背景人群的昂贵生物制剂。如果制药或生物技术公司希望在市场更小的罕见病领域发现治愈性疗法，那么它们将面临更大的挑战，每位患者的药物费用可能高达数十万美元。制药行业还倾向于押注医疗需求未得到满足的高风险领域。[46]为了承担持续的技术风险，维持寻找畅销药物的商业模式，每个制药公司都需要一条10个项目同时进行的药物研发管线。其中，9个项目注定会在中途失败，公司只期望通过一个成功的项目，获得一个新分子实体的批准。但通常，制药公司会拥有25个或者更多项目，其分布在不同治疗领域（例如肿瘤学、神经科学、传染病等），并行推进。

构建如上规模的项目管线，并维持随规模扩大带来的运营和竞争优势，为公司及其股东带来显著回报，需要投入巨额资本，用于研发、生产设备与营销活动。大型制药公司拥有数十亿美元的庞大研发预算，用于创新、推动药物研发管线并在其选择的治疗领域保持竞争力。2017年，5家最大的制药公司——罗氏、强生、辉瑞、默克和诺华，其研发支出都在75亿美元（诺华）到125亿美元（罗氏）之间。这些公司的总支出加起来超过了美国国立卫生研究院的总预算——340 亿美元。

在过去的几十年里，尽管生物医学知识、药物制造经验与规模、计算资源以及化学创新都得到了大幅增长或提升，但进入市场的新药数量一直保持相对平稳。[47] 如图 3-4 所示，整个药品行业平均每年获得 31 个新的美国食品药品监督管理局批准数量。1993—1999 年，年平均批准数量为 33 个；2000—2013 年出现了生产力低谷，年平均批准数量降至 25 个；2014—2019 年，趋势回升，年平均批准数量为 43 个。一个挥之不去的问题是，既然资源已投入药物开发，那么新药数量为什么没有稳步增长？

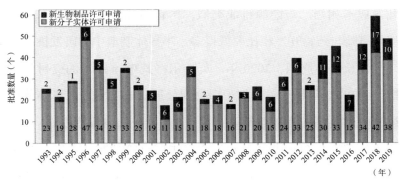

图 3-4　自 1993 年以来新的美国食品药品监督管理局批准数量

注：每年美国食品药品监督管理局药物评价和研究中心批准的新生物制品许可申请和新分子实体许可申请的数量。该图不包括生物药物评估和研究中心批准的疫苗和其他生物药物。

从商业角度来看，药物开发最显著的特点是在新产品开发过程中的极高技术风险。为了便于理解，我们可以将制药行业与其他主要工业部门（如能源和技术）进行比较。石油和天然气勘探可能充满风险，投资者需要押注油田的位置与规模，但我们总能在某个地方发现这类自然资源。因此，它的技术风险很低，但市场（供求关系）风险较高。唯一与制药业具有可比性的是技术行业。例如，半导体公司会将总收入的 20% 分配给持续研发。半导体集成电路制造遵循摩尔定律，其核心是一种已经沿用了 50 年的商业模式：它由工程技术和创新流程的改进驱动，使后续每一代计算设备都具有翻番的性能，且相对于性能的成本更低。

最先进的 7nm（纳米）制程节点需要在接近原子尺度的精度下对物理组件进行组装。7nm 节点的芯片设计成本大约为 3 亿美元，与不考虑其他药物项目失败情况下的一款新分子实体的开发成本相当。与能源行业类似，尽管芯片开发存在技术风险，但其风险与药物开发相比要低得多。半导体制造中的研发挑战最终会延长迭代周期，2020 年，英特尔将其 7nm 芯片的交付日期推迟到 2022 年就是一个例子。直到最近，成功实现向更小节点过渡的路线都是提前数年进行规划的。经过长期研发，自 1997 年首次推出 250nm 制程节点以来，中国台湾的制造业巨头台积电于 2018 年投产了 7nm 节点。但制药行业不存在这种类似的延续性规划，也没有采用端到端的工程方法来解决其研发生产力问题。

如何从组织层面上提高运营效率和研发生产力？药物开发经济学迫使管理者在最大限度地提高研发生产力和药物价值的同时，降低每个新药的成本，换言之，就是提高运营效率。我们可以通过一个方程表述生产力与前述要素和其他影响产出的关键因素之间的关系，具体如下：

$$P = (WIP \times pTS \times V) / (CT \times C)$$

在这个等式中，P 是生产力，WIP 是在制品，pTS 是技术成功的概率，V 是投资组合价值，CT 是周期时间，C 是成本。[44] 因此，管理层和研发部门的策略是，首先寻求增加创新量（WIP，即在开发中的分子实体数量）、技术成功概率及产品价值的方法，然后尝试缩短项目周期，降低成本。在观察阿斯利康在多个时间段内的生产力变化后，我们可以发现 WIP 质量的改善显著提高了他们的生产力。[42] 对生产力提升贡献最大的是治疗模态的选择：大分子药物（即生物药）发现的成功率是小分子药物（10%）的两倍以上（25%）。在经历了小分子抗癌药物极低的成功率带来的漫长痛苦之后，制药公司纷纷涌进了免疫疗法，这是制药行业在解决生产力方程上的适应之举。

制药创新的源头：生物技术与新治疗模态

生物技术公司是整个生物制药行业新产品和技术创新的主要来源。20 世纪 70 年代末至 80 年代，生物技术革命推动治疗发现进入了第三阶段，基因泰克、安进、渤健和依默奈克斯等早期公司从成立伊始便建立了顶级研究实验室。分子生物学家率先使用重组 DNA 技术制造生物治疗药物，并将可用靶点数量提升了一个数量级。到 20 世纪末，小分子药物已经可以针对大约 500 个分子靶点。其中，近一半是被称为 G 蛋白偶联受体的膜蛋白，其余的是酶、离子通道和转运蛋白。[48] 现在，随着分子生物学工具和新药物模态的出现，我们可以有效地靶向可溶性生长因子、细胞内信号分子、细胞周期蛋白、转录因子、细胞凋亡调节蛋白以及许多其他类型的蛋白，靶点类型得到了极大丰富。图3-5 展示了小分子以及各种扩展治疗（药物）模态。

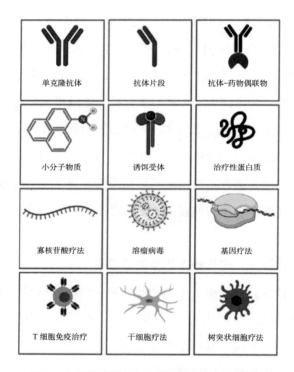

图3-5　当前药物开发流程所涉及的治疗模态

注：生物技术促进了多种新型治疗模态的发展，包括单克隆抗体、抗体片段和抗体-药物偶联物（第一行）；诱饵受体和治疗性蛋白质是两类基于重组DNA技术的治疗方法（第二行）；另一组疗法：寡核苷酸疗法、溶瘤病毒和基因疗法均涉及将遗传信息传递到靶标细胞中（第三行）；细胞治疗包括对细胞进行基因改造的方法，例如T细胞免疫治疗，或者重新编程或纯化细胞，例如干细胞疗法和树突状细胞疗法（第四行）。

值得特别注意的是，基于抗体的疗法极大地改变了药物开发的格局。自 1986 年美国食品药品监督管理局批准开创性单克隆抗体药物莫罗单抗以来，已经大约有 100 种单克隆抗体药物获得批准。其中一半的药物批准发生在 2008 年之后，它们主要用于治疗肿瘤和免疫系统疾病。如今，美国十大畅销药物中有七种是单克隆抗体。由于单克隆抗体惊人的靶标特异性与广泛适用性，它已经成为新药开发的首选治疗模态。

相比于生物技术公司，大型制药公司在创新方面历来大幅滞后，它们主要通过建立合作伙伴关系和收购来提高自己的研发生产力。大型制药公司的并购案例往往备受关注。1998—2012 年，132 家生物技术公司被收购，总收购价格超过了 3 000 亿美元。[49] 这场金融狂潮引发了生物技术产业的大规模洗牌，曾位列前十的公司只留下了安进、吉利德和再生元。金融投资模式表明，只有在看到明确的科学价值与商业机会之后，大型制药公司才会选择进入一个新的治疗领域。免疫肿瘤学就是一个典型的例子。在 2011 年伊匹木单抗获批之前，相关领域的投资相当有限。百时美施贵宝作为第一个吃螃蟹的公司，获得的回报颇丰。2009 年，百时美施贵宝以 20 亿美元收购了 Medarex 公司，并因此获得了伊匹木单抗和纳武利尤单抗。Medarex 开发了"全人源"抗体平台，利用整合了人类免疫系统成分的转基因小鼠生产抗体药物。

创新是生物制药行业的命脉。大型制药公司会持续利用资金资源、规模优势和运营专长来提高生产力并将新药推向市场；生物技术公司将继续创新，并借助公开市场、风险投资、药厂合作伙伴和企业资金的投入，开发新的工具与治疗方法。来自其他领域的新技术逐渐在生物学和医学领域展现出应用价值，医药创新基础也有望随之扩大。其中最重要的技术就是分子尺度工程与人工智能。研究人员和临床团队开始开发专门针对癌症、罕见病与衰老的疗法，伴随着第四波治疗发现的浪潮，更多新药开始涌现。

扩大制药企业创新基础

以下是扩大制药企业创新基础的方法。

合成化学创新。最有代表性的例子是，关环复分解反应的实现催生了 6 种获批的丙型肝炎药物：西咪匹韦、帕利普韦、格拉瑞韦、伐尼瑞韦、伏西瑞韦和格卡瑞韦。这种新型化学反应让我们可以针对困难靶点生成具有生物活性的复杂分子。

天然产物筛选。在过去的 25 年中，大约 40% 的新型小分子药物起源于植物和微生物中的次级代谢产物发现。在生物体中发现的分子的结构复杂度远高于化学合成通常所能达到的水平：天然产物中平均每个分子含有 6.2 个手性中心，而化学合成库中的分子平均只有 0.4 个手性中心。大部分化学分子空间仍然未被开发。地球上存在着 35 万个物种和数百万种微生物，我们只了解其中 15% 的生化通路和化学组成。

网络药理学和多药理学。这是一种旨在发现多靶点药物作用机制的新方法。其主旨在于寻找靶点组合模式，而不再围绕单靶点开发药物。

计算化学、机器学习与量子计算。计算技术可能帮助我们进一步发现并优化新反应、设计催化剂以及预测反应结果。量子计算时代已经到来，它将很快实现分子性质预测和化学反应模拟。[50] 新的分子编辑方法将可以支持选择性的原子插入、删除或交换，就像我们能够使用基因编辑技术操纵 DNA 和 RNA 分子一样。

遗传、细胞和代谢工程。医学的未来可能在于借助足够的工业技术水平，通过工程改造细胞和基因来治疗癌症与罕见病。我们已经开始尝试将治疗方法引入肠道菌群，借助微生物代谢工程治疗人体疾病。

人工智能在发现研究和早期转化医学中的应用。在发现研究的早期阶段，基于人工智能的决策、风险分析和假设检验可以帮助我们在存在不确定性的情况下整合对药物性质和疾病干预需求的理解。

第四章
基因编辑与生物技术的新工具

　　该系统提供了一种直接的方法，可以在基因组中切割任何想要的位点，可以通过将其与众所周知的细胞 DNA 重组机制相结合，引入新的遗传信息。

——珍妮弗·杜德纳

在 CRISPR 突破发表在《科学》杂志上之后，2012 年

　　我们已经看到很多科学家和开发者迅速接受这项技术，并将其应用于他们自己的需求，来进行基因编辑以及对细胞和生物体进行工程改造。这项技术已经在生命科学、生物技术和生物医学领域产生了巨大的影响，使得治疗患有严重血液疾病的患者成为可能。

——埃玛纽埃勒·沙尔庞捷

个人通信，2020 年 12 月 2 日

　　1953 年，DNA 的双螺旋结构被确定，此后经过一代人的努力，在那些致力于开发操控生物体基因的学术研究实验室里，生物技术真正到来了。分子生物学家在细菌中发现了一系列酶，它

们可以在序列特定的位置切割DNA，将双链片段黏合在一起，并在试管中合成副本。虽然这些科学家正在解决基础研究问题，但他们也创建了基本的实验室方法，为生物技术中应用的第一代工具奠定了基础。20世纪六七十年代，出现了一些学习基因克隆"黑科技"的分子生物学家，之后涌现出一整代优秀的科学家，其中几乎所有人的学术血统都可以追溯到当时创立这门学科的嬉皮士科学家和开创性人物。在许多层面上，这是其他技术革命的回响。一旦实验室的冷冻库存中满是珍贵的酶和克隆载体，伴随着基因在细菌中剪切的步骤被记录、测试和验证，它们就变得像软件一样可以共享。分子生物学实验室的文化与黑客和软件开发人员之间的文化是相似的，这种文化发源于20世纪70年代末，今天仍然存在于分散的美国宿舍和公司办公室里。

重组DNA技术存在另一个显著特征，也是其发展的持久标志之一：它们是科学界最便宜、最通用和低技术含量的工具之一。通过应用生物技术揭示的基本发现不需要价值数十亿美元的望远镜、超级计算机或粒子加速器，也不需要理论团队来解读数据以窥探细胞的运作方式。其所需要的只是周密的基因和生物化学实验，一些精心挑选的微生物，大量的培养皿和试管，以及理解生命过程的创造力和好奇心。在细菌中创造新版本的基因，然后将它们转移到哺乳动物细胞中，这就使得科学家能够推导出控制细胞周期、肿瘤发生、DNA复制、RNA转录和蛋白质合成的分子规律，以及将新发现的基因组元素的观察与其生物学功能的预测联系起来。

生物技术公司的形成标志着基于基因工程的治疗发现的新时代。首个关于重组 DNA 技术的专利申请是由斯坦福大学在 1974 年提交的。经过美国专利商标局漫长的审批过程后，该专利在 1980 年获得批准。这是关于人类基因商业所有权争端的先兆，最终该专利在 2013 年 6 月 13 日被最高法院驳回。生物技术革命最初的承诺是以药物的形式提供像人类胰岛素这样的天然生物分子。对制药行业来说，这是一个崭新的领域，人们设想了一个漫长的成熟期。但是，生物技术初创公司证明这种想法是错误的，其成功到来的速度比历史上任何其他药物发现技术都要快。从 1976 年基因泰克成立到其第一种药物获得批准（授权给礼来公司），仅过去了短短的 6 年。显然，医学的发展使我们无须等待一代人的时光就能看到生物技术创新的成果。很快，基因捕手先驱和医学遗传学家扩大了视野，开始走上基因疗法的道路——试图使用重组 DNA 技术将新的遗传物质引入人体细胞，以克服遗传缺陷或替换导致严重遗传病的缺陷基因。

基因治疗的第一项临床试验始于 1990 年，此后在美国食品药品监督管理局的批准下，数百项基因治疗试验向前推进，直到受试者杰西·吉尔辛格于 1999 年死亡。[1] 人们对基因治疗大肆宣传，也深感担忧，十分关注基因治疗中使用的病毒递送系统的安全性，以及染色体外源 DNA 随机整合到人类基因组中的危险。尽管人们急切地期待着基因疗法可以紧随第一批生物技术药物之后上市，但该领域的发展停滞不前，面临着基因递送的困难和临床试验中持续发生的严重不良事件，其中就包括逆转录病毒载体相关癌症的发生率上升。[2, 3] 在经过 10 年的深入研究，设计了更安全的载体之后，西方世界于 2017 年才首次批准基因疗法——这消磨了一整代人开发以基因组为靶标疗法的壮志雄心。[4]

以今天的标准来看，21 世纪初用于基因工程的重组 DNA 工具相当粗糙。分子生物学家日常使用的限制性内切酶不具备足够的特异性，无法精准靶向携带致病突变位点的人类基因组位点。基因治疗是通过将整个基因转移到体外的细胞中，或者使用病毒在体内传递替代基因的遗传编码物质的技术来实现的。当时还不存在能够在不引起意外大规模基因组变化，或在其他位置发生脱靶编辑的情况下，精确编辑基因组的技术。科学家和临床医生如何以激光般的精度引导分子机器到达基因组上的某个位置，并对单核苷酸变异进行精确的化学分析？解决方案将来自 10 亿年的共同进化过程和生物技术实验室中的现代蛋白质工程。

有些出乎意料的是，第二代生物技术工具源于原核生物。微生物基因组的研究人员发现了一类细菌防御系统，其设计具有哺乳动物适应性免疫系统的特性，但具有对 DNA 和 RNA 的记忆和识别能力。CRISPR-Cas 系统的意外发现以及杜德纳和沙尔庞捷在 2012 年的发现表明，这种分子复合物可以被重新配置，作为可编程的基因编辑器来重新使用，这标志着第二代生物技术工具的时代开始了，这项技术可以改变世界。[5, 6]

与生物技术进展零星的开端时期不同，第二次技术浪潮能够利用上一代技术的所有计算进步、积累的数据、测序技术和分子克隆工具包，使生物学进入基因组工程的时代。迈入这个时代的加速进程拐点始于 CRISPR-Cas 系统进入人类的视野和认知，如图 4-1 所示。

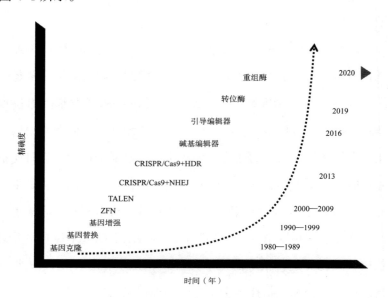

图 4-1　生物技术工具与精确基因组工程时代的加速进展

注：重组 DNA 技术的工具为基因、性状和生物体的遗传操控打开了可能性的大门。早期的工具和技术（20 世纪八九十年代）能够重组基因片段并将其转移到细胞或胚胎中，但缺乏精确度。由于可编程核酸酶的性质，基于 CRISPR-Cas 的第二代生物技术工具产生了精度方面的显著转变。持续的研发致力于设计更高效、更精确的编辑技术，已经实现了用相对较少的组件进行泛基因组编辑的巨大飞跃：一条可编程的引导加上一个基于 Cas 支架蛋白构建的多功能蛋白质，就能够使高精度的基因组编辑在各种应用中成为可能。ZFN 是锌指核酸酶；TALEN 是转录激活因子样效应物核酸酶；NHEJ 是非同源末端连接；HDR 是同源定向修复。

　　生物学家开始发掘基于 CRISPR 的基因靶向工具，以进行一系列的应用。最初的用途之一是对原核生物进行基因改造。现在有一个庞大的工业微生物目录，其中微生物的基因组已经通过 CRISPR-Cas 系统进行了工程改造，以更高效地生产药物、生化物质和生物燃料。[7] 为了研究真核生物中的基因调控和功能，CRISPR-Cas 系统被重新设计，具备通过转录调节因子打开和关闭基因表达的能力，并且具有可执行基因敲除和敲入的能力。CRISPR 时代的生物技术工具用途广泛，价格低廉，甚至比它们的重组 DNA 工具前辈更加亲民，尤其是在转基因动物相关应用方面。研究人员现在能够使用 CRISPR 在几周内设计新的植物和动物模型，以探索一个或多个基因中单碱基突变的功能后果，而在一些繁育周期较长的物种中，此过程以前可能需要长达一年的时间。除了基础研究之外，CRISPR 方法还用于农业生物技术，以更简便地改造作物和牲畜，进而产生重要的农业性状和抗病性。在全球努力防控新冠疫情期间，CRISPR 的分子诊断能力得以展示，Sherlock Biosciences 公司以及 Mammoth Biosciences 公司和 UCSF（DETECTR）提供了从 RNA 样本中快速检测病毒的替代方案。

在医学领域，精确基因组工程一直被视为"圣杯"和医学的未来——这项技术最终将为许多罕见的遗传疾病患者和某些癌症患者提供永久的治愈疗法。有了基因治疗的教训，基于 CRISPR 的方法能否克服人类基因组编辑的固有风险和局限性，用于人类胚胎改造的生殖细胞编辑呢？辅助生殖技术在基因工程能力出现之前就已经投入使用了。CRISPR-Cas 系统的简单性只需要两个组件——指导 RNA 和 Cas 蛋白，这使流氓行为者有可能在技术、医学科学和社会准备好之前就部署胚胎编辑。在 CRISPR-Cas 技术演进和成熟的阶段，基因组编辑相关的伦理、医疗需求和潜在危险也受到了广泛关注。幸运的是，对第二代基因疗法来说，更具有前景且相对更安全的应用正在通过临床试验治疗血液疾病，如镰状细胞病和某些血液恶性肿瘤，以及囊性纤维化、肌营养不良和遗传性视网膜营养不良。

2012 年，CRISPR 的突破和学术界的持续创新催生了一个全新的生物技术公司生态系统。第一批"毕业生"主要是专注于治疗领域或为新兴的 CRISPR 应用提供工具的初创公司。治疗领域的领跑者包括联合创立 CRISPR-Cas 系统治疗学机构的先驱们：诺贝尔奖得主珍妮弗·杜德纳和埃玛纽埃勒·沙尔庞捷，此外，还有哈佛大学的乔治·丘奇和博德研究所的张锋。[①] 数十亿美元从私人风险投资、公开市场和制药行业涌入这些机构和其他初创公司，人们试图将 CRISPR 的科学发现商业化。生物技术领域面临的问题与基因疗法面临的许多长期问题是相同的。对这项技术来说，递送问题是如何解决的？可否实现永久编辑？基因编辑对于更广泛的疾病种类安全有效吗？如果这些长期存在的问题能够得到解决，那么基因组工程将开拓医学的新领域。值得注意的是，此愿景将通过源自微生物和远古细菌防御系统的简单工具来实现，而这些工具依赖于生命的通用代码和 DNA 中存储的生物信息。

---

① 珍妮弗·杜德纳也是 Editas 公司的创始人之一；然而，在加州大学伯克利分校（她的学术附属机构）和博德研究所之间出现专利纠纷后，她离开了公司，美国专利商标局决定支持张锋更早的利用人类细胞的发明。

分子生物学与生物信息流

DNA 中的信息存储是所有生命形式的基础，为复杂的适应环境生命体的发育、复制和生存提供了大自然的指南。只有在理解了被称为分子生物学"中心法则"的信息流之后，破译解读生物体的基因组才成为可能。在詹姆斯·沃森和弗朗西斯·克里克于 1953 年发现 DNA 的双螺旋结构之后，主要问题就是 DNA 中的信息是如何编码的，或者更准确地说，基因是如何产生蛋白质的。10 多年以前，乔治·比德尔和爱德华·塔特姆已经证明了基因和蛋白质之间存在一一对应关系的假设。如果这是真的，那么 DNA 中核苷酸的线性序列会决定蛋白质中氨基酸的线性序列吗？更复杂的是，有迹象表明细胞中存在 RNA 分子，并可能参与蛋白质合成。RNA 扮演了什么角色呢？沃森、克里克和英国剑桥的科学家小圈子中的其他人展开了关于如何完成信息传递的对话。如图 4-2 所示，弗朗西斯·克里克在一幅示意图中描述了中心法则的概念模型，说明了这一想法，尽管他尚未确定这一过程中涉及的 RNA 类型，也不清楚整个过程事实上是如何运作的。所有这些问题都是揭示遗传密码相关重大实验的基础。

在 20 世纪下半叶，生物科学领域的研究常常是耗时费力的、小规模的实验室研究，并没有借助计算机的能力。对参与分子生物学（当时也称为生化遗传学或化学遗传学）这一新领域的科学家来说，这意味着将酶提纯，合成放射性示踪化学物质，开发可重复的实验室测定分析方法，并在经过精心设计的实验中测试少

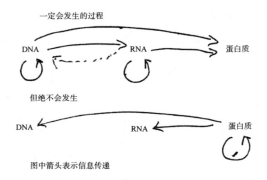

图4-2 弗朗西斯·克里克在1956年绘制的第一幅"中心法则"插图

量的条件参数，这些实验可能持续几天、几周，甚至几个月。实验结果保存在小笔记本和X光胶片上，数据点最多只能达到几百个的规模。科学进展的速度并非限于概念理解（或智力水平）的不足，而是受制于生成实验数据的有局限的技术和仪器。尽管如此，这一巨大的挑战还是催生了一个美妙的科学创新时代。

科学家为了将复杂的细胞生物化学整合起来，需要更简单的测试系统，即在试管中将细胞提取物和纯化的组分结合起来，评估化学反应。这些体外测试方法的发展对于完成科研谜题的拼图至关重要。假设必须被检验，想法要么被抛弃，要么被保留，而获胜的假设需要进一步测试以取得进展。弗朗西斯·克里克曾提出，也许存在适配体分子，它们可以把氨基酸与DNA中包含的信息联系起来。随着时间的推移，在美国和欧洲的各个实验室里，越来越多的证据表明他的思路是正确的。在位于波士顿的马萨诸塞州总医院，保罗·泽梅奇克和马伦·霍格伦德证明了蛋白质合成发生在位于细胞核外细胞质中的核糖体上。核糖体由RNA亚基组成，但这些亚基不适合传递遗传信息。此后不久，这些研究人员发现了另一类 RNA 分子，即转运 RNA，它们与氨基酸结合（化学连接）。[8] 如果这种 RNA 包含互补的核苷酸序列，那么也许它们可以与 DNA 或 RNA 序列配对。如果是这样，他们就可以将 DNA 的指令与蛋白质合成机制联系起来。那么，用于指导蛋白质合成的模板在哪里呢？如果这个过程发生于细胞核中远离 DNA 的单独细胞区域，那么是什么传递了这个信号？

一系列实验揭示了答案，证明信使 RNA 是 DNA 和蛋白质之间的中间体。在 1961 年 5 月 13 日同时发表在《自然》杂志上的两篇论文的标题中，我们可以看到原委：由悉尼·布伦纳、弗朗索瓦·雅各布和马修·梅塞尔森等人发表的《一种携带基因信息到核糖体进行蛋白质合成的不稳定中间体》，以及由哈佛大学的詹姆斯·沃森和沃尔特·吉尔伯特与巴黎巴斯德研究所同事（合作）发表的《通过大肠杆菌的脉冲标记揭示的不稳定核糖核酸》。[9, 10] 这项工作的含义是信使 RNA 分子在细胞核的 DNA 和细胞质的核糖体之间传递信息。通过生成一段对应的 RNA 序列来制造对应基因的拷贝，这一过程后来在分子生物学术语中被称为基因转录，即将基因序列转写为 RNA。

判定遗传密码需要多年的工作，集合许多科学家的贡献才能最终揭示大自然的解决方案。悉尼·布伦纳与弗朗西斯·克里克在剑桥卡文迪什实验室合作，共同提出了一个构想，他们在一份手稿中阐述了需要通过实验证明的第一个问题。仅使用 4 个字母（DNA 的 A-腺嘌呤、C-胞嘧啶、G-鸟嘌呤和 T-胸腺嘧啶）怎样确定 20 个氨基酸中的哪一个将被整合到蛋白质分子的特定位置？使用单个字母来代表一组 20 个氨基酸的代码是不够的。同样，一次使用两个字母（也就是说，AT、AC、GG 等）也是不够的，这只容许编码 16（4^2）种。这样，最少需要使用 3 个字母的编码（三联体，如 CCA），这样最多可以提供 64（4^3）种组合，或者使用四联体（$4^4 = 256$），以此类推。任何一套三联体或四联体的编码系统都会存在冗余，使得一种以上的三联体或四联体编码同一种氨基酸（例如，CCA、CCG 和 CCC 用于脯氨酸）。大自然会使用简并的密码吗？这个密码会是什么样的？

弗朗西斯·克里克在剑桥卡文迪什实验室领导了一系列有关探索。他与莱斯利·巴尼特、悉尼·布伦纳和理查德·沃茨-托宾在 1961 年底的《自然》杂志上发表了一篇题为《蛋白质遗传密码的通用性质》的论文。论文结合了他们和其他人的工作，阐明了解码的逻辑，解开了这个谜。[11] 通过使用"移码"突变的遗传实验，他们正确推断出遗传密码使用三联体，因此必然具有简并性。该代码还确定了该密码使用非交叠的三字母集合，该集合被命名为"密码子"，用以指定单个氨基酸。因此，一种氨基酸可以由一个以上的密码子编码。当时，只有一个密码子被确定，即苯丙氨酸的密码子。又经过了数年，哥宾·霍拉纳富有想象力的化学研究和对转运 RNA 的结构图谱解析（比如，罗伯特·霍利的实验室首次对编码丙氨酸的含有 77 个核苷酸的转运 RNA 进行核酸测序）最终补足了关于遗传密码的 64 个条目、三联体字母词典以及蛋白质合成的复杂编排的种种细节。他们因这些卓有成效的努力于 1968 年被授予诺贝尔奖，"以表彰他们对遗传密码及其在蛋白质合成中的相关功能的解释"。

到了 20 世纪 60 年代中期，DNA 结构的基础性认知发现、由 DNA 制造 RNA 再制造蛋白质的信息流过程（也就是中心法则），即 RNA 转录和蛋白质翻译过程，都已经阐明。遗传密码是普适的：它不会在生物体之间改变。然而直到 20 多年后，在位于帕萨迪纳的加州理工学院莱诺·胡德实验室开发的基于酶法荧光测序和仪器的分子技术，才能够对长度为 100 个核苷酸的 DNA 小片段进行测序。人们希望技术能够改进，以便每天可以快速测序数百个样本，并且能对长度范围为 1 000~10 000 的核苷酸基因进行测序。在引入计算和信息技术之前，关于基因组大小的片段，比如拥有 2.5 亿个碱基对的人类 1 号染色体，对其分析和解码是不可思议的。如果在整本生命之书中，一个人只能阅读几个句子，而且这些句子是随机抽取的，那么从基因组测序中学到任何东西的前景又会是怎样的？直到 20 世纪 90 年代，储存在 DNA 中的生命信息仍然是难以获取的。

利用重组 DNA 技术操纵遗传信息

在 20 世纪 50 年代和 60 年代，人类在定义原核生物的遗传化学方面取得了惊人的成功，这既令人振奋又具有挑战性。毫不奇怪，我和其他人不禁思考，真核生物特别是哺乳动物和人类细胞中的更为复杂的基因结构是否以类似的方式组织和发挥功能。具体而言，细胞分化和细胞间通信，即多细胞生物的独特特征，是否需要新的基因组结构、组织、功能和调节模式？对于高等生物遗传化学的探索，它仅仅是原核生物主题的变体，还是等待被发现的全新原理？

——保罗·伯格

在获得诺贝尔奖时的演讲，1980 年

    细菌遗传学的显著成功推动分子生物学进入了新的领域。斯坦福大学的保罗·伯格和一批新的分子生物学家希望超越细菌系统和噬菌体（细菌的病毒）的范畴，探索高等生物的基因组结构、基因调控和功能的基本性质。在一系列幸运发现的合力推动下，这些"基因骑师"可以利用新开发的分子工具和他们的想象力来操纵生物系统，从而解决更大的问题。人们当时无比期待，认为基因操纵实验的能力几乎具有无限的可能性。

    最终，首要目标是开发一个新的技术框架，使实验者能够分离和放大基因及其他 DNA 片段，编辑它们的序列，将它们组合起来，并产生副本。由于所有的科研进展都在原核系统中，相关工作自然会从原核生物那里开始。相关人员已经掌握了来自细菌基因的功能 DNA 元件、以 DNA 为底物的催化相关反应的酶，以及用以设计新系统的病毒和质粒。最终目标是能够提取来自更高等生物体的基因，重新配置它们，然后将它们放回自然环境中。构建转基因和转基因动物是为了研究基因对正常细胞过程的影响，并在某一时刻将基因变化引入疾病模型系统，以了解基因在疾病中的作用。

自 20 世纪初以来，现代生物学通过描述性的研究取得了进步，但干预细胞功能的能力有限。化学家们在试管中研究大分子合成，解析代谢途径，而不是在活细胞中进行研究。遗传学家在他们喜欢的生物体（玉米、果蝇、面包霉菌）中进行相对缓慢的基因杂交，然后测量后代的表型特征，得出了遗传、重组和基因组织方式的规律。唯一可以研究的基因变异是那些在自然种群中发现的变异，例如，孟德尔的光滑或起皱的豌豆，托马斯·亨特·摩尔根的拥有翅膀褶皱和白色眼睛的苍蝇。分子生物学能否扭转这一局面，提供技术来改造基因，直接将特定功能编码到生物体中？

对分子生物学家来说，合乎逻辑的第一步是创造人工杂交的 DNA 分子：一部分来自细菌，一部分来自其他病毒或有机体。这个概念一直萦绕在伯格的脑海中，他的实验室当时成了第一个设计所谓的重组 DNA 的实验室。在与索尔克研究所的雷纳托·杜尔贝科合作研究 SV40（一种具有致癌潜力的 DNA 病毒）的分子生物学后，伯格设想使用病毒策略将外源基因转移到哺乳动物细胞中。重组 DNA 分子将由含有细菌半乳糖操纵子的 λ 噬菌体 DNA 片段以及具有环状基因组的 SV40 共同组成。为了打开这个环，SV40 的 DNA 需要被切割，然后 λ 噬菌体 DNA 可以连接在两端并重新组合环化。1971 年春，伯格实验室正准备制造这种重组分子，但命运以及相关人员的过分谨慎在未来几年里给重组 DNA 技术踩了刹车。

这个新兴领域正在迅速创造人类在自然界中从未见过的分子，

这个发展方向类似于早期生物化学家基于理性设计创造出非自然产生的化疗药物的方向。斯坦福大学的赫伯·博耶和斯坦利·科恩当时合作利用细菌质粒将外源 DNA 导入细菌，这是一种实用的替代方法。尽管伯格对使用 SV40 作为进入细菌而不是哺乳动物细胞的载体感兴趣，但仍然有人担心这种病毒在新的重组分子中可能是有害的，并无意中成为某种生物病原体。伯格的研究生珍妮特·默茨 1971 年参加了在科尔德斯普林港举办的夏季会议，并透露了实验室工作的性质。在首次得知这项工作后，科学家们表达了担忧：为什么他们会在早期实验中以潜在的不受控方式使用肿瘤病毒。当时，詹姆斯·沃森招募到科尔德斯普林港的新职员、在职科学家罗伯特·波拉克在会议上提出了关于 SV40 的警示，并且致电伯格表达了他的强烈反对。

不久之后，伯格与其他人通了电话，并安排了一次会议，讨论所有潜在的问题，并将讨论限制在美国的一小批科学家之间。他们建议暂停使用 SV40 和其他包含未知潜在危险 DNA 的重组技术，并进一步调查安全问题。1971 年底，伯格自愿无限期搁置了他的团队关于重组 DNA 的下一步研究，即继续将基因转移到大肠杆菌中，并评估人工 DNA 能否在细菌宿主中存活并复制。

在接下来的几年里，这类担忧在国际舞台上爆发，保罗·伯格在引导折磨人的私人和公开辩论中发挥了重要作用，召开了科学会议来制定相关指导方针，并在会后提出相关建议。1975 年 2 月下旬，由伯格组织并主持的重组 DNA 分子国际会议在加利福尼亚州帕西菲克格罗夫的阿西洛马会议中心召开，该会议为期 3

天，将相关的系列事件推向高潮。[12]

尽管伯格因 SV40 与癌症病毒的联系而停止了他的工作，但世界各地的其他实验室继续推进着细菌病毒和质粒 DNA 的相关操作。在距离斯坦福大学北部 40 英里处的加州大学旧金山分校，赫伯·博耶的实验室碰巧正在用细菌 DNA 做类似的实验，并纯化了一种关键工具，一种叫作 *Eco*RI 的细菌酶。这个分子生物学的得力助手是一种可识别六碱基位点切割 DNA 的分子剪刀。*Eco*RI 能够识别双链 DNA 中的回文序列 GAATTC。尽管今天的研究人员可以从产品目录中购买数百种这种类型的限制性内切酶，但当时的研究人员仍依赖于来自少数几位科学家的赠品来做实验，只有他们拥有足够的技术和能力来鉴定和纯化相关的工具酶。这种酶当时共享给了斯坦福的实验室，令伯格高兴的是，这种工具非常适合他的实验，因为 *Eco*RI 只会切割 SV40 一次，打开并线性化病毒基因组。伯格实验室在 1972 年完成了 SV40 与细菌 DNA 的第一次基因拼接实验并发表了文章，借助博耶的 *Eco*RI 酶，重组 DNA 技术诞生了。[13]

博耶与斯坦福大学的斯坦利·科恩合作建立了一个基于质粒的穿梭系统。与伯格类似，他们想开发一种细菌系统，以提供一种保留和复制人工杂交或重组分子的方法。科恩是最早利用携带抗生素抗性基因的细菌质粒的人之一（他使用的第一个质粒是 pSC101，将他姓名的首字母通过命名刻在重组 DNA 的历史里）。[14] 他的早期工作是发现了一种促进质粒 DNA 转移到大肠杆菌中的化学过程，此过程被称为转化。[15]

旧金山湾区的两个实验室当时测试了另一个有关重组 DNA 的想法：抗生素抗性质粒能否用作获得新重组分子的细菌的标识符？最初的设计是使用携带四环素和卡那霉素的两个抗生素抗性基因，导入非致病性大肠杆菌菌株 C600。如果携带一个或两个这些基因的质粒是有功能的，那么细菌可以在含有这些抗生素的表面（琼脂平板）上存活。他们使用分子生物学的工具将人工序列剪切并粘贴到质粒中，包括两种质粒合在一起的混合组分，通过在卡那霉素或四环素琼脂平板上培养抗生素抗性细菌，证明了重组 DNA 过程的可行性。其他更多实验证明，重组 DNA 分子是含有生物功能的。该方法具有显著的实际应用价值：首先，一旦细菌在含抗生素的平板上形成菌落，就可以大量培养和繁殖，并回收提取相关质粒 DNA；其次，如果分子克隆实验成功了，你马上就会知道——具有抗生素耐药性的细菌菌落的存活意味着外来片段成功连接在质粒上。关于 pSC101，论文作者得出了以下结论：

> 抗生素抗性质粒 pSC101 构成了一个复制子，对于筛选人工构建的分子具有相当大的潜在用途，因为它的复制机制和四环素抗性基因在被 EcoRI 核酸内切酶切割后仍然保持完整。[15]

这些重要的成果原计划在当年 7 月，即 1973 年 6 月在新罕布什尔州新汉普顿召开的核酸戈登会议之后发表，然而，在会议备受关注的一个环节中，博耶被安排发言。博耶透露，将两种不

同质粒的 *Eco*RI 切割片段克隆成重组分子是成功的，并且其对大肠杆菌的转化也成功了，使这些细菌获得了新的抗生素耐药性。这违背了他在加州大学旧金山分校的合作者斯坦利·科恩的意愿。学术震动随之而来。现在人类清楚地认识到，凭借一些简单的工具，研究人员可以从几乎任何地方获取外源 DNA，并在细菌中传播非天然的 DNA 序列。现在的问题只不过是放入哪些感兴趣的 DNA 片段而已，其中包括来自青蛙、老鼠甚至人类的病毒序列和非细菌基因。一群科学家几乎是在会议刚刚结束时就聚集起来，努力应对这项技术在没有指导的情况下开展的潜在后果。他们给美国国家科学院和美国国家医学研究所的院长们写了一封信。以下摘录几个重要部分：

> 我们代表一些科学家写信给你，以表达我们的深度关切。几份科学报告……表明，我们目前具有将来自不同来源的 DNA 分子共价连接在一起的技术能力……该技术可用于将来自动物病毒的 DNA 与细菌 DNA 结合，或者可以把不同病毒来源的 DNA 组合起来。通过这些方式，人类最终可能会创造出具有生物活性且不可预测的新型杂交质粒或病毒。相关实验为推进基础生物学过程的认知和缓解人类健康问题提供了令人兴奋和有趣的潜在可能。
>
> 某些杂交分子可能会对实验室工作人员和公众造成危害。虽然目前尚未确定存在危险，但审慎起见，建议认真考虑潜在的危险。

这封信发表在 1973 年 9 月 21 日的《科学》杂志上，它是第一次公开警告。[16] 作者玛克辛·辛格和迪特尔·索尔措辞谨慎，避免提及令大众焦虑的一个主要信息，即这些技术方法有扩散癌症的潜在可能。

回想起来，我们很容易看到，科学和文化力量在起作用，使这份声明得以发出并表达了谨慎前行的愿望。在一个层面上，最合理的担忧是，引入细菌的工程质粒可能携带癌基因或其他遗传控制片段，可能导致不受控制的生长或生成新的致病菌株。例如，多数大肠杆菌菌株存在于人类肠道中，并不会造成伤害。而一些菌株，例如大肠杆菌 O157 菌株，则会引起严重肠胃炎。然而，实验室创建的菌株可能会在无意中进入人类肠道，改变微生物群，并通过水平基因转移的过程将基因转移到其他大肠杆菌种群。更糟糕的是，一些人在思考来自流氓细菌的重组 DNA 是否可以进入人类肠道细胞并导致癌症。

开发和利用分子生物学工具的研究人员大多数是病毒学家，他们当时的共识是病毒导致了癌症。自 20 世纪 50 年代以来，关于癌症的病因有 3 种假说，这些假说被认为是相互排斥的。有病毒学家声称病毒导致癌症；流行病学家则认为外源性物质（主要是化学物质）是其原因，引发了不受控制的细胞生长；另有少数人认为基因组原件的改变是潜在的原因。这 3 种理论的相关证据在当时都是缺乏说服力的。1960 年，当人们发现猴病毒 SV40 在啮齿动物模型中可以导致肿瘤时，证据的火花闪现了。因此，在 20 世纪 60 年代的大部分时间里，SV40 成了研究焦点，旨在了解病毒是如何导致癌症的。

1959 年，霍华德·特明使用劳斯肉瘤病毒进行了一次实验，轰动了癌症领域。他展示了通过感染具有 RNA 基因组的病毒，可以制造"培养皿中的癌症"。病毒的遗传物质似乎已经与细胞的 DNA 整合在一起。这个结果完全违背了中心法则。特明认为信息流可能是反向的，即 RNA 复制成 DNA。1970 年，在超过 10 年后，他和戴维·巴尔的摩各自独立发现了逆转录酶。之所以这样命名是因为这种酶能以 RNA 为模板制造 DNA 产物，这与公认的法则"相逆"。与此同时，病毒学家，特别是彼得·沃格特、彼得·杜斯伯格和史蒂夫·马丁，使用遗传学和生物化学方法来追踪研究赋予致癌转化活性的基因。通过使用转化缺陷突变病毒，他们鉴定了一个命名为 *src* 的基因，这是第一个人类发现的癌基因。通过这些病毒学家的视角，致癌作用的分子机制似乎触手可及。

当病毒学家在寻找其他致癌病毒的踪迹及可以把基因和癌症联系起来的相关 DNA 指纹时，伯格和其他人正试图利用这些病毒的特性来构建一种新技术，并期待有朝一日通过进入真核系统将这些工具推进到医疗实践中。这些先驱开发的早期重组 DNA 方法和提出的相关理念正如伯格很早就预见到的那样，直接导向了基因治疗潜在应用的相关想法。从 1973 年 6 月的戈登会议一直到 1975 年初的阿西洛马会议，建议和争议层出不穷，人们讨论如何最好地支持和约束相关实验并缓解对公众安全的担忧。在此期间，科恩和博耶的合作又投下了一颗重磅炸弹。他们发表了一项人类长期寻求的技术成就，即使用科恩 pSC 质粒将一种更复杂生物的 DNA（两种来自非洲爪蟾的基因）导入细菌中。[17]此刻，分子克隆技术所有相关参与者必须对该技术的未来采取行动了。1974 年 4 月的"麻省理工学院会议"提出了 4 项关于开展实验的建议；1975 年 2 月的阿西洛马会议在全世界的新闻报道下，就安全前进的道路达成了共识。

经过 3 天激烈的讨论，伯格与许多其他分子生物学家和未来的诺贝尔奖获得者一起，制定了重组 DNA 技术的相关规定。该规定要求实验室建立生物阻遏设施，包括物理和生物屏障，以防止潜在病原体的污染和传播。科学家能够自主实现这一目标，而不会陷入模糊的法规或潜在的禁令的相关限制中，这是一个里程碑式的成就。通过这样做，重组 DNA 获得了公众的认可，并被视为有望为人类带来好处的一项突破性技术。阿西洛马会议现在被视为应对可能让社会产生永久性变化、改变人类生活并影响生态圈的基础性技术进步的范例。我将在后文中回顾社会问题，因为 21 世纪人工智能和最新的基因工程的指数级进展将引领行业走向另一个技术领域（挑战对生命观念的认知）。

遗传学、基因发现与人类罕见疾病药物

20 世纪 70 年代后期，随着技术的进步，分子生物学重组 DNA 工具包继续扩展功能，开始进行核酸序列分析。分子生物学时代的先驱们当时开发了两种不同的方法来"读取"DNA 序

列。因蛋白质测序技术而获得诺贝尔化学奖的弗雷德里克·桑格开发了最终成为主流程序的方法。他的巧妙方法是使用 4 种 DNA 碱基中每一种相对应的链终止抑制剂，通过 DNA 聚合酶读取其模板来合成 DNA 链，直到 DNA 合成链结合了一个带有双脱氧碱基的核苷酸，此时不断增长的 DNA 拷贝的化学连接就被终止了。今天在大众媒体中看到的 X 射线胶片包含原型 DNA 条带图案的图像，就是桑格反应（和过时技术的图像）的产物。艾伦·马克萨姆和沃尔特·吉尔伯特开发了另一种 DNA 测序方法，其基础是在第一步对 DNA 进行化学修饰，然后在第二步对特定碱基进行切割。与桑格法相比，马克萨姆-吉尔伯特测序法具有初始准确性优势，并且可以使用纯化的 DNA 样品，不需要进一步克隆。然而，这是一种技术难度较大的方法。20 世纪 80 年代早期双脱氧测序进行了改进之后，各个实验室最终倾向于桑格法测序。DNA 测序技术是检索和记录基因组信息的一个入口。剩下的工作就是将这些烦琐的实验室过程自动化，以便广泛用于基础研究、诊断和治疗开发。

尽管距离基于基因的治疗还得几十年，但罕见病治疗的倡导者和遗传学家即将启动庞大的疾病基因发现项目，这些项目可能会为新的治疗方法提供线索。疾病基因的图谱绘制和 DNA 测序技术同时启航，利用基因连锁分析和大型的、特征明确的谱系精细图谱定位工具进行定位。通过跟踪受特定疾病影响的个体相关 DNA 标记的遗传信息，科学家可以搜寻染色体相关位置，并最终确定致病等位基因的 DNA 序列。确定潜在的致病遗传变异需要相关的遗传证据，即在其他具有家族病史的不相关系谱中，健康成员中不存在风险基因型。遗传突变的功能后果需要更多的辛勤工作来确定，依赖于动物模型和生物化学的相关研究，往往需要数年的调查来得出答案，或者仍然无法解开遗传谜底。亨廷顿病就是后者的典型例子。

美国遗传病基金会、哥伦比亚大学的南希·韦克斯勒领导了一项长达 10 年的大型合作项目，最终在 4 号染色体上发现了亨廷顿病基因。相关进程始于韦克斯勒不懈的努力，她从委内瑞拉马拉开波湖周围的一系列家庭中获取谱系信息和血液样本，用以进行 DNA 标记分析。这些家庭的成员都是生活在 19 世纪的一名患有这种疾病的妇女的后代。在图 4-3 中，南希·韦克斯勒手持一张大型的家谱图，其中画满了代表受影响个体（黑圈）和其他家庭成员的数据和符号。多年来，亨廷顿病的相关研究从这个家谱社群中调用了 1 万多个 DNA 样本。

图 4-3　南希·韦克斯勒与追踪亨廷顿病遗传的委内瑞拉家族谱系图

注：在哥伦比亚长老会医院，南希·韦克斯勒博士展开了她墙面大小的亨廷顿病家族遗传研究图的一部分。

韦克斯勒和马萨诸塞州总医院的詹姆斯·古赛拉在 1979 年的一次会议上共同制定了一个策略，当时他们讨论了使用博茨坦（Botstein）基于 RFLP（限制性酶切片段长度多态性）的遗传方法。到 1983 年，研究小组使用了 RFLP 技术，并确定亨廷顿病基因位于 4 号染色体短臂末端附近。这是首次使用遗传标记和遗传模式将疾病基因定位到基因组特定位置。基因的遗传异常是由基因蛋白质编码序列中的三核苷酸重复（谷氨酰胺密码子的 CAG 重复）引起的，表现为可变长度的扩增。蛋白质序列并未提供其生物学功能的线索，但人们越来越多地发现在其他神经疾病中，具有类似的不稳定基因组元件是罪魁祸首。几十年来，人们试图理解亨廷顿蛋白的功能以及是什么导致了大脑病理，但都徒劳无功。

1993 年亨廷顿病基因的发现和测序的完成[18]是里程碑式的，标志着在识别罕见的孟德尔病、癌症和线粒体病的潜在基因方面的一系列成功的开始，上述疾病如图 4-4 所示。通过使用重组 DNA 工具、聚合酶链反应、基因组测序、比较基因组学和遗传学研究，人类到 20 世纪末发现了 1 000 种导致疾病的单基因突变，到 2020 年发现了超过 5 000 种。还剩下什么有待发现呢？情况估计会是各式各样的，但可能至少有 7 000 种单基因疾病，其中 80% 是基于遗传的。对那些病因不明的人来说，其中几乎肯定有影响单个个体或多个家庭的超严重疾病。

对于亨廷顿病，现在人们对驱动神经系统变性病理相关的细胞过程有了更多的了解，但在发现相关基因突变几十年后，寻找

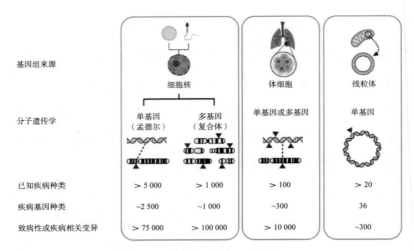

基因组来源	细胞核		体细胞	线粒体
分子遗传学	单基因 （孟德尔）	多基因 （复合体）	单基因或多基因	单基因
已知疾病种类	> 5 000	> 1 000	> 100	> 20
疾病基因种类	~2 500	~1 000	~300	36
致病性或疾病相关变异	> 75 000	> 100 000	> 10 000	~300

图 4-4　人类遗传病的分子基础

注：人类疾病背后的 DNA 改变源于 3 种具有不同分子遗传特征的基因组。

左框：细胞核 DNA 包含从父母的生殖细胞（精子和卵子）获得的所有变异，其中致病变异被称为胚系突变。单基因疾病遵循孟德尔遗传模式，其中存在基因缺陷（如影响编码蛋白质功能或表达的单个碱基变化、插入或缺失），当常染色体（非性染色体）上的一个等位基因（显性）存在或两个等位基因（隐性）同时存在时会导致疾病。ClinVar 数据库已经记录了人类基因组中 75 000 个致病变异（截至 2020 年 8 月）。

中间框：体细胞中出现的 DNA 突变会导致癌症，这是少量基因突变驱动的结果。体细胞突变可以与癌基因或肿瘤抑制基因的胚系突变共同作用，使得个体易患某些类型的癌症。[19] 研究发现大约有 100 种常见癌症类型和 500 多种罕见癌症亚型。

右框：线粒体基因组仅通过母体遗传获得。这个小小的环状基因组（~16 000 个核苷酸）编码 37 个线粒体基因；其中 36 个基因在 300 个已知致病位点的突变将导致 20 种线粒体疾病。有许多线粒体疾病是由于核编码的线粒体蛋白质（超过 1 100 种蛋白质被输入线粒体以支持这种细胞器的功能）的突变而引起的。[20]

治疗方法仍然是一条漫长的道路。像亨廷顿病这样的罕见疾病都很难找到治愈方法，原因有多个。将基因突变与蛋白质的功能后果联系起来的研究并不简单，例如，亨廷顿蛋白在正常个体中的生理学作用仍然是神秘的。对药物开发人员来说，罕见疾病可能没有明确可识别的靶点，或者药物化学家可能会找到一种常规方法无法成药的蛋白质（如亨廷顿蛋白）。在许多罕见疾病中，转化科学家缺乏可以精准复现人类疾病的动物模型。从医药商业模式的角度来看，市场相关的考虑是最重要的。只有在为每个患者提供的治疗成本过高的情况下，围绕一个医学上知之甚少且病患人口不多的疾病人群来开发一种产品才是合理的。这种担忧体现了罕见病治疗是一场艰辛之旅，也反映了患者和护理人员的愤懑之情。

对于绝大多数罕见病，我们尚没有办法治疗。在成千上万种已知疾病中，只有大约 500 种可用药物。癌症是个例外，相关的罕见的亚型推动了研发工作，导致许多药物获得批准。在韦克斯勒遗传性疾病基金会、国家罕见疾病组织等组织的倡导下，以及在 20 世纪 70 年代尼克松总统对癌症宣战（1971 年的《国家癌症法案》）所带来的公众关注下，罕见病研究的命运齿轮开始转动，并为接下来几十年的药物开发定下基调。在生物技术时代初期，监管机构和国会采取了措施，激励大学和制药行业在研发中承担风险，并明确承担为罕见病开立的项目费用。1980 年的《拜杜法案》允许大学对联邦资助的研究中产生的发明进行专利申请并保留所有权。因此，对于几乎所有与疾病有关的研究，都有一条通过专利许可和技术转让实现潜在产品或技术商业化的途径。回顾起来，这明显大大加速并促成了美国生物技术产业的蓬勃发展。第二个关键部分是《孤儿药法案》，该法案于 1982 年由亨利·韦克斯曼提交给众议院，并于 1983 年由里根总统签署，成为法律。该法律将任何在美国患病人数少于 20 万（大约 2 000

个人中有 1 个人）的疾病相关产品定义为孤儿药。作为一个整体，罕见病在美国共影响着 3 000 万～4 000 万人，在欧洲影响着类似数量的人。随着可能对这些人的生活产生重大影响的相关法案颁布，该行业已做好了变革的准备。

有人问，相关的激励机制是否合适，能否使行业寻找治疗方案而不是只想发现畅销的重磅药物？相关公司可以获得税收抵扣、费用减免，以及孤儿药批准后 7 年的市场独家经营权。后者被证明改变了游戏规则。几乎从每一个角度来看，监管的变化都极大地改变了治疗发展的前景。1983—2017 年，美国食品药品监督管理局对孤儿药的批准占所有新分子实体批准的 25%以上。自 2000 年以来，该行业也开始转向生物制剂，生物制剂中孤儿药类别获得了 40% 的批准。值得注意的是，肿瘤药物是孤儿药开发的主流，占据了过去几年启动的相关临床试验的一半以上。

精密基因组工程工具的出现可能会让罕见病逐渐有机会在研发管线中进行精准评估并在开发进度层面迎头赶上。对遗传疾病而言，最普遍的致病变异类型称为点突变或单核苷酸变异。表 4-1 列出了在 ClinVar 数据库中遗传病的变异类型及其相对丰度。

表 4-1　人类遗传病的致病变异类型

遗传基因 标度（碱基对）	变异类型	相对丰度	代表性疾病
1 个碱基对	点突变（单核苷酸变异）	60%	镰状细胞病
$10^0 \sim 10^2$	微删除和插入	25% 和 5%	泰-萨克斯病

遗传基因标度（碱基对）	变异类型	相对丰度	代表性疾病
$10^3 \sim 10^4$	拷贝数变体	5%	普拉德-威利综合征/快乐木偶综合征
$10^4 \sim 10^7$	大规模基因重排	< 5%	夏科-马里-图思病
$10^7 \sim 10^8$	染色体丢失/复制	< 1%	唐氏综合征

注：单核苷酸变异一词涵盖了4类被描述为临床良性（对蛋白质功能或表型无影响）、意义未知、可能致病和已知致病的变异体。

对于单基因疾病，点突变常会破坏蛋白质序列的编码区，而且突变可能位于一个独特的位置。另外，同一疾病可能是由在整个基因范围内发现的数千种变异中的任何一种引起的。传统的基因治疗方法不能编辑或改变基因组突变，而是试图提供完整版本的校正基因，用以替换或增加疾病相关的等位基因。基因的指令通过非复制性的病毒载体递送到细胞或组织，使得受体细胞能够制造所需的蛋白质，校正剂量，或以某种方式对抗有害基因的产物。

解决与多基因疾病相关的遗传缺陷，如糖尿病、高血压或一些常见的精神疾病，仍然是个难题。遗传学研究已经揭示了许多风险等位基因对常见疾病的影响，但迄今为止还没有在核酸变异水平上产生明确的治疗机会。这些疾病相关变异大多是单核苷酸变异，位于基因组的非编码、潜在调控区域。改变或调节基因调控回路需要组合策略。由于潜在的遗传学基础以及修改单个调节位点的相对便利性（例如，在常染色体显性疾病如亨廷顿病的病例中，关闭破坏性等位基因），单基因疾病的基因开启或关闭已经引起了关注。通过使用可编程核酸酶进行基因组编辑解决单基因疾病的所有致病变异类型，曾经被认为是幻想，现在已经进入了可能实现的领域。

第二代生物技术工具：CRISPR-Cas9 和基因组编辑技术

最简单的生物体——原核生物，以及它们的类生命体捕食者①，在超过 10 亿年前就共同进化出了分子监测和干扰系统。现在，它们已经进入了生物学家的实验室。对原核生物而言，在它们所处的危险环境中应对外部威胁和寄生物，如噬菌体和其他侵入性的移动基因元件（质粒和转座子）是至关重要的。大约从 2002 年开始，微生物学家认识到细菌和古细菌基因组包含一个重复 DNA 序列家族，含有一类叫作"成簇规律间隔短回文重复"的重复 DNA 序列，并将其命名为 CRISPR。[21] 2005 年，几个研究小组发现，在这些 CRISPR 阵列中发现的间隔 DNA 本质上是病毒和质粒序列的拷贝。[22-24] 这一观察是最初的线索之一，也许这些单细胞生物储存了入侵者的 DNA 片段，然后以某种方式利用它们对入侵者进行搜索和破坏。当 CRISPR 相关（Cas）蛋白和 CRISPR RNA（crRNA）在相同的基因组位点被发现时，防御系统的核心元件就进入了人们的视野。遗传实验证明，CRISPR 阵列和 Cas 蛋白对于抵御噬菌体至关重要。[25] 化脓性链

---

① 此处的类生命体捕食者也就是病毒。——译者注

球菌 CRISPR–Cas9 II 型系统通过使用 Cas 核酸酶（Cas9）、两个不同的非编码 crRNA、一个反式激活 crRNA（tracrRNA）和一个核酸酶引导序列 crRNA 来快速破坏噬菌体 DNA。杜德纳和沙尔庞捷 2012 年在《科学》杂志上发表的文章证明，可以通过建立一个双组分系统（由 Cas9 和单个融合指导 RNA 组成）来编辑任意 DNA 序列，一项强大的新生物技术诞生了。

新的 CRISPR–Cas9 系统具备内在的设计简洁性，其直接影响是研究人员可以在哺乳动物细胞中进行实验，工程师可以构建一系列多功能工具。在最早提出的 CRISPR–Cas9 系统中，单个指导 RNA 对 Cas9 核酸内切酶进行"编程"。如图 4–5 所示，RNA 启动了一种序列特异性靶向机制，Cas9 切割 DNA 并留下平端，可以通过细胞 DNA 修复机制或定向策略修复。其他实验室竞相开发新系统，并构想生物学和再生医学的新研究应用。博德研究所的张锋团队率先重新设计了 Cas9 蛋白，用以实现高保真修复，并展示了可以在小鼠和人类细胞中有功能运行的 CRISPR–Cas 系统。[26]

CRISPR 系统是用可编程核酸酶进行基因编辑的第二波技术。早期的方法是基于 DNA 修饰酶的蛋白质工程，以产生兆核酸酶、ZFN（锌指核酸酶）和 TALEN（转录激活因子样效应物核酸酶）。这些系统的可编程特征在于通过将 DNA 识别序列与核酸内切酶活性融合在一起，将 DNA–蛋白结合位点设计到酶中。ZFN 和 TALEN 的蛋白质工程和优化步骤程序通常是困难的：它们消耗了相当大的研究成本，由少数生物技术公司商业化

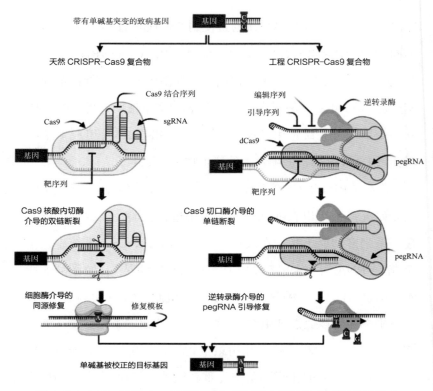

图 4-5　应用可编程 Cas 核酸酶进行模板导向修复的基因组编辑策略

注：相应的基因组编辑技术始于对 RNA 的修饰和融合，需要这些 RNA 将目标 DNA 导入天然 CRISPR–Cas9 复合物（图的左侧）。可编程核酸酶的组成原件包括 Cas9 内切酶和单个指导 RNA 分子，该分子包含 Cas9 结合序列和与感兴趣的基因区域互补的长度为 20 个核苷酸的靶序列。

sgRNA 的结合和 Cas9 的构象变化激活了该酶在原位间隔区邻近基序（PAM 序列未显示）附近位点的核酸内切酶活性，从而在基因中引发双链断裂。该技术的第二个要素是利用细胞 DNA 修复机制来识别双链断裂，并指导酶使用修复模板来执行"编辑"。在这个例子中，基因的疾病形式有一个 C∶G 碱基对（图的顶部），编辑纠正了这一点，留下了一个完整的基因，在相同的位置有一个 A∶T 碱基对（图的底部）。当前的碱基编辑器无法执行此类型的编辑（转换）。遗传和蛋白质工程研发出了缺乏内切酶活性的 Cas9（dCas9），该分子基于其他结构组分而构建，用于执行不依赖细胞 DNA 修复过程的基因编辑。引导编辑器（图的右侧）使用重新配置的指导 RNA，其包含引导序列和编辑序列，以及基因靶向序列（pegRNA）。工程化的 Cas9 含有能在靶基因上产生单链断裂的切口酶；还含有逆转录酶，能通过合成基于编辑序列的新链来执行编辑。

完成。CRISPR 系统的易操作性以及可供人类利用的巧夺天工的原核防御系统阵列（现在已知有 30 多种亚型，还有更多有待发现），已经将整个基因组工程领域变成了生物技术组成中的强大力量。

基于工程化 CRISPR-Cas 系统的基因编辑工具

目标破坏器：可编程的 Cas 核酸酶，如天然 Cas9，通过在目标序列内产生插入缺失来破坏基因组位点。（CRISPR 疗法的第一个基因编辑目标是使用此工具破坏的调控位点。）Cas9 使用富含鸟嘌呤的 PAM 序列 5'-NGG-3'，该序列需要与目标序列紧邻。Cas12a 变异体具有富含胸腺嘧啶的 PAM 序列，用于富含 A/T 的靶标。Cas12a 和 Cas14a 在其非专一性切割单链 DNA 的能力方面也是独特的，其已被开发用于基于 CRISPR 的诊断。几种 Cas9 变体已经被设计出来，以减少脱靶编辑并提高对靶点编辑的保真度（sniper-Cas9、hypaCas9、SpCas9-HF1 和 eSpCas9）或扩展型的靶向能力（xCas9）。基于蛋白质工程的第三个系统 Cas12b 也适用于人类基因组编辑。

DNA 碱基编辑器：一类对转换点突变进行单碱基编辑的编辑技术。这些编辑器是建立在 dCas9 底盘上的，该底盘不引入 DNA 中的双链断裂，并且具有 Cas 切口酶活性，而不是单链切割活性。胞嘧啶和腺嘌呤脱氨酶被整合进 dCas9，用以实现碱基专一性编辑，以提高编辑效率。至少有十几种该编辑器类型是由定向进化设计或创健的。根据目标上编辑窗口的大小和序列上下文偏好，这些编辑器还可以进一步分类（目前仅适用于胞嘧啶碱基编辑器）。

RNA 碱基编辑器：一种碱基编辑技术，用于在 RNA 中引入编辑。人们已经设计了两个系统，其中一个使用 dCas13 和 ADAR2，与进化成胞苷脱氨酶的 ADAR2 融合在一起，命名为 RESCUE。第二个则是基于 RNA 靶向的 Cas9，或称为 RCas9。

引导编辑器：基因编辑器，具有全方位的点突变编辑（转换和易位）和创建小型插入缺失的功能。引导编辑器的工程化是通过融合 Cas 切口酶和逆转录酶来实现的，并且需要一个多组分的指导 RNA（见图 4-5）。

目标整合器：CRISPR 相关转座酶和重组酶可以提供将大 DNA 片段插入或移动到基因组特定位点的能力。新兴工具结合了 Cas 蛋白和转座子相关的组分。此前研究者已经把 ZFN 与位点专一重组酶催化结构域融合，而 CRISPR-Cas 重组酶的融合正在进行中。

人类基因组编辑与临床试验

医学正在进入一个新时代，用于基因组工程的 CRISPR-Cas 工具将用于治疗罕见的、单基因导致的遗传疾病，并改进用于治疗癌症的工程细胞疗法。[①] 有多少疾病可以通过基因编辑治愈，以及有多少疾病缓解疗法将广泛用于满足全球人口的需求，这些

① 用 CRISPR-Cas 系统修复线粒体 DNA 尚不可行，因为难以向线粒体基因组所在的基质区域内递送指导 RNA，该基质区域埋藏在细胞器的双层膜内。

都是未知的。来自专注于基因治疗的生物技术和制药公司的已发布管线、临床前研究和正在进行的临床试验的数据表明，大约有100种针对近50种疾病的疗法正在临床开发的进程中。尽管基因编辑技术在操作上看似简单，但其在医学中的应用涉及安全性、递送、持久性、效率、制造和成本（对患者而言）等诸多复杂因素——所有这些因素都表明，它需要一个与基因治疗1.0开发阶段时长相当的长期实施过程。

有两个安全问题很突出。类似于临床上的基因治疗，对病毒蛋白，以及对潜在的CRISPR-Cas成分本身的免疫反应，仍然是一个主要的安全问题。该领域的大部分机构已经转向使用免疫原性较低的腺相关病毒或慢病毒来进行需要体内给药的治疗。在脂质纳米颗粒中递送遗传物质的能力也大受瞩目，特别是对于脂质纳米颗粒封装的信使RNA，Moderna Therapeutics公司和辉瑞BioNTech公司在针对新冠病毒疫苗的临床试验中验证了其安全性和成功应用性。第二个安全问题涉及可编程核酸酶编辑器的工程精度——所有当前系统在所需位点都有可测量的异常基因编辑率，会产生不可预测的脱靶编辑，这可能会导致基因组重要区域的有害突变，甚至改变整个染色体。据报道，对早期人类胚胎中CRISPR-Cas编辑的初步研究发现，杂合性频繁丢失，这意味着大基因组片段或整个染色体在分裂的细胞中发生缺失。[27]人类胚胎编辑对绝大多数疾病来说显然是无法保证功效的，而且在当前阶段是不道德的。

由于胚胎基因编辑对基因组进行灾难性改变的可能性，人们需要确保在开始干预性研究之前，基因组编辑器应该在模式生物系统和人类细胞中进行广泛的测试。

随着上述问题以及其他问题的出现，人们已经开发了一组二代测序技术来检测脱靶事件，即 GUIDE-Seq 和 CIRCLE-Seq。CRISPR 的脱靶特征源于单个指导 RNA 的靶专一性。进行广泛的筛选和选择高度专一性的指导 RNA，可以规避精度方面的问题。无论是采用体外或体内给药途径，治疗性基因编辑实施的策略实质上与基因治疗应用了同样的递送方法。图 4-6 展示了治疗性基因编辑中涉及的概念、方法和步骤。

在过去的几年中，天然细菌 CRISPR-Cas 系统不仅已被改造，以扩大应用和编辑靶点的范围（包括所有核苷酸置换、靶向缺失或插入），还提高了基因靶向的精度、编辑的保真度和效率，所有这些都预示着其最终会在临床中得到应用。DNA 碱基编辑器的开发及其在哺乳动物细胞中的应用测试展现了未来的道路走向。最初，胞嘧啶碱基编辑器和腺嘌呤碱基编辑器似乎有希望在选定的 DNA 靶点上改变单个碱基，并可能会在临床应用端成为对应的基因编辑工具。但是随着信心的逐渐增强，研究人员也表明，一些碱基编辑器对 RNA 转录物进行了高度混杂的编辑——胞嘧啶碱基编辑器在多个基因的数万个转录物中引起了从胞嘧啶到尿嘧啶的变化。对于腺嘌呤碱基编辑器，研究人员也发现了类似的脱靶 RNA 编辑能力。结果是一个令人惊讶的发现：一个专门用于结合和改变 DNA 的 CRISPR-Cas 碱基编辑器实际上能够结合

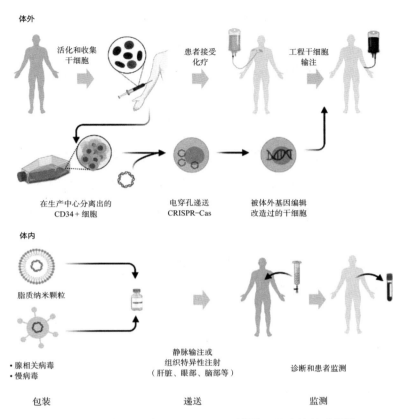

体外

活化和收集
干细胞

患者接受
化疗

工程干细胞
输注

在生产中心分离出的
CD34＋细胞

电穿孔递送
CRISPR-Cas

被体外基因编辑
改造过的干细胞

体内

脂质纳米颗粒

·腺相关病毒
·慢病毒

静脉输注或
组织特异性注射
（肝脏、眼部、脑部等）

诊断和患者监测

包装

递送

监测

图 4-6　面向患者的 CRISPR-Cas 递送工程疗法策略概览

注：当前研究中使用两种常见策略，用以对病人实施基因治疗。

上图：主要用于生成基因编辑的 CAR-T 细胞或造血干细胞和祖细胞的培养。CRISPR-Cas9 成分的递送是通过电穿孔完成的。（图中未展示的部分是，基因治疗试验中无须基因编辑的基因递送使用整合的慢病毒载体完成。）生成编辑干细胞的复杂步骤是在专门的制造设施中进行的。

下图：CRISPR-Cas 组分在体内的递送是通过将 DNA 或 RNA 包装进脂质纳米颗粒或封装在病毒中完成的。所得到的药物制剂通过不同的途径给药，如图所示。

和修饰 RNA。同一个研究小组重新设计了碱基编辑器，构建了目标识别功能，与第一代设计相比，其保真度提高了几个数量级。[28] 随着工程改进和测试的进行，碱基编辑器的临床应用很可能会快速展开。对于基因编辑疗法，就像对于任何小分子药物或生物制剂一样，人们必须建立一个安全范围。潜在的有害基因组修饰需要早期的临床前评估，其中包括覆盖这些工具系统的独特生物活性的基因毒性测试。

基因编辑平台面临一系列挑战，对于给定的基因编辑，人们对相关的细胞 DNA 修复途径、细胞状态和细胞类型仍然了解有限。期望的基因组变化可能会受到细胞状态（静止与活跃分裂）和特定细胞类型的影响。例如，依赖同源修复或编辑序列的 CRISPR–Cas 方法需要优化相关化学组分，以实现最佳治疗效果并避免附带的损害。

得益于利用最新工程化的 CRISPR–Cas 蛋白的各种治疗策略，基因编辑技术在技术成就方面超越了传统基因疗法。用基因编辑策略对抗疾病可以通过以下方式进行，比如纠正单个基因中的点突变，创造新的基因修饰，通过靶向插入或基因敲除来干预基因或基因位点。研究人员还开发了转录控制系统，使用与 Cas 蛋白相结合的转录抑制剂和激活剂。为了对这些辅助蛋白（以及 Cas 核酸酶）进行时间控制，研究人员还设计了可诱导的系统，以通过光活性或小分子开关来进行控制。

第二类方式旨在通过另一个基因来纠正疾病表型，该基因可能通过互补甚至拮抗错误的疾病等位基因来发挥功能。第三类方式利用基因编辑技术来增强细胞疗法（主要是 T 细胞和造血干细胞），例如嵌合抗原受体，这些细胞疗法以前采用了其他基因转移方法。

CRISPR-Cas 基因编辑的临床应用面临着艰巨的挑战，但这并没有阻止一个新的企业家阶层向前迈进。该领域的主要领导者，珍妮弗·杜德纳、埃玛纽埃勒·沙尔庞捷和乔治·丘奇、张锋等建立了创业公司，并开始奠定行业的基础。这些初创公司与行业合作伙伴一起，快速判断技术潜力和行业应用可能性。Cas9 核酸酶在当时已得到较好的理解并可作为基因破坏工具使用，是人类基因编辑一个较为安全的首选。这些公司在 2014—2016 年做出了首批关键决策。几乎所有参与者都聚焦于使用基因编辑手段，以开发对血红蛋白病（即镰状细胞病和 β-地中海贫血）一次性治愈的方法。这两种疾病都是由编码血红蛋白 β 亚基的基因突变引起的。继承一个突变基因拷贝就会产生镰状细胞特征，但该个体通常是健康的；而继承两个突变基因拷贝将导致患者出生后某个时候开始罹患严重疾病，伴随健康问题，包括血管阻塞（红细胞镰状细胞表型的结果）引起的间歇性疼痛、贫血、高血压、中风、器官衰竭，甚至早逝。

2015 年，CRISPR Therapeutics 公司与 Vertex 公司签署了一项研究协议，将镰状细胞病视为一个有前途的试验疗法领域。该疗法依赖于 CRISPR-Cas9 在造血干细胞和祖细胞中破坏精心选择的基因组靶点的能力。最佳的攻击策略是什么呢？生物技术公司蓝鸟生物已经在进行镰状细胞病的基因治疗临床试验，该公司专注于基因替代疗法，试图通过引入一个新的有功能的人 β-珠蛋白基因副本来克服这种疾病，这种基因可以抵消镰状血红蛋白的不利作用。使用 CRISPR-Cas9 系统，可以递送指导 RNA 和 Cas 核酸酶进入干细胞以进行靶向基因编辑，其中细胞同源定向修复通路将纠正有缺陷的 β-珠蛋白序列中的突变。然而，这种方法在同源定向修复通路活性最低的人多能干细胞中无法奏效。那么，最佳选择是利用 CRISPR-Cas9 在基因组位点上产生一个双链断裂，并利用造血干细胞和祖细胞中活跃的非同源末端连接途径通过插入缺失来破坏靶向序列。

另一种治疗策略是提高患有镰状细胞病的成年患者的胎儿血红蛋白水平。人们早已经了解胎儿血红蛋白可以减轻镰状血红蛋白的病理后果。[29] 关于如何在成年人中增加这种蛋白的生成，最近的基因组研究提供了引人入胜的线索。在正常的人类发育过程中，珠蛋白基因依次开启和关闭，首先产生胎儿血红蛋白（该蛋白由两个 α 和两个 γ 亚基组成），然后产生成人血红蛋白（两个 α 亚基和两个 β 亚基）。在出生后，γ-珠蛋白的表达被关闭，β-珠蛋白的表达被打开。有一些罕见的个体，他们共同遗传了导致镰状细胞病或 β-地中海贫血的致病性 β-珠蛋白突变，以及导致称为胎儿血红蛋白遗传持久病症的遗传变异。在这些人中，胎儿血红蛋白水平在成年后仍然很高，他们的症状非常轻微或没有患病。因此，他们遗传了一种禁用分子控制开关的方式，该开关关闭了 γ-珠蛋白基因的表达。人们发现这个"关闭"开关实际上是一种成为 BCL11A 的转录抑制蛋白。受保护的个体在 BCL11A 基因的一个小增强子区域中带有变异，使该基因无法表达。最后一块拼图就位了，为 CRISPR

Therapeutics 公司和 Vertex 公司提供了一种引人注目的基因编辑方法。CRISPR-Cas9 将被编程为破坏 BCL11A 基因中的增强子，用以关闭"关闭"开关，并有望使胎儿血红蛋白在患者干细胞中达到临床治疗水平。使用 ZFN 的 Sangamo Therapeutics 公司和使用 CRISPR-Cas9 的 Intellia Therapeutics 公司采取了类似的策略。Editas Medicine 公司通过 CRISPR-Cas12a 靶向 β-珠蛋白基因位点的启动子序列，采取了一种稍微不同的阻断 BCL11A 的路径。

治疗性基因组编辑作为一种新的基因治疗方法，现在正处于药物批准的第一个风口浪尖。表 4-2 展示了使用基因编辑的临床试验概要。在临床领域，Sangamo Therapeutics 公司的锌指平台的使用要早于可以编辑体内或体外靶点的 CRISPR-Cas 平台的出现。从医学角度来看，Sangamo Therapeutics 公司的一些早期结果令人失望，但该技术通过了关键的安全性评估。该技术在黏多糖贮积症 I 型和 II 型中的应用试验在患者受益方面做得不够，可能是由于剂量不足。而该公司的其他项目因各种原因被放弃。除了基因编辑初创公司之外，其他专门从事细胞治疗的生物技术公司也加入了进来，特别是肿瘤产品方面，CAR-T 细胞正在运用可编程核酸酶进行改造，以增强其免疫治疗作用。这些肿瘤学试验的结果才刚刚浮现，尚未揭示重大的治疗突破。而最大的希望似乎来自血液疾病的治疗。

表 4-2　利用可编程核酸酶进行基因编辑的临床试验

疾病应用	待批准的体外或体内细胞类型	编辑平台	基因靶点	靶点选择原理	临床试验发起者
血液疾病					
血友病 B	肝细胞	ZFN	四因子	基因替换	Sangamo Therapeutics
β-地中海贫血	CD34+HSPC	ZFN	BCL11A	基因调节以增加胎儿血红蛋白表达水平	Sangamo Therapeutics
		CRISPR			CRISPR Therapeutics 与 Vertex
镰状细胞病	CD34+HSPC	ZFN			Sangamo Therapeutics 与赛诺菲
		CRISPR			CRISPR Therapeutics 与 Vertex
					Intellia Therapeutics 与诺华
			HBG1 和 HBG2 的启动子区域		Editas Medicine
代谢疾病					
MPS I	肝细胞	ZFN	IDUA	基因替换	Sangamo Therapeutics
MPS II			IDS	基因替换	Sangamo Therapeutics
ATTRv-PN	体内静脉输注	CRISPR	TTR	基因破坏	Intellia Therapeutics
肿瘤					
急性 B 淋巴细胞白血病	CAR-T 细胞	TALEN	CD52、TRAC	基因破坏与工程 TCR	Cellectis、Servier、Allogene Therapeutics
复发/难治性非霍奇金淋巴瘤	CAR-T 细胞	CRISPR	PD-1、CD19、TRAC	基因破坏与工程 TCR	Caribou Biosciences
			β2M、CD19、TRAC		CRISPR Therapeutics

疾病应用	待批准的体外或体内细胞类型	编辑平台	基因靶点	靶点选择原理	临床试验发起者
肾细胞癌			CD70		CRISPR Therapeutics
多发性骨髓瘤			BCMA		CRISPR Therapeutics
急性髓系白血病			CD123、TRAC		Cellectis
多发性骨髓瘤			PD-1、TCRendo		Tmunity
白血病和淋巴瘤			CD7、CD28		贝勒医学院
胃肠癌	T 细胞	CRISPR	CISH		Intima Bioscience
胶质瘤	CD8+T 细胞	ZFN	白细胞介素 13 Rα2		希望之城国家医疗中心
神经疾病					
LCA 10	体内视网膜注射	CRISPR	CEP290	剪接修复介导的基因恢复	Editas Medicine 和艾尔建
传染病					
人类免疫缺陷病毒 1	CD4+T 细胞	ZFN	CCR5	基因破坏	Sangamo Therapeutics

注：上述临床试验数据截至 2020 年 12 月 15 日，都是美国食品药品监督管理局监管下的在 Clincaltrials.gov 网站中列出的数据。HSPC：造血干细胞和祖细胞；MPS I：黏多糖贮积症 I 型；MPS II：黏多糖贮积症 II 型；ATTRv-PN；遗传性甲状腺素转运蛋白淀粉样变性伴多发性神经病；CAR-T：嵌合抗原受体 T 细胞；TRAC：T 细胞受体 α 基因座；TCR：T 细胞受体。

2020 年 12 月，关于具有潜力的 CRISPR-Cas9 基因编辑有望安全有效地治愈人类疾病的一系列好消息公之于众。在美国血液学会年会上，10 名患者的数据被公开，与此同时，首篇关于用 CTX001（CRISPR Therapeutics 和 Vertex 的治疗药物）治疗两名患者的科学报告发表在《新英格兰医学杂志》上。[30] 从工业界的行业观点来看，试验结果清楚地表明 CRISPR 技术的效果非常好。CTX001 靶专一性的临床前评估检测到零脱靶编辑，并在 BCL11A 增强子位点发现了预期的靶向编辑活性。在这两名患者中，对移植干细胞的分析显示，CRISPR-Cas9 系统以 80% 的频率编辑了增强子位点。但未知问题仍然存在，这就是该水平的基因组修饰是否足以解除"关闭"开关，并开启 γ-珠蛋白基因的表达，来产生足够量的胎儿血红蛋白，以达到治疗效果。

第一批患者的临床数据令人惊叹。在输注的几个月后，两名患者都产生了大量的胎儿血红蛋白。干细胞的持久植入导致了长达 18 个月的持续性胎儿血红蛋白产生。在参与这项研究之前，两人都经历了多次血管闭塞性危险，这些危险在他们接受 CTX001 治疗几个月后被消除。这两名患者此前一直都依赖输血，他们对输血的需求也停止了。其他研究参与者（另外两名镰状细胞贫血患者和 6 名依赖输血的 β-地中海贫血患者）的病程也显示出了类似的剧烈变化。这种基于细菌防御系统的生物技术里程碑式的临床应用，仅在 6 年前付诸实践，目前不仅已经改变了患者生活，也书写了医学历史。

CTX001 有朝一日可能成为一种奇迹型生物技术药物，但它在全球范围内预计只能治愈出生时患有镰状细胞病的 30 多万人中的一小部分。为了保证治愈效果，昂贵的干细胞制造过程和治疗所必需的医院护理将这种新药的价格推高到单个患者百万美元的量级。在撒哈拉以南的非洲，每 4 个新生儿中就有 3 个患有镰状细胞病，50%~90% 的患病儿童会在其 5 岁生日前死亡。尽管镰状细胞病是人类罕见的孟德尔疾病中最常见的病种，但精心设计的生物技术疗法可能无法对非洲或其他一些地方的这种疾病产生影响。令人遗憾的现实是，基因治疗对全球健康的未来影响可能会因财政限制而被削弱。与一些更有效的癌症免疫疗法一样，基于基因编辑的疗法可能仍会局限于富裕国家，或者只是那些拥有巨额财富的人的特权。

拯救生命的生物技术：基于信使 RNA 的疫苗开发平台

如果说生物技术产业能够制造出一种廉价的药物，有可能在出现全球危机期间为数十亿人提供拯救生命的好处，那么这会是一种什么样的情景？在 21 世纪科学界取得的最惊人的成就之一中，基于信使 RNA 的新冠病毒疫苗的快速开发提供了答案。与基于 CRISPR 的治疗方法的快速创新形成鲜明对比的是，围绕信使 RNA 的药物和疫苗平台已经经历了数十年的发展。CRISPR 基因编辑平台的迅速崛起是基于一个独特的洞察，而信使 RNA 疗法的潜力则是在关键创新就位后才开始引起关注的。要开发一种信使 RNA 疫苗，3 项主要创新点必须融合在一起：定义稳定且免疫反应性较低的信使 RNA 分子的化学成分，开发高效的递送系统，以及设计一种能在人类细胞中产生最有效免疫反应的病毒蛋白。

重组 DNA 革命在很大程度上把 RNA 抛在了身后，DNA 在长时间内一直是构建药物和疫苗的基因信息源。中心法则将信使 RNA 作为从基因组流向蛋白质生产的短暂信息中间体。RNA，尤其是信使 RNA，是一种不稳定的大分子，细胞内含有为信使 RNA 降解而构建的机制，在信号从细胞核转运到细胞质核糖体进行蛋白质合成后，相关胞内机制迅速降解信号分析。信使 RNA 典型的半衰期是 30 分钟到 1 小时，其间足以制造几百种蛋白质。信使 RNA 的降解是具备设计性的——信使 RNA 的周转更新是基因表达调控中的一个必要控制点。分子不稳定性的第二个方面存在于水环境中。RNA 更容易发生碱催化水解，使得其包装和递送成为药物制剂的难题。相比之下，DNA 是一种更稳定的核酸，因缺乏 RNA 中可以攻击糖–磷酸骨架的羟自由基而受到保护。由于 DNA 的持久性，它已经从植物、动物和微生物的化石遗骸中被测序，而这些化石中从未出现完整的 RNA。

基于不稳定的信使 RNA 的生物技术平台还必须绕过免疫系统针对外来 RNA 建立的保护。为了有一点儿成功的机会，这些不稳定分子不仅需要完整地进入细胞，而且人工信使 RNA 还必须逃过细胞内的检测。人类拥有强大的先天免疫系统，用以抵御细菌和病毒中的核酸。抗病毒反应由双链 RNA 触发，诱发干扰素介导的炎症反应。模拟自然界的分子的单链信使 RNA 可能会被免疫系统忽视。然而，在 20 世纪 90 年代末，宾夕法尼亚大学的德鲁·魏斯曼和卡塔琳·卡里科发现，当魏斯曼试图使用卡里科实验室合成的 RNA 制造艾滋病病毒疫苗成分时，单链 RNA

会引发强烈的免疫反应。卡里科很失望。她长期以来一直梦想着使用裸信使 RNA 作为治疗方法，但她对于细胞对信使 RNA 产生的反应感到困惑。免疫系统究竟在检测什么？

在接下来的几年里，为回答这个问题，两人开始了实验。已知外来 DNA 和 RNA 的监控和检测由一组被称为 Toll 样受体的蛋白质控制，Toll 样受体是一组高度保守的蛋白，为病原体衍生的分子序列提供模式识别能力。对于 DNA，识别病原体来源的结构基础是一个小的特征分子——一个未甲基化的 CpG 基序（一个胞嘧啶后面跟着一个鸟嘌呤，p 表示磷酸连接）。哺乳动物 DNA 中的 CpG 上下文中的胞嘧啶大多被甲基化，而在微生物基因组中它们是未修饰的。哺乳动物的 TLR9 受体检测到这个 DNA 基序。卡里科和魏斯曼开始研究各种可能性，探索可能引发免疫反应的 RNA 类型。几类 RNA 含有修饰的核苷，其中转运 RNA 含有高水平的假尿苷，这是尿苷的一种异构体，已知可稳定这些分子的三叶草状三维结构。在他们早期寻找线索的实验中，转运 RNA 几乎没有引起炎症反应或树突状细胞的活化。

2002 年，卡里科在单核细胞中建立了一种敏感的检测方法，以测试不同 RNA 结构诱导产生和分泌白细胞介素-12（一种促炎性细胞因子）的能力。最有效的诱导剂之一是合成 RNA，它含有很长一段尿苷，即 polyU。用 polyA 做同样的实验则没有效果。卡里科和魏斯曼随后意识到，修饰信使 RNA 中尿苷位置的核苷可能是减轻或逃避免疫反应的一种方式。在 2005 年发表的一篇具有里程碑意义的论文中，他们证明了使用一系列修饰的核苷或假尿苷合成的 RNA 分子确实可以绕过免疫触发机制。[31]这一洞见为完善基于核苷工程的信使 RNA 平台打开了大门。基于这一想法，两家生物技术公司成立了，它们是 2008 年成立的 BioNTech 和 2011 年成立的 Moderna。革命性疫苗技术的早期种子在那时就已经播下。

疫苗开发项目中的一个关键因素是免疫原的选择，无论它是以灭活或减毒活病毒、病毒蛋白亚基、DNA 或 RNA 的形式，亦或是来自病毒载体疫苗中的基因，免疫原都将呈递给人体免疫系统。20 世纪 90 年代，当艾滋病席卷全球时，美国国家过敏和传染病研究所所长安东尼·福奇被授权成立疫苗研究中心，以推动疫苗技术的创新。在整个行业努力开发有效的针对新型流感病毒、呼吸道合胞病毒以及新型冠状病毒（2003 年的非典病毒和 2012 年的中东呼吸综合征冠状病毒）的疫苗时，开发对抗呼吸道病毒的疫苗显得更加紧迫。福奇的副手巴尼·格雷厄姆领导了一个研究小组，致力于研究高性能中和抗体的结构基础，并使用基于结构的工程化设计来设计抗原，以获得更好的免疫原性。

该小组的一个重要见解来自 2013 年抗体-抗原复合物的可视化，揭示了呼吸道合胞病毒抗体的效力与病毒蛋白前融合形态中发现的表位的关系。[32]呼吸道合胞病毒通过其融合蛋白与细胞膜融合而进入细胞。融合过程导致病毒蛋白构象的改变。如果表位在构象状态变化期间被隐藏或丢失，那么任何依赖于融合后抗原结构的免疫策略都可能不会引发免疫反应。有了这些知识，疫苗研究中心的杰森·麦克莱兰、巴尼·格雷厄姆和他的同事设计了一系列融合蛋白变体作为呼吸道合胞病毒的免疫原。动物实验结果证实了新候选疫苗的效力。这是基于结构的工程方法首次成功应用于疫苗开发。[33]

焦点随后转向了冠状病毒。2017 年另一项成功的研究表明，当时格雷厄姆和他的同事用"2P 设计"修饰了中东呼吸综合征的刺突糖蛋白——将氨基酸脯氨酸放在两个位置上，以再次稳定融合前构象。资金实力雄厚的生物技术公司 Moderna 在剑桥秘密运营，一直在研究基于信使 RNA 的寨卡和流感疫苗。2019 年，该生物技术公司在其改良的核苷技术上取得了相当大的进展，签署了几项制药协议，然后与美国国立卫生研究院疫苗小组建立了合作伙伴关系，致力于尼帕病毒的研究。此时，Moderna 还开发了一种脂质纳米颗粒递送系统，这是将信使 RNA 输送到细胞并在脂质屏障后保持安全的关键。[34, 35] 在德国，BioNTech 也紧随其后，推出了类似的平台，取得了不小的进展。

2019 年底，新冠病毒的暴发即将在世界舞台上考验最新的信使 RNA 疫苗平台。病毒基因组序列于 2020 年 1 月 10 日发表后，研究人员就已经锁定了刺突蛋白序列作为疫苗开发的主要抗原靶点。3 天后，Moderna 的科学家们在理论上设计了一种信使 RNA 分子，该分子合并了中东呼吸综合征冠状病毒的 2P 设计（在新冠病毒疫苗项目中标记为 S-2P）。在 45 天内，Moderna 就已经启动了临床试验，以进行人体测试，疫苗开发进入了一个令人难以置信的快速轨道。BioNTech 与辉瑞合作，以同样的策略使用 S-2P 向前推进。这两家生物技术公司公布了基于信使 RNA

的疫苗令人震惊的 3 期临床试验结果，各自疗法的有效性都接近 95%。信使 RNA 平台取得了惊人的成功，从全球范围内正在开发的 220 种新冠病毒疫苗中脱颖而出。很明显，一切都在走向成功。S-2P 的融合前稳定设计产生了有效的中和抗体，被修饰的、由脂质纳米颗粒包裹的信使 RNA 在细胞中传递了稳定的翻译的信息。同样重要的是，在临床试验或大规模的疫苗推广中，基本上没有证据表明人体对合成信使 RNA 分子有不良免疫反应。在数十年学术基础和政府研究的支持下，生物技术取得了胜利。

信使 RNA 平台在疫苗之外的用途将很快得到测试，目前已经有一些临床试验正在进行。Moderna 有一系列疗法正在开发中，据报道，它与阿斯利康的首次合作涵盖正在开发中的 40 种候选药物。Alexion 与 Moderna 的合作聚焦于罕见疾病。BioNTech、默克、Moderna 和其他公司已经投入数亿美元，将许多癌症疫苗加入临床前开发管线。

从概念上讲，让身体细胞根据引入的信使 RNA 制造蛋白质比重组蛋白质生产或传统基因治疗更具优势。对信使 RNA 治疗而言，生物反应器是正常的生理部位，生产水平由细胞过程控制，从临床疗效上来比较，这些特征有利于信使 RNA 技术路线而不是重组蛋白质技术路线。基因疗法需要 DNA 整合到基因组中，这带来了不可预测的危险。疫苗是信使 RNA 平台初始测试的理想选择，因为只需要一两剂注射。基于蛋白质和信使 RNA 的疗法的缺点是需要持续输注，可能需要终身给药。目前尚不清楚脂质体或信使 RNA 的反复暴露是否会引发不良的免疫反应或产生其他毒性。Moderna 和阿斯利康正在开发一种心脏病药物，通过心外膜注射来输送血管生长因子 VEGF-A。其他信使 RNA 药物的例子包括用于治疗囊性纤维化的可吸入制剂（Translate Bio 公司），以及通过静脉输注用于纠正丙酸血症（Moderna 公司）和鸟氨酸氨甲酰基转移酶缺乏症（Arcturus 公司）编码相关的蛋白质的信使 RNA。

　　生物技术创新引擎已经创造了其他分子工具和策略来纠正遗传疾病。围绕亨廷顿病治疗重新开始的努力就是一个例证。由于亨廷顿病是一种常染色体显性疾病，是一种异常蛋白的单拷贝引起严重破坏的结果，一个合理的策略就是简单地阻止其表达。CRISPR-Cas9（Intellia Therapeutics 公司）正用于破坏亨廷顿病基因位点，基于 Cas9 的 RNA 编辑（LocanaBio 公司）策略用于破坏包含有毒重复序列的转录物。RNA 干扰策略正在针对突变转录物（UniQure 公司的 AMT-130 miRNA，Voyager 公司的 VY-HTT01 miRNA）进行测试，并通过敲除 DNA 损伤反应途径中的一种成分来控制重复扩增（Triplet Therapeutics 公司）。

　　第二代生物技术工具已经为以前无法比拟的精度治疗疾病开辟了广阔的天地。精度的指数级进步是治疗方法朝向工程化发展的结果。随机筛查和选择正被理性设计和采用定向进化的方法取代。这在信使 RNA 疫苗的创造、用于免疫疗法和血液疾病的干细胞和 T 细胞工程，以及用于开发治愈方法和新疗法的人类、动物、植物和微生物基因组的编辑中得以体现。Cas9 和 Cas12a 核酸酶用于高保真 RNA 和 DNA 编辑，这正在创造可以微调其性质的精妙工程化嵌合蛋白。机器学习的使用有助于选择表现最佳的碱基编辑器，计算预测正在推动精准的疫苗学的发展。所有的药物开发都随着生物技术的创新生态系统向前推进。但是进步总是受到人类对健康和疾病中基本生物学过程理解水平的制约。但愿技术创新、计算能力和人工智能工具应用的迭代以及更多的生物学知识，能够激励持续创新，促进对基于生物技术新兴疗法的评价。

第五章
科技巨头进入医疗行业

在 21 世纪，人类面临的最重要和最困难的挑战之一是如何获得医疗服务。新冠疫情等全球公共卫生危机凸显了药物、创新、获取途径、交付方式以及相关经济成本和人力成本的重要性。无论一个国家的公民能否选择私人服务或公共服务，或者都通过全民计划获得服务，服务的提供和医疗系统的维护都是极其复杂和繁重的。在美国，医疗费用的持续上涨导致家庭变得更加贫困，数百万人没有保险，许多患者无法获得基本服务和药物。在供给侧，初级医生被迫采用一刀切的 15 分钟预约模式，几乎没有时间倾听患者反馈或将他们的健康数据输入过时的电子健康档案系统。社会压力和政府政策的变化可能会极大地影响那些长期困扰医疗的因素。改变的另一个途径是通过产业和激励机制的重构来降低成本。当然，创新也有希望——找到更好的医疗服务方式，用更低的成本发现创新药，甚至重建整个医疗生态系统及其技术基础设施。

在过去，科学创新在提升医药公司在医疗行业的重要性和经济价值方面发挥了关键作用。该行业推出了许多治疗方案，覆盖了关节炎、哮喘和咽峡炎等常见疾病，但随着每种新产品的推出，医疗支出也大幅增加。生物医学研究和生物技术的突破推动了药物开发管线的行业进展，带来了新兴市场上的药物创新。此外，制药公司很久以前就完善了"重磅炸弹"药物模式，巩固了对小分子药物化学与标准化药物制造工艺相结合的依赖。尽管药物开发中已经出现了整合基于生物技术的创新、精准医学和生物制品的方向性趋势，但传统的大型制药公司商业模式仍然保持完整，并在已建立的大公司中根深蒂固。

医疗是一个庞大的全球产业，市场规模价值达 10 万亿美元，一部分包括制药、生物技术和生命科学公司，另一部分包括医疗服务，如医院、家庭医疗服务提供商、管理型医疗，以及医疗用品和设备。在美国及欧洲和亚洲的发达国家，药品支出占医疗总支出的 10%~20%。整个制药行业都在积极进行抵制价格控制的尝试，通常通过强调将研究成本纳入价格结构以及对患者的利益进行辩护来为其立场辩护。

治疗慢性髓细胞性白血病的神奇癌症药物格列卫就是一个很好的例子。在 2001 年上市时，该药物的定价为每年 2.6 万美元，在 2015 年专利到期时上涨到每年 12 万美元（该专利被诺华通过额外的专利以及与首个仿制药生产商 Sun Pharmaceuticals 公司的协议延长了两年或更长时间，以延迟仿制竞争）。像格列卫这样的特殊药物是医疗成本增加的最大推动因素之一，在可预见的未来，它将继续作为该行业的赚钱机器。在新冠疫情开始之前，医疗行业的大部分利润仅由 10 家公司取得，其中 9 家是制药商。

制药和生物技术公司 2019 年第一季度的净利润率反映了该行业的典型特征，从强生公司的 18.7%（第一季度收入 200 亿美元）到礼来公司的 83%（收入 50 亿美元）不等。相比之下，药店零售巨头 CVS Health 公司在 2019 年第一季度的收入为 610 亿美元，净利润率仅为 2.3%。美国最大的健康保险公司的利润率也在个位数，同一季度，美国联合健康集团报告的数据为 5.7%，Cigna 公司为 3.6%。制药行业仍然牢牢把控着其定价权和运营效率，这主要归功于专利保护和规模化生产。从长远来看，制药业务在效率层面具有大规模生产的势头，类似于半导体代工厂或汽车制造厂。正如前文所述，现有的顶级制药公司几乎全部成立于 150 多年前，并且它们仍是具有强大竞争进入壁垒的盈利机器。很难看出这种状况在短时间内会发生改变。那么，医疗还能在哪些方面进行变革呢？

在 21 世纪初，似乎没有什么颠覆性的力量可以介入并改变医疗行业及其纷繁复杂的生态系统。这个一成不变的局面需要一股不可阻挡的力量来对抗。这股力量从哪里来？现在回想起来，很明显挑战来自科技领域。21 世纪初的一项巨大趋势是由信息革命引起的产业变革。几乎与此同时，互联网蓬勃发展，移动设备激增，计算变得廉价、虚拟和无处不在。数字商业平台起源于社交网络，一切都表明信息技术是颠覆力量的源泉。在银行和金融、媒体和通信、交通和能源等行业，尤其是零售等行业，数字时代的新技术和新商业模式正在颠覆传统的行业方法。小型创新者和大型数字化企业能够触及大众或为医疗提供商开发服务和产品，这突然成为可能。

数字健康与新的医疗投资领域

随着投资者和企业家设想了一场由技术驱动的医疗应用海啸，大量资本涌入了数字医疗领域以追寻新的机遇。图 5-1 概述了数字医疗技术在医疗行业中的定位。在过去的 10 年里，资金源源不断地涌入，数千个项目得到了资金支持。其中，大部分投资交易是由传统意义上的风险投资和公司风险投资主导的，二者覆盖了数千家公司的 3 000 多笔投资，约占总投资笔数的 80%。[1] 私募股权投资也表现出了浓厚的兴趣（215 笔交易，占比 4.9%），也是最大的交易参与者之一。天使投资团体、加速器和孵化器、对冲基金或资产管理公司、基金会和医疗系统也参与了这个日益狂热的新兴行业。令人兴奋的是可穿戴传感器、移动设备健康应用、远程医疗平台和个性化医疗工具的市场机会。虽然这些交易中有很多涉及设备，但其实很大一部分资金流向了分析和商业软件，这些软件构建了提供商运营管理，为支付方提供理赔、风险指标和其他数据分析的工具。结果显示，数字健康融资的增长远远超过了所有其他领域的风险投资资金总额的增长（166%）和风险投资交易数量的增长（50%）。2017—2020 年，资金继续流入，数字健康的年均风险资本投资为 80 亿~120 亿美元。

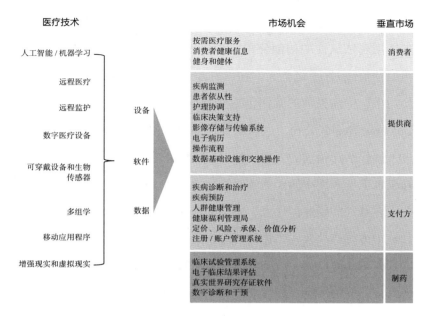

图 5-1　数字医疗技术与应用

> 注：一系列医疗技术（左）正以设备、软件和数据的形式被单独或组合应用，用以创建医疗数字工具。市场应用领域按垂直市场（右）细分，其中存在一些重叠（例如，疾病诊断和预防涉及消费者、提供商和支付方的交叉垂直市场）。

> 多组学：包括基因组学、表观基因组学、蛋白质组学、代谢物组学和脂质组学等分子分析技术。

　　数字健康领域主要由初创公司组成，其中一些公司已经取得了成功，但更多的公司以失败告终。在众多独角兽公司中，有些是不太知名的公司，例如通过人工智能和基因组学为癌症提供治疗指导的 Tempus 公司和新型超声波设备制造商 Butterfly 公司。[2] Flatiron Health 公司则进入电子健康档案领域，它开发了肿瘤学的相关软件并从各种来源获取数据，被罗氏公司以 19 亿美元的价格收购。一个值得注意的独角兽失败案例是 Proteus Digital

Health 公司，这是一家设计可穿戴设备和可吞服生物传感器来支持用药依从性的初创公司。在 2020 年申请破产前不久，该公司的估值超过 15 亿美元。在融资超过 1 亿美元的数字健康初创公司中，中途失败的案例包括 uBiome 公司（微生物组检测）和 Outcome Health 公司，这两家公司都涉嫌可疑的产品宣传。早期进入远程医疗领域的公司，如 HealthSpot 公司，也因商业模型不佳或者市场采用率低而遇到麻烦。

在硅谷的创业世界里，凭借"快速行动，破除陈规"的口号和最小可行产品模式，得到风险投资支持的数字健康公司只有相对较少的几家取得了成功。行业专家指出了战略和执行层面上的失败，但颠覆传统医疗行业的路径还存在许多障碍。例如，精通技术的企业家很难将他们的解决方案整合到现有的医疗技术基础设施中。另一个失败点是试图将第二波互联网公司创立时的过气商业模式应用于当前存在的问题。在今天的环境下，使用类似于 SnapChat（色拉布）或优步模式建立面向消费者的健康应用是行不通的。最后一点是，医生和医疗系统对技术的怀疑始终是阻碍采用新技术的一个巨大因素。

医疗投资的重新活跃不仅限于风险投资支持的初创公司。美国医疗行业的私募股权资本投资大幅增长，从 2000 年的 50 亿美元增长到 2018 年的 1 000 亿美元，增长了 19 倍。2018 年的投资活动涉及各种各样的医疗服务，共有 855 笔交易。仅在 2019 年，私募股权交易规模就超过 4 500 亿美元。私募股权公司采用购买—出售的商业模式，将资本资源和管理专业知识投向被低估或表现不佳的公司，以期获得短期回报。这种私募股权投资的根本目的是追求利润，而不是改革医疗。尽管如此，随着进一步的行业整合，构成医疗系统公司实体的组成结构已经被投资行为改造了。

在医疗领域，新技术和创新业务共同传达了一个含蓄的承诺，即医疗将在许多方面得到改善并有望同时达到两个目标：提供更具可及性的服务以及预防和管理慢性病，这些慢性病花费了医疗成本的90%。

医疗技术创新的驱动因素

以下是医疗技术创新的关键驱动因素的摘要分析。

• 技术有很多机会来解决卫生系统的负担能力、可及性、患者结果数据、医疗质量和患者体验等问题。医疗部门的低效率带来了这些挑战，但这反过来又为创新提供了激励，以解决这些主要问题，并提供以患者为中心的护理，而这些激励可能来自外部，也可能来自现职人员。

• 支付方和提供商面临着降低成本和提高运营效率的巨大压力。现有医疗企业和新进入者有巨大的机会利用创新，改善资产负债表，同时降低医疗成本并提高医疗质量。

• 精准医疗计划正在为新技术创造机会，以实现这种商业模式，并弥合群体医学和个性化护理之间的差距。

• 来自制药公司和诊断实验室的分子分析新型数据流，尤其是在精准医疗应用中，成为越来越强的驱动力。

• 医疗技术投资者和企业正在提供大量资本资源来推动创新。数字健康一直是一种催化剂，投资者看到了围绕患者参与、基于人工智能的分析、基于云的服务和新型护理模式的巨大机遇。

• 医疗行业最大的参与者正在使用并购作为增加新技术储备的策略。围绕电子健康档案，支付方、提供商、医疗服务和技术公司已经收购了各种资产，以加强数据和分析能力。

• 美国《21世纪治愈法案》规定的监管要求为电子健康档案数据的互操作性创造了机会，并提高了数据透明度，增加了消费者的使用权限。

• 世界上最大的技术公司（总部设在美国）正竞相进入许多医疗领域，它们拥有大范围的技术能力、与消费者健康相关的产品和从业人员服务能力。这些科技巨头已经建立了许多战略合作伙伴关系，完成了收购，并开设了新的业务部门，以抓住全球医疗经济的巨大机遇。

科技巨头将成为医疗领域的颠覆者

全球科技经济的规模与医疗行业规模相当，由5家美国公司主导：微软、苹果、亚马逊、谷歌和脸书。其中前4家跻身全球最有价值的5家企业（沙特阿美公司是最大的）之列。2021年初，这些科技公司的总市值为7.5万亿美元。这些科技巨头平均成立30年，但已远超一度统治美国企业的百岁巨擘——汽车制造商通用汽车和福特汽车，以及化石燃料开采公司雪佛龙、德士古和埃克森美孚。以科技为中心的集团已经控制了全球经济的重要部分，领导着媒体（脸书、谷歌）、电子商务和零售（亚马逊和苹果）以及软件（微软）等行业。在科技经济中，它们在云计算领域争夺霸权，目前由 AWS（亚马逊网络服务）、谷歌云和微软 Azure 引领。在这些公司中，哪家能痛下决心，在医疗领域发挥决定性作用？

要回答科技巨头是否有能力进入医疗领域的问题，你需要了解它们是如何在经济的不同领域获得今天的地位的。归根结底，随着时间的推移，这些公司适应机遇，不断演化，最终变成了新的形态。亚马逊最初是一家电子商务零售商，后来将其计算基础设施转变为独立的云计算业务，其当前已经是一家无与伦比的云计算业务服务提供商。苹果电脑公司于 2007 年更名为苹果公司，史蒂夫·乔布斯将该公司转变为一个奢侈品牌，提供超越台式计算机的消费电子产品。谷歌在 20 世纪 90 年代末以互联网的第 18 个搜索引擎进入科技界，远没有具备先发优势。随着时间的推移，它的算法被证明是更优越的，它开启了一种新的商业模式，在其平台上削弱了传统媒体在广告中的分量。10 年内，谷歌和脸书一起垄断了广告技术和数字广告收入。微软是五大巨头中唯一一个相对保有初衷的公司。从 MS-DOS（微软磁盘操作系统）到 Windows（视窗操作系统），微软一直在开发和销售计算机操作软件，现在它统治着消费者和企业的生产力软件王国。亚马逊、苹果、字母表（谷歌的母公司）和微软对医疗行业表现出了相当大的兴趣，并在健康和医疗应用方面进行了巨额投资。这些科技巨头建立（和控制）的信息技术行业所具有的商业不可知性意味着跨界到几乎任何行业对于它们都是公平的游戏。那么，技术和科技巨头能解决医疗领域的所有迫切需求吗？答案是肯定的，但是也有条件，只要它们不从事医疗实践，而只扮演提供商的角色。

以迈向家庭护理的趋势为例。这些科技公司拥有面向患者的护理模式中几乎所有相关方面的支持技术。每家科技公司都有语音识别技术——亚马逊的 Alexa、苹果的 Siri、微软的 Cortana 以及谷歌巧妙命名的谷歌助手。通过移动和智能家居设备，消费者可以与护理人员互动。患者门户网站和移动设备上数以千计的医疗或健康相关应用程序促进了沟通。远程医疗、可穿戴设备、智能服装、边缘计算、手持设备、药物和服务交付，所有这些都有科技成分，与科技公司平台的连接组件可以使其嵌入医疗保健系统。这些年轻的公司都拥有勇气、全球影响力和可以对医疗产生深远影响的技术。对其中一些科技巨头来说，它们与消费者的关系可能是在提供产品和服务以及引领医疗行业转型方面能走多远的决定性因素。

字母表：通过谷歌和其他押注将触角伸向医疗领域

在科技巨头中，字母表在医疗领域拥有最长的历史和最多元化的战略。从隐私权角度来看，它也是最可怕的。谷歌令人难以置信的技术基础设施、人工智能能力和对组织世界信息的不懈追求似乎将使医疗数据和健康记录成为该公司医疗长期战略的核心组成部分。桑达尔·皮查伊，字母表公司和谷歌公司的首席执行官，在 2020 年达沃斯世界经济论坛年会上重申了医疗对该组织的重要性。[3] 皮查伊认为，该公司可以利用医疗行业已有的强大隐私法规来推进其愿景。对于科技巨头能否赢得消费者、卫生组织和其他利益相关者的信任，从而实现医疗经济的科技驱动转型，这将是关键。

谷歌首次进军医疗领域源于一个患者健康记录项目，该项目于 2006 年悄然开始，2008 年正式启动，命名为谷歌健康。该项目的想法是为消费者提供一个可以在其中存储、搜索和共享个人健康数据和医疗记录的门户网站。该服务未能在更广泛的消费市场中获得关注，项目于 2012 年关闭。微软的 HealthVault 产品以及许多其他承诺提供安全、基于网络的健康记录存储和组织的初创公司也遭遇了类似的失败。问题部分在于时机——消费者的兴趣和准备程度，而不是谷歌的服务本身。谷歌的主要产品，包括谷歌搜索、谷歌地图、Gmail、谷歌云、安卓，当然还有谷歌广告，都非常成功。1998 年，谷歌的联合创始人谢尔盖·布林和拉里·佩奇着手以原创的、创造性的方式开拓信息技术的新领域，而像谷歌健康这样的探索性项目从一开始就是谷歌 DNA 的一部分。他们是充满远见的人，谷歌健康只是众多健康试点项目之一。

字母表对医疗行业的信念最初源自谷歌 X（现简称 X），这是一家在 2010 年左右由创始人秘密建立的"登月工厂"。布林和佩奇在其实验室中培育了引人注目的大胆项目，这与硅谷传统的企业研究实验室几乎没有相似之处。自动驾驶汽车项目"司机"是最早的项目之一，由机器人专家和人工智能先驱塞巴斯蒂安·特龙领导。谷歌 X 中诞生了"谷歌大脑"，该项目由杰夫·迪恩、吴恩达和格雷格·科拉多领导，开发了深度学习能力。还有一家生命科学公司 Verily，在 2015 年谷歌重组为字母表的一部分时，这家公司成了集团的医疗业务主体。

Verily 与卫生组织和制药公司建立了许多合作关系，为临床研究和临床试验开发了数字工具。这项活动主要围绕基线项目展开，该项目旨在提供评估纵向人口健康研究的工具，在 2019 年与诺华、赛诺菲、大冢制药和辉瑞签署了协议。

另一个合作伙伴关系是使用 Verily 的分析工具部署德康的 G7 葡萄糖监测设备。Verily 还与谷歌大脑的研究人员合作，帮助推出其人工智能驱动的糖尿病视网膜病变诊断工具。截至 2021 年初，Verily 通过巨额融资轮证明了其成为医疗保健领域重要参与者的远大计划，累计融资总额已达 25 亿美元。Verily 的业务已经扩展到医疗保险平台、慢病管理、与 Onduo[①] 合作的糖尿病研究项目，以及放射学、免疫学和数字外科内部研究项目。

战略投资也在助推字母表在医疗市场上的雄心。比尔·马里斯于 2009 年创立谷歌风投，组建了生物科技子公司 Calico，并为其投资下注。该公司聘请基因泰克公司的资深人士阿特·莱文森进行抗衰老研究，并开发衰老相关疾病的潜在治疗方法。在过去的几年里，谷歌风投已在医疗领域投资了 Foundation Medicine、Genomics Medicine Ireland、Editas Medicine、Gritstone Oncology、

---

① Onduo 是 Verily 与赛诺菲创办的一家合资公司。——译者注

Flatiron Health 等公司。除了谷歌风投之外，字母表还有自己的企业风险投资部门和另外两个投资部门可以下注：专注于人工智能的 Gradient Ventures 和独立增长基金 CapitalG。庞大的投资基础为母公司提供了重要的监控网络，让其能站在前排有利位置观察拥有最新技术和商业创新的健康和科技初创公司的新想法的发展、突变和实现。

字母表通过并购为这个医疗保健领域的巨人描绘了前进道路上最清晰的图景。2014 年底，该公司宣布计划收购 DeepMind 公司，以加强其人工智能技术的投资组合。字母表资助了 DeepMind 昂贵的研发工作，并赋予其很大的自主权，但随后在 2018 年收购了该子公司的医疗产品。第二步是在 2014 年以 32 亿美元收购 Nest 公司（由谷歌风投投资），以一种独特的方式将谷歌带入家庭。Nest 的业务活动，尤其是在 2018 年收购 Senosis Health 公司，表明字母表及其子公司将 Nest 智能设备定位为家庭数字健康解决方案的一部分。Senosis Health 设计了移动健康监测应用程序，将其软件产品与 Nest 设备和谷歌语音助手技术整合，以成为家庭健康支持设备。2021 年，谷歌以 21 亿美元完成了对 Fitbit 公司的收购，这让字母表有了一款可与苹果手表竞争的可穿戴设备，并在健身和健康类别中领先于亚马逊的 Halo 产品。另一个隐秘的举措是 2016 年对 Apigee 公司的收购，字母表由此得到其 API 管理平台。虽然 Apigee 的技术被认为是为了将谷歌云平台与亚马逊面向企业客户的 AWS 区分开来，但它的技术可能会改变医疗保健领域互操作性的游戏规则。

谷歌健康于 2018 年在新的领导团队治下重振，再次强调医疗数据在其计划中的核心作用。其与 Ascension Health 公司合作时，患者数据泄露事件（一些谷歌员工可以访问个人健康信息）引发了广泛关注，这为了解其战略提供了一个窗口。谷歌健康的产品开发和商业化努力包括一个医疗数据平台，其目标不仅是改善 Epic 等健康记录系统中的记录搜索，还是提供健康数据基础设施层。与加州大学旧金山分校的另一项协议旨在允许谷歌免费访问数据，以测试对某些类型健康记录的分析。一款名为 Streams 的临床助手应用还在开发，由 DeepMind Health 公司提供。谷歌健康研究团队将从收购 Fitbit 中广泛受益。在使用 Fitbit 的设备后，该团队的临床研究可以扩展到心血管、睡眠和呼吸道健康领域。

谷歌云现在提供了一系列工具来组织健康数据和医学研究信息，用人工智能技术解决医疗问题，并处理大型电子健康档案系统中的数字健康数据。谷歌云的工程师们已经创建了一个基于人工智能的扫描临床笔记的工具，其称为医疗自然语言 API。配套产品 AutoML Entity Extraction 为临床医生提供了机器学习工具，用于搜索相关信息的记录并获得医学上的洞见。这些工具吸引提供商使用谷歌云和谷歌云医疗 API 服务，尽管用户可以绕过这项服务。它们也是亚马逊 HealthLake 业务的直接竞争对手。

谷歌及其子公司 Verily、Calico 和 DeepMind 已在医疗领域树立了旗帜。字母表的各种元素汇集了临床硬件、临床决策支持系统和临床研究、卫生系统基础设施软件、分析工具和数据库以及新的应用软件、医疗设备和可穿戴设备。通过 Fitbit，该公司已经进入了美国 27 个州和联合健康等大型保险公司的 40 多个医疗保险优势计划。任何一个普通的观察者都会注意到字母表围绕医疗所做项目的深度和多样性。然而，到目前为止，该公司的主要收入几乎完全来自广告业。2020 年第一季度，谷歌报告的广告收入为 409 亿美元；所有其他下注项目的收入总和加起来只有 1.35 亿美元。我们目前尚不清楚，是什么促使母公司建立了专门关注健康的业务。目前的商业模式似乎不太适合与围绕健康领域的消费者互动或为提供商提供运营服务。只有时间能证明一切。

苹果公司：消费技术与医疗的融合

如果放眼未来，回顾过去，那么你会问"苹果对人类最大的贡献是什么？"——答案将是关于健康的。

——2019 年 1 月，苹果公司现任首席执行官蒂姆·库克

（接受 CNBC 电视台吉姆·克莱默采访时）

推动苹果成为世界上第一家市值万亿美元公司的技术和经济力量，与谷歌建立在互联网搜索算法基础上的广告平台形成了鲜明对比。史蒂夫·乔布斯将苹果电脑从一家硬件公司转变成了苹果公司——一个消费奢侈品牌，一个向其众多拥趸提供耀眼产品和狂热用户体验的消费奢侈品牌。苹果围绕用户对其产品的喜爱和信任以及保护用户隐私的企业导向建立了自己的声誉和用户忠诚度。与谷歌、脸书和亚马逊不同，苹果并不依赖于将用户数据和

内容发送到云端而实现变现的方式。在对比数据隐私实践和商业模式时，两大科技巨头——苹果和谷歌，处在光谱的两端。在苹果位于加州库比蒂诺环形路 1 号的宇宙飞船式总部的走廊里，硬件和软件工程师与痴迷于产品工程和设计的公司高管聚集在一起工作，而不是把搜集和分析信息作为主要业务。因此，苹果从一个完全不同的角度来看待医疗，主要从消费者的角度来看待机会。

苹果现任首席执行官蒂姆·库克的上述言论表面上看令人惊讶。如果医疗是苹果在对人类持久贡献方面的一个理想抱负，那么它为什么要花这么多精力制造最好的袖珍相机，而不是医疗设备或癌症检测算法？迄今为止，苹果尚未涉足美国国家食品药品监督管理局监管的医疗设备、远程医疗或健康支付领域。其最明显的战略举措是在 iPhone 和苹果手表产品中加入大量吸引健康用户的功能。与此一致的是，该公司过去 20 年的并购活动表明了寻找和整合增强相关产品技术的强烈承诺。苹果最近几年收购了 Xnor.ai、Voysis、NextVR 和 Curious AI 公司，为 iPhone 和各种增强现实或虚拟现实产品增加了新的人工智能能力。在苹果公开披露的任何交易中，它没有明显表现出向医疗或其他行业以及垂直领域的增长或扩张的追求。苹果在手机和计算设备之外的未来产品路线图似乎围绕可穿戴设备、增强现实和虚拟现实以及自动驾驶，同时涵盖了智能家居、网络安全和媒体。

苹果对健康的关注始于 2014 年，当时在 iPhone 和 iPod Touch 设备上加入了苹果的健康应用程序。虽然这个时间点相对于移动和数字健康领域稍晚，但这是否真的意味着落后？毫无疑问，由于开发者、消费者和健康从业者的热情，苹果的健康应用程序被开发出来，然后与其他核心手机应用程序放在一起。这些人群开发创建了自己的应用程序，并放在苹果的应用程序商店中。消费者已经表明了健康行业应该是苹果要征服的新领域。

移动应用程序开发的便利性成为将各种医疗相关的创意带入个人设备、经济体以及主流意识的"超级高速公路"。iPhone软件开发工具包于2008年3月6日发布，实际上标志着移动健康的诞生。具有讽刺意味的是，2009年出现在苹果应用商店中的一款医疗应用名为Health Cloud，由iPhone开发者创建，该应用使谷歌健康用户能够通过谷歌API在苹果产品中访问和查看他们的电子医疗记录。在2009年iPhoneOS 3.0发布的预演中，苹果负责iPhone软件的高级副总裁斯科特·福斯特尔已经预料到苹果可能很快会为医疗设备提供一类新的服务。通过蓝牙技术或USB连接，新的iOS可以让应用程序开发者同步来自医疗设备的数据，比如血压监测器或心电图记录仪。作为宣传噱头，福斯特尔邀请了强生子公司Lifescan的一名员工上台，演示如何将启用蓝牙的血糖监测器信息远程发送到iPhone上运行的糖尿病管理应用程序。从那以后，医疗和健康应用在苹果平台上的增长呈现了惊人的速度。根据Statista（一家数据统计公司）的一份报告，自2008年创建医疗类别并引入应用商店以来，医疗应用的数量从82个增加到2020年的46 608个。[4]苹果的产品团队和商业策略师显然没有忽视消费者对健康监测、饮食和运动跟踪以及医疗支持的需求。

苹果公司的首席运营官杰夫·威廉姆斯是健康团队的负责人。他是苹果手表开发背后的关键人物。当苹果意识到其以手表作为时尚配饰的营销活动没有效果时，他大力将产品转向健身方向，推动传感器和算法的开发，增强可穿戴设备的保健功能。这一策略取得了成功，销售额激增，部分原因可以归于与睡眠跟踪、心率监测、心电图、除颤以及最近的血氧感应相关的应用程序，它们将该产品与健康和健身更紧密地结合起来。苹果还为iPhone 和手表上的开发者提供了新的软件开发工具包：HealthKit、ResearchKit（医学研究和临床试验）和 CareKit（连接患者和提供商），用于创建与健康相关的应用。对医疗来说，这是一个巨大的胜利，因为一个世界级的产品开发商正在将带有服务的数字健康产品推向大众市场。

苹果医疗战略的另一部分是允许所有的客户通过 iPhone 直接连接到电子健康档案。苹果似乎在这方面做得比谷歌好得多，并为消费者提供了多种安全途径来访问他们的个人健康信息。健康应用程序已经有一个健康记录选项，用于将个人连接到其健康系统。苹果与 Athenahealth 公司，以及电子健康档案最大的两家提供商 Cerner 公司和 Epic 公司达成了医疗记录访问协议。医疗服务提供者也可以将实验室测试结果、治疗计划、药物使用记录或其他数据直接发送到患者的设备上。苹果拥有 15 亿台活跃设备，覆盖超过一半的美国人口，接入这些复杂的电子健康档案系统，可以控制整个医疗系统中医疗信息的流动和存储，这使得苹果在医疗方面处于令人难以置信的主导地位。

虽然苹果面向消费者的产品天然适合大众，但该公司正在与医疗价值链中的其他利益相关者合作。这包括与健康保险客户（如 Aetna 公司和 UnitedHealthcare 公司）、私人医疗保险公司、Medicare Advantage 计划以及制药公司（如礼来公司和强生公司）合作。保险公司已计划以优惠价格提供苹果手表，作为为客户提供的一种福利——这是苹果在吸引保险公司及其受益人方面的一次胜利。苹果还通过其子公司 AC Wellness 为员工提供健康诊所。

由于传感器的质量进步和 iPhone 在临床研究中的多功能性，苹果公司的医学研究工作已经加速。一个标志性的例子是与斯坦福心血管健康中心合作的苹果心脏研究，该研究在 8 个月内招募了多达 419 297 名参与者。[5]这项研究旨在通过不规则脉搏监测来检测房颤，使用 iPhone 和苹果手表作为设备，加上 ResearchKit 的工具来招募参与者。蒂姆·库克告诉《财富》杂志，ResearchKit 对研究界是免费的，以支持大型临床研究。强生公司目前正在使用苹果的房颤检测器进行临床研究。杜克大学和斯坦福大学的合作者也开始了研究，以评估苹果产品长期监测慢性病的效果。

鉴于苹果的产品生态系统和消费者覆盖范围，令人惊讶的是，该公司没有利用它在进入医疗其他领域的竞争优势采取更大胆的措施。公司可能对在群体规模上寻求用户生成的健康数据感到犹豫，而这些数据对于对预防医学产生影响是必需的。出于可能影响苹果品牌的数据隐私方面的担忧，公司可能会放慢步伐。可以理解的是，相比于谷歌或亚马逊，打造存储和分析如此海量数据的基础设施并不是该公司的技术强项，或者苹果可能在谨慎地远离监管机构，因为医疗政策和卫生系统在快速演化。

在所有科技巨头中，苹果有可能在医疗领域实现真正颠覆性的创新，成为以患者为中心的去中心化医疗模式背后的推动者。与其与集中式基础设施、整体式电子健康档案系统和自上而下的医疗管理方法竞争，苹果可以成为维护数据隐私和将患者-医生（或护理团队）关系置于中心的试验场。通过在可穿戴设备和物联网设备上使用苹果的人工智能和软件技术，个人数据可以在本地进行分析和解释，并通过使用区块链或加密方法与指定的医疗支付者和提供商共享结果。提供商反过来可以从支付者和其他组织那里请求诊断结果、财务和福利信息或其他数据。这种去中心化的模式将使提供商成为医疗服务的集成点。对已经超负荷工作的医生和员工来说，这是一个强大但更繁重的角色——如果有精心设计的苹果产品和服务，那么这一角色可能会变得容易得多。其他领域的去中心化运动，特别是旨在重组社交网络、新闻媒体和银行系统的运动，很可能会波及对隐私问题更为关心的医疗领域。

亚马逊：将物流提升到一个新的水平，以提供医疗保健

作为一家公司，我们最大的文化优势之一是接受这样一个事实：如果你要创新，你就会造成颠覆。既得利益者是不会喜欢这种变化的。

——2011 年，杰夫·贝佐斯接受《连线》杂志史蒂文·利维的采访

1994 年，杰夫·贝佐斯辞去了对冲基金分析师的工作，驾车

穿越美国，寻找融资来支持他的商业设想——一家名为亚马逊的在线书店。贝佐斯并不是第一个开展电子商务业务的人，但他的远见卓识意味着零售业将发生改变。贝佐斯一次又一次使用创新的商业实践而非超级复杂的技术来规划接管全球经济的大片领域。亚马逊的"超能力"在于解决庞大的问题并以如此大的规模配置巨额的资本资源，以至于没有其他组织机构想尝试这样的举动或有胃口与这家强大的公司竞争。在传统的公司董事会中，可能会产生的巨额运营亏损和多年的不确定性不是寻求竞争优势的常规策略。决策程序框架一般是这样的：我们能以最小的投资和最低的风险建立的最大优势是什么？而对亚马逊来说，解决其他人无力解决的大问题是其一贯的行动计划。事实证明，为客户提供无摩擦的购物体验，以低成本和免费送货的方式提供各种可以想象的商品，成本高昂，该公司花了 20 年时间才充分实现相关收益。亚马逊首个盈利年份是 2003 年，当时其净收入只有 3 500万美元，总营收为 52.6 亿美元。[6] 在接下来的 15 年里，亚马逊不懈地投资、建设和发展基础设施，2018 年净收入超过了 100亿美元，而当年其在美国的零售额达到了惊人的 2 580 亿美元。那一年，该公司占领了 49% 的在线零售市场份额，几乎单枪匹马地加速了所谓的零售业末日。几乎可以肯定的是，亚马逊是唯一一家将雄心、资源、消费者影响力和信任结合在一起，有可能成为医疗领域伟大颠覆者的科技巨头。

亚马逊所做的许多长期投资体现了该公司对客户的执着，并且与医疗保健领域高度一致。例如，创建零点击（基于语音）、一键购物、两小时送达和源源不断的推荐产品流等用户体验，为其客户带来了切实的好处。因为对客户的奉献，公司得到了丰厚的回报。贝佐斯在 2018 年宣布，全球有 1 亿人注册了亚马逊 Prime 会员，大约一半的美国家庭加入了会员计划。[7, 8] 亚马逊已经侵蚀了大型零售巨头沃尔玛的市场份额，并正在其平台上与谷歌竞争产品搜索。亚马逊在仓库、信息技术、物流和客户关系管理方面的投资使其有别于所有其他科技巨头。亚马逊持续的长期基础设施投资带来了另一个巨大的商机——通过访问遍布全球各地的数据中心的服务器群实现网络访问计算。该公司早在 2004 年就开始向开发者提供工具，随后是存储（亚马逊 S3），然后是 2006 年的计算（亚马逊 EC2）。到 2020 年，云计算市场规模价值 2 500 亿美元，而亚马逊占据了最大份额。[9] 在科技巨头中，亚马逊的 AWS 拥有超过 50% 的云计算业务，远远领先于微软的 Azure 和谷歌云。AWS 业务现在占亚马逊营业收入的一半，在 2020 年创造了 400 亿美元的收入。凭借其云计算服务的优势，亚马逊可以有效地进入任何经济领域，包括医疗，其中的 IT（信息技术）基础设施需求和监管要求非常高。

亚马逊通过云计算合作和服务、药店相关收购以及创建亚马逊员工医疗诊所，在医疗领域取得了几项明显的进展。2019 年宣布的合作案例之一是它与电子健康档案提供商 Cerner 的合作。Cerner 希望成为医疗领域的软件即服务平台，为其系统中每天登录并访问医疗记录的 300 万名提供者服务。该公司也在其处理的海量健康数据中看到了商机。与亚马逊的合作为 Cerner 带来了商业上的胜利，并为 Cerner 提供了 AWS 的机器学习平台亚马逊 SageMaker。Cerner 利用亚马逊的人工智能技术创建了一个框架，使其能够使用匿名患者数据为客户构建预测模型和算法。AWS 现在通过一项名为亚马逊 HealthLake 的服务来做到这一点。这一概念旨在将各种临床相关信息转化为可通过预测分析和机器学习模型分析的形式。

医疗数据有各种格式，从药物、医疗程序和诊断代码的临床标记信息到非结构化数据，如医生的临床记录、实验室报告和处方信息。所有这些不同的数据类型在医疗领域都很常见，且无法被机器学习工具直接解析。过去，卫生系统雇用人员手工管理信息，或者依赖过时的光学字符识别系统，这些系统速度慢且容易出错。人工智能可以使用自然语言处理算法从这些记录中提取信息。当信息数据被检测和存储时，它们就可以被索引并以适当的格式结构化，从而允许搜索查询和供机器学习算法使用。AWS 正在接触保险公司、医疗提供商和制药行业，通过提供新的工具和人工智能基础设施来扩大亚马逊在医疗领域的覆盖范围。

亚马逊正好处于医疗数据爆炸和数字化转型的中心位置。高通量基因组学和医学成像数据的蓬勃发展与 AWS 推出的时间大约相同。与此同时，健康记录的数字化给卫生系统带来了巨大的存储问题，其中搜集、归档和管理来自运营系统的临床数据（诊断、影像、健康档案、移动应用数据和护理中心）和非临床数据至关重要。随着时间的推移，亚马逊基于云的管理模式及其一系列存储设备使该公司成为医疗 IT 系统架构设计的核心参与者。

2018 年，亚马逊宣布与摩根大通和伯克希尔-哈撒韦成立一家名为 Haven 的合资医疗公司，以探索解决处方药的可负担性、保险和更有效的初级保健服务的新模式。这家新企业从未启动，并于 2020 年突然关闭。对于其失败的原因有各种各样的猜测，亚马逊此前对在线药房 Pillpack 的收购似乎是导致 Haven 失败的重要因素。以 10 亿美元收购的 Pillpack，现在被称为亚马逊药房，预示着亚马逊在医疗领域的雄心。进入处方药物输运领域的举措使该公司与沃尔格林、沃尔玛和 CVS 等老牌公司展开了直接竞争。另一个重大举措是创建亚马逊 Care，最初它是因为要给西雅图的员工提供初级保健和处方药而成立的诊所。该公司已与 Crossover Health 公司合作，从达拉斯开始，在亚马逊物流中心附近的多个地点试行其初级保健模式，并可能为 10 万多名员工提供方便的医生和其他医疗服务。亚马逊 Care 和亚马逊药房似乎正在融合，成为零售巨头进一步融入医疗行业的基础。

亚马逊组装开发了额外的组件来补充其以零售为基础的战略。亚马逊 Halo 是其中首款由该公司内部开发的健康产品，用于与其他健身和健康监测器竞争。这款无屏幕设备可以搜集大量健康数据，类似于苹果手表和谷歌的 Fitbit。Halo 具有身体脂肪成分检测、基于语音的积极性分析、睡眠以及活动检测和跟踪的功能。由于市场上已经有 20 多款健身追踪器，因此亚马逊在 2020 年推出这款产品时似乎不太注重主导可穿戴市场，而更多地关注长期战略。结合家庭中的亚马逊 Echo 设备，Halo 为零售和健康建议带来了另一层连接。该公司还在提供商方面采取了行动，收购了一家数字健康初创公司 Health Navigator，该公司为临床决策支持和诊断提供工具。

凭借其庞大的物流和广泛的消费者覆盖范围，亚马逊处在一个强有力的位置，并正以一种与谷歌、苹果或美国现有医疗保健系统不同的方式运营。在零售方面的专长和对客户的关注使这家科技巨头以不同的视角进入医疗领域，提供比较购物服务及便捷的商品购买和护理服务，所有这些都与其客户的行为和生活方式相关联。它通过 Alexa 驱动的智能设备连接到世界上最大的计算基础设施和物流运营系统，为居家场景提供便利。毫无疑问，Alexa 和基于云的服务也将在医疗中心和医生办公室内使用。亚马逊已经通过其仓库和运输基础设施将医院、诊所与医疗用品连接起来。如果亚马逊 Care 扩展到以员工为基础的项目之外，它可能会在全美各地开设诊所——可能是通过收购 460 家全食公司门店的规模，使它们进入许多当地社区（以及另一个物流中心）。亚马逊不太可能涉足药物制造或临床试验，但在其他领域，该公司可能会通过保持在交付和服务方面的优势地位，为医疗带来重大变化。

最后疆域的回声

科技领域与医疗保健在多个层面交会，从为设备开发微芯片到向消费者、保险公司和卫生系统提供服务。当前时代的另外两大科技巨头微软和脸书，并不是彻底改变医疗行业或运营基于医疗的特许经营业务的强有力竞争者。尽管微软正在 Azure 的基础上构建健康数据管理系统，但该公司没有一个社交平台或产品作为患者或消费者的立足点。此外，脸书拥有世界上最大的社交平台——脸书本身和 Instagram（照片墙），每天与超过 10 亿人互动。该公司提供的免费服务是现代生活的一部分，并且完全满足于为目标用户提供其他服务以达到广告目的的商业模式。脸书的技术实力旨在用更好的商业工具建立其媒体帝国，而医疗行业似乎与该公司的运营模式不太契合。微软与 IBM、甲骨文和其他公司一起，在商业上与其他科技巨头竞争其医疗行业 IT 支出的份额，但它没有明确的目标或明确的路径来将医疗确立为其以企业为中心的软件帝国的支柱。IBM、Salesforce 公司和 SAP 公司在范围上也受到类似的限制。其他涉足健康领域但医疗实施计划不太理想的主要科技公司包括英特尔、高通和三星，它们是计算机硬件和移动设备制造商，与苹果和谷歌有竞争关系。

　　21 世纪的科技巨头具备许多以转型方式解决医疗问题的要素。图 5-2 展示了苹果、亚马逊、谷歌和微软在医疗领域各自的定位。这些科技公司通过硬件和软件、数据科学和历史上无与伦比的人工智能，调用了惊人的计算能力。它们在数据处理上的熟练度是对数据密集型医疗以及预测和预防医学的完美补充。与拥有数亿个客户账户的金融机构、保险公司、电信供应商或能源公司不同，这些科技巨头将类似规模的消费者触达与有形参与结合起来，提供与健康和医药直接相关的产品和服务。值得注意的是，

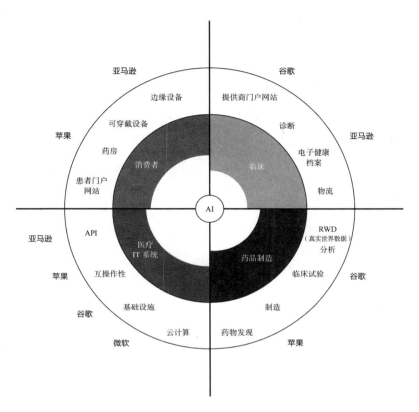

图 5-2　科技巨头与医疗行业——整个行业的竞争定位

注：科技公司在医疗领域的 4 个主要象限中占据一席之地，为产品和服务带来不同的技术能力和竞争优势。在这种视角之下，市场被分为消费者、临床、药品制造和医疗 IT 系统 4 个部分。人工智能技术在这些细分市场中的应用程度由内环的大小来反映。外环显示了能够影响每个细分领域中可以影响医疗服务交付的一系列技术。四大科技巨头——亚马逊、苹果、谷歌和微软的当前定位显示在图的周边。

医疗领域历史最悠久的公司，如制药公司，只与消费者或患者有间接关系。科技公司可能会开始蚕食制药公司的领地，因为它们在消费者行为定位、更有利的公众信任（至少与制药公司相比）和奢侈品牌影响力方面具有优势。

科技巨头进入医疗保健领域的目标并非直接提供医疗服务本身，而是提供服务、产品和高效交付，同时促进卫生系统护理模式的创新。其中一些公司已经参与到数字健康、数字医学和数字治疗领域的扩展中。谷歌、苹果或亚马逊的工程思维不会创造《星际迷航》科幻小说中的杀手级软件应用程序或医疗三录仪设备。技术驱动的组织最终将有助于制订解决方案，以消除推进更好的社会医疗保健的障碍。

第六章
生物学和医学中基于
人工智能的算法

未来的医生不会给患者提供药物，而是指导患者如何护理身体、调整饮食，并阐释疾病的起因和预防。

——托马斯·爱迪生

1903 年

如果我们允许有缺陷的机器代表我们做出改变生活的决定——允许它们确定谋杀事件的嫌疑人、诊断病情或接管汽车方向盘，我们就必须仔细考虑当事情出错时会发生什么。

——汉娜·弗莱

2018 年

对人类生物学的更深入的理解以及由新技术导致的社会变革正在驱动现代医学快速转型。医学知识和服务在互联网上的传播导致了医疗服务的供给从单一机构向更分散的模式转变。21 世纪，这一宏观趋势正在席卷生活的方方面面。医院和医生曾经对医疗信息和医疗决策的铁腕控制正在发生变化，部分原因是上述趋势的发生以及行业对以更低成本提供更高质量医疗保健的要求。如果幸运的话，这一转变将导致全球范围内公共卫生的显著改善。在这种背景下，个性化医疗已经生根发芽，影响着药物开发及医生与患者的互动，并且促进了医疗保健的消费化。个性化医疗的概念涌现于大规模人群的 DNA 测序研究，这些研究揭示了个体基因组变异的深度和复杂性。有了相关新知识，医学证明了一刀切的诊疗方法是不合理的。这种必要的转变导致了对个人临床历史、社会经济和环境条件、独特的基因组特征以及对治疗的生理反应更全面的看法和认识。

因此，医疗行业正在克服障碍，以期达到个性化护理的新水平。为了实现这一目标，分子诊断和数字健康技术成为获取个人医疗数据的主要工具。无论是获取肿瘤分子特征的基因组学技术，还是测量心率或血糖水平的可穿戴传感器，支持个性化医疗的技术正在引领医疗行业的发展。

人工智能在广泛的行业中取得的成就或预期的成功，与医学领域已经取得的成就和预期情况形成了鲜明对比。[1] 医疗行业似乎是唯一一个对人工智能不太欢迎的"神圣领域"，无论是对医疗从业者还是对普通公众来说都是如此。社会接受手机和应用程序使用面部识别技术，允许使用个人信息来获取电影、电视节目和产品的推荐；期待基于人工智能的银行欺诈活动监测，并且越来越熟悉聊天机器人、机器人柜员以及许多基于人工智能运作的产品。很快就会有自动驾驶汽车、送货无人机、基于人工智能系统的军事指挥中心和外交谈判。那为什么不让人工智能博士成为家庭医生、急诊室里的分诊护士、脑外科手术的首席外科医生或者新生儿重症监护病房中负责监测婴儿的实体呢？最近的一项研究调查了波士顿和纽约的 200 名学生，询问他们是否愿意接受计算机给出的准确度与训练有素的医生相当的医学诊断。[2] 答案通常是否定的，原因并不是他们不相信人工智能的准确性。主要原因是没有面孔的人工智能无法理解个人拥有的独特性或"个性化"疾病。具有讽刺意味的是，医疗人工智能与个性化医疗的趋势不一致，而个性化医疗的转变趋势已经全面展开。未来将医疗人工智能整合到临床中需要关注到人类在个人健康决策和护理中带来的独特属性。医生对人工智能在医疗实践中的作用抱有同样的疑虑，他们还担心被取代，就像工厂工人无助地与机器人竞争一样，机器人可以全天候工作，并以惊人的速度和效率运行。人类拥有的医学训练、真实世界经验以及同理心和智慧是对医生将在医疗行业消失这种预测的强力反驳。

关怀某人的健康具有深刻的私人属性，以及人与人之间的信任关系都在对抗这种理想化的观点，即人工智能在医疗行业中将处于中心地位。目前，医学领域有关人工智能的焦虑大多围绕着机器最终能否在医学诊断的各个方面超越人类的问题。在诊断任务中，如在 X 光胸片中检测结核病或癌症，专家医生与训练有素的人工智能模型的测试表明，这些数据驱动的算法使用深度学习，可以达到甚至超过人类水平的准确性。深度学习系统走得更远并超越当今性能的障碍可能是其无法理解上下文并进行推理。

这些算法究竟能内置多少常识和直觉呢？

医学培训本质上是一个长期的学徒制，在此过程中，医生变得擅长鉴别和诊断病情。10年的培训加上多年的临床经验造就了特别擅长运用启发式方法进行快速情况评估的医生。正如斯克利普斯转化科学研究所所长和联合创始人、《深度医疗》的作者埃里克·托普所指出的："当医生在不到5分钟的时间内得出诊断结果时，他们有95%的准确率，这是一种不可思议的能力。"丹尼尔·卡尼曼称这种快速、直觉式的认知技能为系统1思维，它避免了仔细、理性分析所需的深思熟虑的系统2思维方式。对于不太确定的临床情况或表现，医生必须依靠诊断推理。临床诊断过程设计通过评估患者的当前症状和临床病史、体格检查、考虑相关阴性以及随后审查实验室或诊断成像结果来识别或确定疾病或症状的病因。医生可以访问几个诊断支持系统，以提升他们快速缩小搜索范围的能力。广泛使用的症状检查器算法有 Isabel（symptomchecker. isabelhealthcare.com/ ）、Medscape consult[3]、Simulconsult[4] 和 HumanDx。所有这些都采用搜索缩减策略（决策树、贝叶斯网络等）来提供可能的诊断。

直到最近，经过测试的机器学习工具完全依赖于关联推理，它们搜索症状和疾病之间的相关性，以得出诊断结论。只有少数模型是使用因果机器学习来构建的，这是一种令人兴奋的新方法，它将反事实推理作为诊断算法的一部分。通过反事实推理，算法可能会寻找替代解释来解释结果，提供"如果"情景的概率。例如，算法可以评估一个反事实，考虑到给定症状，将细菌感染作为患者神经状况的一种合理解释。里琴斯和他的同事设计了一项研究，比较了44名专家医生、一个关联模型和一个使用反事实算法的因果模型的诊断能力。结果表明，他们的因果模型优于关联模型，在专家医生队列中排名前25%。[5] 因果机器学习方法在用于诊断方面的开发才刚刚开始，像 Babylon Health 这样的初创公司及其在英国的合作者处于最前沿。

为了在主流医学诊断中发挥核心作用，人工智能还有大量的算法和关键推理工作要完成。下面的临床实例可以说明直觉和经验如何结合起来，以达到医疗诊断和护理决策点。

现实世界中的医疗诊断：人工智能面临的挑战

考虑一个52岁的男性，表现出疲劳、轻度认知障碍、睡眠问题和易怒的症状。这是一组相当模糊但非常令人担忧的症状。他的医生知道他在30多岁和40多岁时酗酒和吸毒的过往。如果这种情况继续下去，这个52岁的男性现在可能面临肝硬化的风险。快速的精神检查证实了患者有潜在的大脑功能障碍。在数百种大脑疾病或称脑病的病因中，医生怀疑是肝性脑病，这是一种由肝硬化引起的疾病。但是他的诊断基于排除其他神经原因。如何解释这些症状呢？对于肝硬化患者，诱发因素可能是电解质紊乱、药物治疗、胃肠道出血或感染。肝硬化时肝脏的逐渐破坏使该器官不能通过将氨转化为尿素，供肾脏排出，以清除氨。循环中升高氨（NH_3）可能具有神经毒性，并导致脑病。根据这一推测，医生要求进行血液氨测试（尽管这不是肝性脑病的诊断性测试，但可能会提供指导），临床实验室结果显示氨水平已处于高氨血症范围，这是一种可能导致永久性脑损伤的严重状况。此时，医生将患者收入医院，并立即开始用清除氨的药物进行治疗。

在一个拥有基于人工智能的医疗急诊室的医疗系统中，机器能做出诊断吗？首先，会话式人工智能要足够好，以促成患者和医生间的对话，以揭示患者是否真的受到损害，是否喝醉了，或者是介于某两者之间的状态。接下来，人工智能代理需要访问临床记录，并将其与肝硬化联系起来，将患者引导到抽血中心，然后评估临床实验室报告。人工智能如何排除其他病因？未能迅速应对此类状况可能会导致永久性脑损伤、昏迷或死亡。这种诊断的重要性在于，为什么医生们设想了数百万患者身上反复发生的此类情景，仍没有接受技术乌托邦主义者的超人人工智能医疗场景。

尽管有这些警示性的例子，但人工智能仍是医疗行业未来的核心技术。人工智能能力的加速，特别是深度学习在图像识别任务方面的神一般的性能表现，已经促使记者、人工智能专家和一些畅销书作者预测，医生有一天可能会被人工智能系统取代。人工智能在生物学和医学中的应用在诊断学方面有一个天然的归宿，其中模式识别和分类算法可以发挥它们的超能力。令许多人感到可怕的部分，并不是人工智能在幕后测试和基于图像的诊断中的应用，而是在医学诊断中的应用。

如表 6-1 所示，研究界正在快速和兴奋地测试与改进整个应用范围的算法。就在几年前，用作医学人工智能试验台的主要数据类型在很大程度上局限于 X 射线影像，这是一种适合计算机视觉算法的数字原生图像格式。如今，人工智能模型的数据来自医学和分子诊断领域的几乎每个角落。

表 6-1　基于人工智能的算法在医学中的应用现状

数据类型	临床应用	治疗领域	预测 / 模型
X 射线			
X 射线	治疗指导	骨关节炎	疼痛敏感性[6]
X 射线	诊断	骨科	骨折检测[7]
X 光检查	筛查	癌症	乳腺癌[8]
计算机断层扫描	诊断	神经病学	诊断神经系统疾病[9]
磁共振成像			
脑部磁共振成像	预后	癌症（神经胶质瘤）	生存预测[10]
脑部磁共振成像	诊断	多发性硬化	识别来自卷积神经网络的预测因子[11]
脑部磁共振成像	预后	多发性硬化	预测病程[12]
视频			
结肠镜图像	诊断	胃肠消化道	息肉检测[13]
病理切片			
苏木精和伊红染色全切片成像	诊断	肝	肿瘤分类[14]
活组织检查	诊断	癌症（弥漫大 B 细胞淋巴瘤）	肿瘤分类[15]
活组织检查	诊断	前列腺癌	分级活检[16, 17]
苏木精和伊红染色区段	诊断	神经病学	神经系统变性疾病分类[18]
活检全切片成像	诊断	乳腺癌	Ki67 标志物分类[19]
心电图			
12 导联心电图	诊断	心脏病学	节律分类[20]

数据类型	临床应用	治疗领域	预测 / 模型
电子健康档案数据			
电子健康档案数据	患者分层	无	疾病分型 [21]
电子健康档案数据	预后	肾脏病学	术后结果 [22]
临床小插曲	医疗诊断	全部	诊断准确度 [5]
分子数据			
DNA 甲基化	诊断	癌症	癌症分类 [23, 24]
DNA 序列	诊断	癌症	癌症分类 [25]
多模态数据			
电子健康档案和成像	诊断	肺血管疾病	肺栓塞的检测 [26]
病理切片和临床基因组学数据	治疗选择	癌症（肺）	免疫治疗的患者分层 [27]
病理切片和分子标志物数据	诊断	癌症	肿瘤分类和突变检测 [28, 29]

认识癌症的面孔

细胞和组织，皮和骨，叶和花，是物质的各个组成部分，正是遵循物理定律，它们的粒子才能够移动、重构和排列。它们也逃不脱"上帝总是进行几何化"这一规则。它们的形态问题首先是数学问题，它们的生长问题本质上是物理问题，形态学家因此成为物理科学的学生。

——达西·汤普森

《生长和形态》，1917 年

导致细胞不受控生长和肿瘤转化的基因变化在癌症的每个生

物学层面上产生了一系列特征。在生物体的一生中，环境破坏和代谢损伤会在DNA上留下疤痕，例如单个碱基甲基化状态的变化，这是可以在整个基因组中观察到的最小的分子改变。现在被认为是癌症先兆的这些表观遗传变化，其实通常在肿瘤形成的10年前就发生了。最终，DNA突变累积，使得致癌驱动因子操纵癌性基因程序，首先产生RNA拷贝数改变和转录组重塑的表现；随后通过触发的机制出现染色质重塑和染色体水平的修饰变化，如端粒DNA维持，以逃避正常生长的程序控制。癌性生长的特征主要是细胞形状和大小的形态学变化，以及导致组织中产生特征性肿瘤微环境的持续细胞重组。在同类最大的一项研究中，基于基因组和转录组分子数据对10 000个肿瘤样本进行的分类显示，癌症类型与组织学和组织类型密切相关，主要由来源细胞决定。[30]这为把分子实体与形态学特征的联系引入人工智能，特别是计算机视觉，提供了一个入口，因为它们的模式识别能力可以应用于癌症检测和分类任务中。

在肿瘤学中，诊断成像通常是筛查的第一步，它为许多癌症提供了明确的诊断，包括那些起源于脑、肺或乳腺组织的癌症。出现脑恶性肿瘤迹象的患者将首先接受磁共振成像检查，以检测肿瘤的存在和位置。如果手术是一个候选项，那么通过活检检查细胞可以辅助得到更精确的诊断和治疗计划。后续正电子发射层析术或CT-PET（计算机断层成像-正电子发射层析术）可以提供关于肿瘤进展和潜在治疗的额外信息。最后，分子诊断测试可以用于精准确定具有治疗或预后价值的生物标志物。在乳腺癌中，成像在筛查和诊断中起着核心作用，这两个步骤都通过乳房 X 光检查来进行。在某些情况下，诊断可能通过额外的超声或磁共振成像来增强或确认。阳性结果将导向活检，以评估肿瘤生长是侵入性的还是非侵入性的，并作为揭示一系列预后因素的起点。对组织活检进行的组织病理学用于确定重要生物标志物的状态（存在／缺失），主要是 HER-2、雌激素受体和孕酮受体。额外的基因组测试可以通过基因突变联合检测进行，比如来自 Genomic Health 的 OncotypeDx。在晚期、转移性、难治性或复发性癌症中，分子检测将用于进一步指导治疗，并与血液检测结合来评估肝肾功能、免疫功能（全血细胞计数）以及可能影响治疗方案的一些病毒（乙型或丙型肝炎，或者新冠病毒）的存在。因此，诊断过程涵盖了从体检中的粗略观察到基于高分辨率图像的异常生长检测和细胞级肿瘤分类的所有范围。再加上详细的分子特征描述，这为个性化干预策略提供了原理指南，并有助于监测治疗的反应和疾病的复发。

深度学习作为一种工具在医学领域显示出了极大的潜力，肿瘤学家已经开始对人工智能系统如何用于临床路径的每个关键步骤进行深入评估。将人工智能诊断支持工具整合到临床实践中需要克服的第一个障碍，是证明医生的决策能力因人工智能而提高，而不是无意中受到阻碍。斯坦福大学的吴恩达、珍妮·沈及其同事在 2019 年沿着这个思路完成了一项重要的研究（2020 年发表）。他们提出了一个问题，即人工智能助理将如何影响具有不同专业水平的病理学家的诊断表现？ [14] 该团队通过巧妙的研究设计发现了启发性的结果。他们开发的深度学习算法很强大，但缺点可能是太有说服力了。这项人工智能决策支持技术旨在帮助病理学家从标准的、全幅的、用苏木精和伊红染色的原发性肝肿瘤组织切片的图像中区分肝细胞癌和胆管癌。该模型本身在 80 张切片的独立测试集上实现了 0.842 的平均准确度。在测试中，4 组病理学家被要求在有或没有人工智能辅助的情况下评估 80 张切片。在交叉设计中，每位病理学家在没有辅助的情况下检查 80 张切片中的一半，在有辅助的情况下检查另一半。经过两周的清洗期（旨在消除对切片/数据的短期记忆）后，将切片的辅助顺序颠倒后再次评估。

　　该研究模拟了数字病理学家的工作流程。在视觉检查和评估之后，病理学家选择了切片上的一个区域，然后将扫描图像上传到基于云的系统中来运行预测算法。系统返回了肝细胞癌或胆管癌的预测概率，病理学家可以在辅助模式下使用这些信息做出最终判断。在 4 个研究组中的 3 组（胃肠专科医生、非胃肠专科医生或学员）中，人工智能助手的使用提高了 11 位病理学家中 9 位的准确度水平。当研究人员更仔细地查看数据时，他们发现当人工智能模型做出正确的判断时，使用辅助的病理学家得出正确诊断的概率是那些不使用辅助的病理学家的 4.3 倍。然而，令人吃惊的是，当人工智能预测错误时，该支持工具让病理学家做出正确判断的概率不到 1/3。因此，在诊断环境中使用人工智能工具的困境是，它可能会导致医生因为信任有说服力的智能机器而推翻他们本身的良好判断（见图 6-1）。

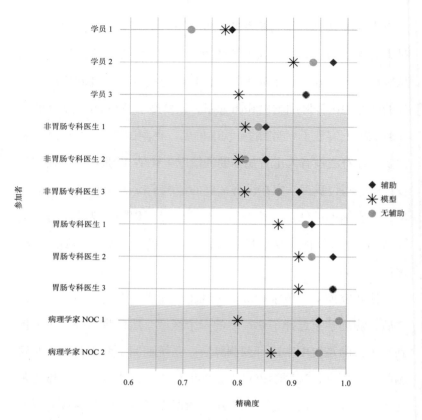

图 6-1　辅助对个别病理学家诊断绩效的影响

注：每位病理学家的平均诊断准确度（考虑 80 个全切片图像实验的集合）被绘制如下：圆形（无辅助）= 无辅助病理学家的准确度，星形（模型）= 单独模型的准确度（基于病理学家选择的输入补丁），以及菱形（辅助）= 病理学家在模型辅助下的准确度。

对肿瘤学家来说，另一项艰巨的任务是在诊断测试确定存在转移性癌症后，预测患者的寿命。准确地提供预后对预测护理需求非常重要，特别是围绕终末期癌症的可怕前景，对患者和家人做出决定非常重要。人工智能预后模型的开发和测试才刚刚开始，临床研究人员希望改进早期的统计模型，因为这些模型在估计生存时间方面不如医生准确。

关于人工智能预测模型开发，重要的第一步来自迈克尔·根斯海默及其同事进行的一项大规模研究。[31] 该团队首先使用了斯坦福医疗保健系统 Epic 中 2008—2020 年拍摄的 14 600 名转移性癌症患者的电子病历档案数据，训练了一个具有神经网络架构的机器学习模型。在这些记录中，他们向网络输入了一个 3 813×1 的特征向量。这来自护理提供者的笔记和放射学报告中提取的预测变量（作为预测变量的单词，n=2 562；其他实验室数值，n=319；生命体征，n=4；等等）。这项研究在 2015—2016 年招募了 899 名转移性癌症患者。在医院期间，放射肿瘤学家估计了患者的预期寿命，研究团队比较了这些医生、机器学习模型和传统模型预测的生存期。他们使用称为接受者操作特征曲线下面积（简称 AUC 或 AUROC）的标准性能指标进行分析，分析显示，机器学习算法（0.81 AUC）优于医生（0.72）和传统模型（0.68）。

考虑到研究变量的复杂性和医生的丰富知识，如果证明一种算法通过输入一系列电子病历档案数据，在许多情况下可以提供比有经验的医疗专业人员更好的预测，那么这将是一项了不起的成就。然后问题出现了，由临床决策支持工具产生的这种预测如果不准确，可能就会损害患者或使医生的治疗预后更差，正如前文所述的肝癌场景中发生的情况，也不清楚在顶级学术性医院的环境中观察到的转移性癌症的预后表现是否适用于其他地方（例如，在电子健康档案的记录不太可靠和护理标准不同的环境中）。

回答这些重要问题，需要在前瞻性临床试验中进一步开发算法和评估基于人工智能的决策支持框架。

基于基因组特征深度学习的肿瘤分类

前文显示出人工智能技术在肿瘤学临床应用中取得的进展和挑战。基于卷积神经网络的成像技术应用已经主导了人工智能驱动的肿瘤分类领域。一些最令人兴奋的新领域在于，人工智能仅通过分子分类即可预测肿瘤类型。通过人工神经网络处理 DNA 甲基化数据、转录组特征和基因突变的技术正在取得进展。一种综合诊断方法即将实现，该方法结合了组织病理学和分子数据，

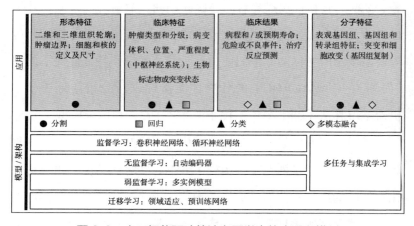

图 6-2　人工智能驱动算法在医学中的应用和模型

注：深度学习方法已经取得了进步，可以应用于各种数据源，提取医学和生物学重要特征（如表 6-1 所述）。图上方总结了 4 种主要应用。图下方提供了用于应用程序算法开发的相应模型和架构。具有卷积神经网络架构的监督学习已经主导了分割和分类算法的开发，用于与检测细胞和核边界、肿瘤和疾病状态分类以及利用分子图谱中发现的高维数据进行表征学习相关的任务。迁移学习和多任务学习对利用生物数据开发新模型非常重要。在需要跨数据模式集成的应用中使用多模态融合模型。

以更准确地对肿瘤进行检测和分类。图 6-2 显示了这些类型的研究和临床应用，以及它们如何与人工智能模型和架构交叉。

表观基因组研究已经从能够将 DNA 甲基化模式与肿瘤类型相关联的算法方法中受益。一个国际研究团队完成了一项引人注目的研究，他们使用全基因组 DNA 甲基化芯片，展示了人工智能揭示大范围脑肿瘤的表观遗传特征的力量。在研究开始时，他们从 2 801 个肿瘤样本中提取 DNA，并用因美纳仪器对处理过的 DNA 样本进行甲基化分析。该团队的目标是全面研究组织学肿瘤类型，以定义一个参考队列。这是通过使用无监督学习和监督学习来识别模式和特征，以用于后续分类来实现的。

结果令人印象深刻。该算法发现了 82 个基于甲基化的类别，揭示了许多新的、未被怀疑的或以前未被识别的肿瘤类型，并且它能够细化已知的肿瘤亚型分类。仅在脑肿瘤甲基化组的基础上，人工智能技术能够捕获所有的组织学类别（胚胎、胶质母细胞瘤、胶质-神经元、间充质等），并且毫无疑问地表明了综合组织学和表观基因组学方法的诊断潜力。为了评估临床价值和与病理学家的一致性，研究人员对 1 104 例试验病例测试了该方法。对于 60% 的病例，机器推导的分类与人类专家一致。在另外 16% 的病例中，差异在于人工智能系统指出了病理学家未能明显识别或在当前脑肿瘤分类方案中未被认可的亚型分类。因此，诊断一致性在 75% 左右，12.5% 的病例存在分歧。但是，当这些样本通过其他基因组方法进行全面分析时，92.5% 的基于机器的分类被证实是正确的。

这项大型回顾性研究的结果对分类算法和 DNA 甲基化图谱如何用于临床试验并最终在临床环境中使用具有明确的意义。准确的分型将使得临床试验标准化，这些临床试验通常是多中心的，由不同的病理学家对肿瘤进行识别和分级。一项前瞻性临床研究正在德国进行，以完善和验证用于分类儿童脑肿瘤的基于人工智能的诊断工具。这项以表观遗传学为重点的研究重申了增加分子特征（已经在一些脑肿瘤评估中完成）的重要性，这将增加临床决策的价值。然而，由于成本和数据集成细节，一种新的相当复杂的工作流程不太可能轻易实施完成，病理学家也未准备好中断他们的标准显微镜检查工作流程。

第二种基于基因组的肿瘤分类方法在概念上类似于甲基化分析策略，是由一个团队使用全基因组测序数据在 2020 年提出的。[25] 研究人员试图解决的临床问题是，分布在整个基因组中的结构或序列变异集合——一种分子特征，是否可以作为肿瘤类型的准确代表。由于驱动突变只是肿瘤中发现的预期突变的很小一部分，潜在的特征将主要由伴随突变组成。研究者从代表 24 种癌症的 2 606 个肿瘤样本中获得了全基因组测序数据，并用于训练一系列机器学习模型进行分类。与预期相同，高性能模型是一个深度学习神经网络，在一个独立的验证数据集上显示了 91% 的准确性。当在一个独立数据集上测试时，原发性肿瘤的分类准确率为 88%，转移性肿瘤的分类准确率为 83%。研究人员还进一步探索了分类能力的来源，最具信号性的特征是那些来自单核苷酸变异和包含伴随突变的小型插入缺失。驱动突变和大的结构变异对提高辅助分类性能几乎没有影响。DNA序列变异和肿瘤类型的惊人发现强化了体细胞伴随突变和DNA甲基化特征编码"起源细胞"状态的观点，这是肿瘤类型和临床表现的最强决定因素。

当然，基因组测试和分子图谱对医学、肿瘤学或解剖病理学家来说并不是新鲜的概念。其应用进展缓慢的主要原因是每次测试的成本过高和将结果反馈给医生的时间周期过长。基于特定标志物的分子诊断通常用于个性化治疗，例如识别肺癌EGFR（表皮生长因子受体）基因和某些黑色素瘤BRAF基因中的致癌突变。如果显微镜仅从细胞形态就能识别这些类型的突变呢？甚至更进一步，人工智能能否通过图像来推断基因型？相比于生物学中更常见的从基因型到表型的探索，这是一种重大的逆转。在结直肠癌中，这一概念已有先例，其中微卫星不稳定性标志物与形态学变化密切相关，且一些检测被批准用于诊断。[32, 33] 2020年，几项重要的范式转变研究揭示了基于深度学习的计算机视觉算法的非凡能力，这些算法将被训练并用于构建多用途诊断，有可能通过基于图像的基因测试和完全整合的方法，作为未来诊断领域改变游戏规则的替代方案。

在可用的癌症成像和分子图谱数据集上测试算法方法和网络架构的便利性加速了对影响癌症生物学的所有细胞机制的探索。首批此类研究评估了从组织学切片预测狭窄或单一类分子变化的算法。[34] 在使用形态学特征预测分子状态的众多研究中，检测癌症DNA突变始终展示出远大的前景。作为首批此类研究之一，由纽约大学研究人员领导的团队使用来自 NCI 基因组数据共享的一系列图像，仅使用图像数据作为模型输入来预测非小细胞肺癌的突变。[35] 该模型使用谷歌的 Inception v3 架构所构建的神经网络[36]，适用于多任务分类，并能够以合理的准确度确定一组 6 个基因（从 10 个基因中筛选）的突变状态。最好的性能来自基因 STK11（0.85），新算法可以显著预测其他重要的癌症驱动基因状态，如肺腺癌中的 TP53、KRAS 和 EGFR。

这项工作的结果首次明确展示了深度学习卷积神经网络可用于从图像反向获取对组织病理学诊断有用的遗传信息。这项任务要求很高，因为肿瘤组织呈现高度异质性，且不同基因的等位基因频率在不同的肿瘤类型中有所变化（在本例中为肺腺癌和肺鳞状细胞癌）。除了技术成就之外，这项工作还揭示了形态学特征集合可以与单个基因相关联，即使这些基因编码的蛋白质产物本身不是明显的结构成分。实际上，这些被识别出来的基因中的大多数是编码信号转导级联通路的组成部分，它们对形态学的影响是通过调节数百个协同作用于细胞生长的基因来实现的。

纽约大学的团队还创建了一个深度学习分类器，以区分肺癌类型和正常组织。该系统对正常组织与肿瘤的分类几乎是完美的（AUC 约 0.99，参见表 2-2，关于肺腺癌和肺鳞状细胞癌的类似工作），展现了迁移学习范式在生物数据分析中的强大能力。一种常见的做法是在 ImageNet 上预训练模型，或使用从数据集上表现最佳的参数集中获得的网络参数。通过这样做，从自然图像或其他图像中学习到的特征可以迁移到另一个领域，比如生物学。潜在的基本前提是统计强度是跨任务共享的。不管图像来自哪个领域，这些网络的低层将捕捉不特定的相似特征（边缘、斑点、轮廓），这些特征不是特定用于训练数据和应用，而是在一般的感知任务中反复出现。迁移学习的一个重要的实际结果是，训练需求减少，需要更少的图像来为感兴趣的任务调整模型。Inception 架构的另一个好处是它非常适合组织成像，因为它具有各种分辨率的卷积模块，允许在不同的尺度上捕捉特征。

鉴于通过组织病理切片预测分子细节的成功，研究人员已经开始探索将形态特征与更复杂的转录组或表观基因组特征或图谱相关联。事实证明，这些模式同样可以通过深度学习策略实现。广泛的 RNA 序列（转录组）数据集可通过 GTEx 门户网站（www.gtexportal.org/home/）或 GDC 数据门户网站（portal.gdc.cancer.gov/repository）向研究界提供。来自切片和转录组的信息可用于对组织、癌症亚型和其他疾病状态进行分类。这些整合策略的美妙之处在于解释力很强：特征可以直接与基因联系起来，通过共享同一组织或癌症等细胞状态中的基因的共同特征进一步理解。

根据逻辑判断，人工智能技术下一步的目标是探索表观基因组对细胞形态的影响。DNA 甲基化或组蛋白修饰对细胞形态的影响是强还是弱？这些信号存在于哪里？一项针对 TCGA 队列的研究为如何解决这些问题提供了清晰的路线图，其中胶质瘤（342 名患者）和肾细胞癌（326 名患者）提供了可用的甲基化和成像数据。[37] 正如早期大规模 DNA 甲基化分析工作所预期的那样[23]，机器学习方法可以用于检测 DNA 甲基化谱与从整个切片图像中提取的特征之间的关联。该过程首先需要在一个接一个的基因图谱阵列中推断甲基化状态，然后将 DNA 甲基化状态（DM）值的阵列放置在患者（行）基因（列）的矩阵中。形态学特征是通过传统的图像处理技术提取的。与肺部研究类似，其采用了多任务学习框架，其中每个基因都是一个"任务"，每个基因特征都是一个多变量分类问题的变量。研究人员应用了几种机器学习模型，通过使用这些特征来预测 DM 值。

2020 年 7 月，两项独立研究同时发表在《自然·癌症》杂志上，为数字病理学开辟了新天地。[28, 29] 研究表明可以训练单一的深度学习算法来预测多种癌症类型中的分子变化（称为泛癌症分析）。余孚（Yu Fu）和他的同事们使用了 Inception V4 架构[38] 和迁移学习来构建泛癌症计算组织病理学工具：PC-CHiP。该策略利用一组 1 536 个特征对 28 种癌症类型进行分类，并预测生存率、基因突变和基因表达谱。另一个国际团队遵循不同的技术路径，通过多任务学习和端到端计算工作流程来解决泛癌症分析问题，从组织学病理图像预测 4 组分子特征。这些临床研究的结果令人赞叹，用深度学习系统的技术打造出不仅能够跨越广泛的癌症类型，还能通过切片单独分析出不同类型分子变化的能力。这两项研究的结果主要是由深度学习驱动的，为肿瘤的形态学和所有癌症类型中存在的潜在分子特征之间的联系提供了进一步的证据。

几家生物技术初创公司已经进入了计算医学这一具有挑战性的领域，研发用于肿瘤学的临床决策支持系统或人工智能辅助仪器。乳腺癌似乎是这些前沿技术的首要应用领域。用于治疗指南和选择的临床决策支持系统一直是一个重点，旨在增强医生在会诊期间的决策能力。一些团队已经基于多种模态建立了预测模型，其预测的一部分基于全面代谢途径分析。鉴于患者肿瘤的"组学"特征，这些系统可以精确指出细胞缺陷或相关代谢途径，而对这些缺陷或代谢途径的不了解可能会降低一线治疗的有效性，导致时间损失和更有效的治疗方案的推迟。这些算法可以生成替代标准治疗的疗法建议，以及提供各种化疗方案下的肿瘤生长预测。

Cellworks Group 是一家一直积极开发代谢途径和人工智能临床决策支持工具的公司。该公司在美国临床肿瘤学会年会（2020）上发表的摘要显示，"Cellworks Singula™ 报告使用新的 Cellworks 组学生物学模型模拟细胞信号以及药物与辐射对疾病细胞数字模型产生的下游分子效应，预测医生处方疗法的反应结果。"[39]

另一家拥有肿瘤虚拟化技术的创新公司是 SimBioSys，是在伊利诺伊大学厄巴纳-香槟分校的研究基础上成立的。SimBioSys 团队构建了一个计算肿瘤学工作流程和面向医生的软件平台，最初专注于乳腺癌。他们的算法是基于物理学的，算法起始于支配细胞内部和细胞之间的化学、物理和机械相互作用的定律。这种独特的方法提供了对治疗反应的全面预测，从而能够发现新的见解以及优化临床试验。图 6-3 展示了该平台的概述。

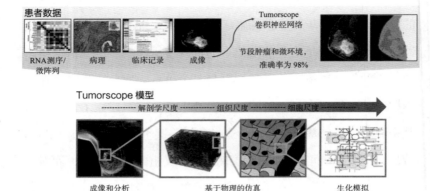

图 6-3　SimBioSys 的计算肿瘤学平台

注：上图：展示了构成计算工作流程的各个要素。下图：SimBioSys TumorScope® 是一款专有的生物物理建模软件平台，通过计算模拟评估药物对患者个性化虚拟肿瘤的疗效。该模拟引擎结合了癌症变异的所有主要生物标志物，以全面理解癌症，评估药物输运、药物敏感性、代谢和空间异质性对肿瘤生物学的影响。

对这些初创公司来说，临床人工智能的应用面临着与支付方和提供商的战争，因为其长期以来一直坚持标准治疗和一线治疗。鼓励医生使用临床决策支持工具并不太困难，但让他们必须根据人工智能系统的建议来决定是否下令进行替代治疗则完全是另一回事，因为这与传统的护理标准相反。临床决策支持系统可能需要前瞻性临床试验来证明它们在提供更高效的化疗方案和更准确的特定癌症药物方面的准确性和实用性。

数据科学和人工智能对液体活检公司来说也很关键，这些公司利用血液 DNA 样本来开发早期癌症筛查和突变检测能力。Grail（于 2020 年被 Illumina 收购）、Thrive Earlier Detection（于

2020 年被 Exact Sciences 收购）和 Freenome 这 3 家公司使用来自深度 DNA 测序和 DNA 甲基化分析的信号以及逻辑斯谛回归方法来发现突变。

人工智能治疗神经系统疾病：了解和改变大脑

大脑是一个比我们想象的开放得多的系统，大自然已经在帮助我们感知和接受我们周围的世界方面走得很远。它给了我们一个大脑，其可以通过改变自身让我们在不断变化的世界中生存。

——诺曼·道伊奇

《重塑大脑　重塑人生》

人类一生中可能出现的一系列神经系统疾病、急性脑损伤和精神疾病为在神经病学中使用基于人工智能的算法带来了巨大的挑战和突破性的机遇。从表面上看，神经系统疾病有着癌症的一个特征，也就是说，它们构成了我们知之甚少或未发现的疾病亚型的不同病症的集合，例如许多类型的痴呆。个体之间的疾病异质性使得这些疾病难以诊断，即使有复杂的成像模式、一系列高度敏感的生物标志物和配备精心设计的临床评估工具的专家。与癌症一样，个体的遗传和环境在疾病表现中起着重要作用。神经发育障碍，如自闭症和精神疾病，包括精神分裂症，在神经系统疾病形成和大脑发育期间扎根，直到一个人进入成年早期才完成。大脑的可塑性是驱动发育的主要特征，这种能力在完全成熟后也会在较小程度上保留下来。因此，大脑在生命早期或晚期都会受到创伤经历的影响，其固有的可塑性为伤害和愈合、重新编程以及恢复和改善健康提供了机会。人工智能可以直接与大脑多变的性质——运动、感知或其他功能进行互动，这将为临床医生提供另一种解决一系列神经疾病的工具。

人工智能在与大脑功能互动方面还处于起步阶段，除非考虑到所有为保持对社交平台的关注或改变购物行为而设计的算法。一些公司，如 Modality，已经设计了对话式人工智能系统，以整合语音和面部反应，监测神经功能和精神状况。Modality 正在开发的人工智能工具可以为临床医生和研究人员生成足够高质量的数据，以便能够检测对治疗的反应或改变的生存状况。Modality 有一个系统，可能会被亚马逊、谷歌、苹果和微软提供的家庭或诊所环境计算设备复制。无论对话式人工智能系统通过何种途径到达患者并连接到医疗保健系统，人类与人工智能的互动都有巨大的空间来提高生活质量，特别是对那些有神经障碍和暂时丧失工作能力的人来说。

神经病学和肿瘤学一样，高度依赖成像技术进行精确的医学诊断。与医学的其他领域一样，人工智能将对大脑成像任务和图像解释产生巨大影响。在神经病学领域，人工智能在自动化特征提取、预测疾病类别和结果以及改善神经病学评估方面的例子越来越多。从临床医生的角度来看，这些工具将为从图像中提取特征所需要的自动化提供支持，并成为患者治疗和疾病监测任务的关键临床决策支持工具。

跟踪图像的来源可以发现人工智能在神经病学中的应用进展。在阿尔茨海默病研究中，相当于癌症的大规模 TCGA 数据集源于 ADNI（阿尔茨海默病神经影像学倡议）。正在进行的纵向研究搜集了来自几个队列的 3 000 多名参与者的磁共振成像和正电子发射层析术的大脑扫描，这些扫描通过南加州大学神经成像实验室的图像和数据档案共享。[40] 该实验室的档案搜集了世界上最著名的神经科学研究数据，目前有 141 项研究数据，涉及超过 55 000 名受试者的生物医学信息，从自闭症、阿尔茨海默病、帕金森和亨廷顿病到创伤性脑损伤和人脑连接体项目。阿尔茨海默病纵向成像数据的可用性为研究人员提供了大量机会，根据当前的诊断协议测试新的基于人工智能的模型。在使用图像信息的深度学习策略之前，对 ADNI 研究数据的早期研究表明，各种机器学习方法适用于预测早期阿尔茨海默病病理的某些方面。[41-43]

　　加州大学旧金山分校科学家的最新研究进展表明，通过正电子发射层析术的数据训练的深度学习模型可以在发病前 6 年检测到与阿尔茨海默病早期、无症状阶段相关的变化。[44] 这项研究的一个引人注目的方面是通过成像展示了大脑的显著性图谱，该图旨在引导可视化算法如何做出决定，将个体分为完全阿尔茨海默病、轻度认知障碍或无疾病的人。对显著性图谱的系统分析有朝一日可能会揭示一种新的成像生物标志物，神经科医生未来可以在临床评估中使用。不幸的是，这项研究展示了一些神经病理学在脑区中的微妙迹象，但没有明确的信号，这表明该算法在进行预测时考虑了整个大脑的信息。

　　这项基于正电子发射层析术的试点研究与人工智能相结合，产生了使用功能成像而非结构性磁共振成像预测神经疾病的初步结果。研究人员指出，在将人工智能的性能解释为一种真正的临床工具时，存在几点警告，但新的研究设计和改进的算法将帮助医生捕捉阿尔茨海默病的发作点，而预防策略将发挥最大的影响。目前也有其他工作正在进行，以测试和验证磁共振成像数据相关的人工智能算法，这是一种更便宜的替代方案，从长远来看更适合被医疗行业采用。

　　阿尔茨海默病和其他神经系统变性疾病的诊断和治疗如果要获得发展，人们就必须努力应对大脑中极其复杂的疾病生物学和神经系统症状的复杂临床表现。在过去的几十年里，一个强烈的共识已经建立，即神经系统变性过程是由病理性蛋白质聚集推动的，从而引发了统称为蛋白质病变的疾病。这些与疾病相关的聚集物在阿尔茨海默病中很常见，神经炎斑中存在毒性 β 淀粉样蛋白，神经原纤维缠结中存在微管相关蛋白质 tau。帕金森病、多系统萎缩和路易体病以 α 突触核蛋白包裹体为特征，而额颞叶痴呆患者的大脑有 tau 或 TDP-43 包裹体。在肌萎缩侧索硬化中，TDP-43 胞质聚集体经常出现在大脑的上运动神经元中。朊病毒蛋白聚集体是克罗伊茨费尔特-雅各布病的标志。对这些疾病中的许多种来说，现在很清楚聚集蛋白也会发生相互作用，患病个体的大脑通常含有两种或更多不同的聚集体类型，它们在可见的细胞外斑块和细胞内包裹体中可以被发现。

在 20 世纪 90 年代，人们通过 DNA 测序和遗传学研究得到了关于神经系统变性疾病病理的线索。一些编码上述蛋白质基因的遗传突变会导致有毒聚集性物的产生，如 β 淀粉样蛋白，或者诱导蛋白质错误折叠和随后的聚集。绝大多数肌萎缩侧索硬化患者身上没有发生人类 TDP-43 基因的突变，但该蛋白被异常地修饰。蛋白质病变疾病启动步骤的特性以及相关聚集物在受影响大脑区域被最终破坏中所起的作用都是激烈辩论和研究的问题。

神经科医生准确诊断这些临床症状重叠的疾病几乎是不可能的，因为患者通常符合多种疾病的标准，而当前的工具仅专注于评估一种或两种生物标志物。为了开始应对这一诊断挑战，一项开创性的研究利用一系列统计模型来分析上文中提到的几种聚集性致病蛋白之间的共同病理，以及 15 个脑区的神经元丢失、胶质细胞增生和血管病。[18] 无监督聚类工具调用了共 98 个特征来对被诊断患有神经系统变性疾病的患者的 895 个样本进行分类，该工具定义了 6 个核心聚类。分类结果产生了显著的诊断重组，该工具将个体聚类到与新的跨诊断类别相对应的蛋白病家族中。这些聚类本身不重叠，分别围绕一个或多个聚集蛋白组织：tau（聚类 1），β 淀粉样蛋白和 tau（聚类 2），TDP-43（聚类 3），α 突触核蛋白（聚类 4），β 淀粉样蛋白和 α 突触核蛋白（聚类 5），以及聚类 6，其特征是脑病变病理特征低，相关致病蛋白没有显著信号。

让非专业人士感到惊讶的是，阿尔茨海默病的初步诊断还远远没有接近患病大脑可能发生的故事的终点。在这个大型研究组中，被诊断患有阿尔茨海默病的个体在所有聚类或跨诊断类别中都被发现了，诊断结果的幕后潜伏着十几种其他神经系统变性疾病。其中一些疾病，如路易体病，一种常见的痴呆，与阿尔茨海默病伴随发生，成为一个重要的继发性诊断个体子集。通过使用仅从组织病理学推断的分子数据的信息，聚类揭示了这些共享的联系，并表明神经疾病患者可能携带神经科医生无法诊断的其他潜在病理。在实践层面上，研究人员能够训练一个逻辑斯谛回归模型，使用认知测试分数结合生物标志物水平和基因分型，准确预测这 6 个类别的成员资格。这种基于数据科学的方法可以在神经学领域之外更广泛地识别疾病亚型。

在阿尔茨海默病研究中积累的脑成像数据宝库，特别是来自 ADNI 的大量数据，已经对其他神经学研究领域产生了积极影响，特别是在迁移学习的应用上。这方面的一个很好的例子是基于人工智能的多发性硬化诊断。法比安·艾特尔及其同事使用一组来自 ADNI 的 921 名受试者数据来预训练深度学习模型，它能够以 87% 的准确率对多发性硬化患者和健康的志愿者进行分类。[11] 在多发性硬化中，一个更具挑战性的任务是预测疾病的发展轨迹。在布莱根和妇女医院的多发性硬化综合纵向调查（CLIMB 队列）中，研究者对 724 名患者开展了一项为期 5 年的研究，并对加州大学旧金山分校 EPIC 数据集里面的 400 名患者进行了验证。[12] 这里的分类任务是根据临床和磁共振成像数据（基于两年内获得的信息），预测疾病状况是否会在 5 年后恶化。该团队建立了一系列模型，其中一个子集基于传统的机器学习模型（支持向量机、逻辑斯谛回归和随机森林），另一个子集使用集成学习

（XGBoost、LightGBM 和 Meta-L）。集成学习方法的模型性能略好，AUC 范围为 0.79~0.83。尽管这些结果远非完美的预测，但考虑到同一研究队列中进行的研究，这些研究发现了病程和人口统计学的显著差异，并且限制了预期相关性的强度，相关结果令人印象深刻。[45]

用于图像分类的深度学习方法在神经学的其他领域也表现出色，包括癫痫、卒中和其他急性神经事件（如出血和颅骨骨折）。许多神经放射学扫描是在临床上进行的，以获得体积（三维）数据，这对人工智能模型来说是一项更具挑战性的训练任务。埃里克·厄尔曼带领的一个团队建立了一个三维卷积神经网络模型，用以检测急性神经事件，该模型使用了 37 236 次计算机断层扫描，这些扫描包含了进行标注的 100 000 份放射学报告。研究人员开展了一项随机的、具有前瞻性的临床试验，以测试人工智能神经放射学算法工作流程与放射科医生的表现对比，该工作流程可用于在医院 / 急诊室环境中对患者进行分类。训练有素的三维卷积神经网络在优先处理最紧急病例的能力方面超过了放射科专家的表现。毫不奇怪，人工智能的速度比专家快了 150 倍。这项研究是一个优秀的例子，代表了模拟临床环境中对基于深度学习的工作流程的严格测试。

监管批准和临床实施：医学中基于人工智能的算法所面临的双重挑战

衡量人工智能对医学创新影响的一个重要指标是美国和欧洲

基于人工智能／机器学习的医疗设备批件增长率。一项全面的研究调查了机器学习在医疗设备软件中的使用情况，表明第一批批件于 2015 年发放。[46] SaMD（作为医疗设备的软件）类别在第一批人工智能／机器学习批件发放之前就已经存在，但这些主要基于为专家系统编程的决策规则。在 2015 年到 2019 年的 5 年间，基于人工智能的医疗设备的年复合增长率提高非常显著，美国食品药品监督管理局批准量相关指标为 53.6%，欧洲 CE 标志的年复合增长率为 50.4%。到 2020 年年中，美国已批准了超过 200种基于人工智能／机器学习的医疗设备。医疗人工智能的闸门已经打开，医疗行业期待在未来 10 年看到由人工智能增强的临床决策过程进入医学的各个方面。然而，挑战仍然存在，包括防止这些新开发的算法可能造成的任何伤害，以及在不同临床环境中监测和改善它们的性能。

美国食品药品监督管理局负责医疗器械的监管。SaMD 的批准过程可以通过美国食品药品监督管理局的 3 种途径进行。其中最严格的是 PMA（上市前批准，针对高风险设备）申请途径。在 PMA 途径中，公司通常需要使用来自对照试验的数据证明其对安全性和有效性的合理保证。510（k）途径用于低风险医疗目的，它要求设备证明其与已经上市的设备的实质等同性。第三种途径是 de novo（意为从头创新）上市前审查（针对低风险和中等风险设备）。其建立是为了允许新设备作为未来 510（k）提交的模板或参考。

在欧洲，监管是分散的，与美国食品药品监督管理局相比，监管指南的要求较低。在同一时间段内，欧洲为 240 种基于人工智能 / 机器学习的医疗器械产品授予了 CE 认证。调查发现，这些产品中有 124 种在美国和欧洲都获得了批准。在首批通过 510（k）途径获得美国食品药品监督管理局上市许可的基于人工智能的算法中，有一项来自 Arterys 公司，该公司在 2016 年开发了一种深度学习算法来分析心血管磁共振成像图像。Arterys 在 2017 年推出了肿瘤学 DL 产品。2018 年，美国食品药品监督管理局通过 de novo 途径批准了 IDx 公司的糖尿病视网膜病变软件，这是首批无须临床医生解读即可提供筛查决策的人工智能系统之一。IDx 的产品用于检测糖尿病成人患者的重症糖尿病视网膜病变。迄今为止，已经开发和批准的人工智能系统主要用于放射成像应用。人工智能医疗设备中少数具有重要代表性的其他领域是神经学和心脏病学，但应用的拓展正在迅速填充整个医疗领域。

从引入深度学习用于医学到今天的短时间内，美国食品药品监督管理局一直在努力解决如何有效监控和管理基于人工智能的算法的问题。以前，医疗设备中使用的软件被要求具有"锁定"的算法，以确保性能和安全标准得以维持。在 SaMD 范畴下，人工智能算法被视作临床决策支持软件。在 2018 年 2 月的一份新闻通稿中，美国食品药品监督管理局将人工智能算法定义为"一种临床决策支持软件，可以协助医疗服务提供者，识别患者疾病或状况，并提供最佳治疗计划"，并强调这些算法"不应被用来代替对患者的全面评估，也不应仅依赖于其本身做出或确认诊断"。监管机构面临的艰巨任务是，基于人工智能的算法和模型带来了一系列独特的挑战，并可能给患者带来一系列新的风险。

人工智能算法的自适应性是推动 SaMD 新框架开发的关键特征，美国食品药品监督管理局在 2019 年发布了指导文件以供讨论，并在 2021 年 1 月发布了行动计划。[47, 48] 下面是对这个框架的简要总结：

> 传统的医疗设备监管的范式并不适用于自适应人工智能/机器学习技术，这些技术有可能实时调整和优化设备性能，以持续改善患者的医疗状况。这些工具的高度迭代、自主和自适应特性需要一种新的全产品生命周期监管方法，以促进产品的快速改进，并允许这些设备在提供有效保障的同时持续改进。
>
> ——美国食品药品监督管理局关于人工智能与机器学习的讨论文件

美国食品药品监督管理局的指导侧重于对变化的跟踪，特别是架构、输入和算法的潜在预期用途的变化。通过训练过程和训练数据，修改可以让性能改进。从美国食品药品监督管理局的角度来看，问题是，什么能确保新的人工智能系统在实践中充分保护患者或保障安全？其建议是，公司提交一份相关变更控制计划，并寻求相关计划的上市前批准。此外，还有人呼吁提高透明度（避免"黑箱"算法问题）和实际性能监控。这在很大程度上与技术界对人工智能可解释性、可控、可调试和更好指标的最佳实践的鼓励是一致的。

从业者的共识是，这些系统巨大的潜力和实时"学习"的能力将需要一个覆盖这些技术生命周期的监管方法。人们还意识到，人工智能算法和模型需要进一步改进，以实现临床应用，这将因具体情况而异。从胸部 X 线检查结果中检测肺炎是临床相关人工智能报道中最大肆宣传的成就之一，它利用了最先进的技术和11.2 万张图像。在这项研究中，深度学习算法的表现只超过了一小部分人类专家（AUC 0.76）——总共只有 4 位。在现实世界中，如果有更多的专家参与，它会如何发展是值得怀疑的，而且其准确性如此之低，以至于可以说它不会通过监管机构的审查。最后一点是，人工智能工程和医学界将受益于关于基准数据集和性能测试的标准。像 Camelyon（用于转移性乳腺癌的人工智能[49]）这样的挑战项目推动了行业发展，组建了类似 ImageNet 的数据集，并提出了相关基准。

深度学习对放射学和临床肿瘤学的影响是巨大的，它实现了基于智能机器的肿瘤检测、分型和分级，同时推进诸如从单独或组合等各种数据类型中进行突变检测、生存和反应预测等新任务。在未来 10 年里，基于人工智能的算法和医疗实践将重叠并最终融合，以改变医学。实现这一愿景之前需要应对以下专题中总结的一些挑战。

人工智能在临床实施阶段面临的挑战

泛化：对任何在基线或规范数据集的数十万个例子上训练的人工智能来说，重要的一个步骤是演示或证明其底层算法的泛化能力。这意味着人工智能工具在未经训练的条件下应用时必须表现良好，例如在新设备或患者群体上获得的图像。换句话说，人工智能系统需要在面对技术和生物学变化时保持一定的灵活性。算法不应该在性能上出现显著损失，也不应该需要大量的再训练。泛化能力差通常是模型对训练数据过拟合的结果。

验证：医学人工智能研究的当前阶段必须转向在前瞻性试验中围绕临床疗效建立证据，并在独立样本集中进一步复制。癌症研究中的一个挑战是训练人工智能模型对 TCGA 数据集的依赖，而这些数据集原本仅限于学术研究人员使用。对于神经学及其学术影像库也有类似的担忧。验证的第二个挑战是需要在现实环境中采用随机对照试验对这些框架和算法进行严格测试，以克服采用障碍及美国食品药品监督管理局和欧盟的监管要求。

适用性：在科研实验室中构建的人工智能可能不适合现实世界的问题，也并非为临床评估和部署而设计。人工智能系统可以做出预测，但通常没有报告置信度，而这是临床评估所必需的。科学家们需要与医生和实验室主任合作，了解临床工作流程，以实施有利于实践决策的解决方案。

可解释性：医学界和监管机构都希望解决"黑箱"问题。为了做出诊断决策或提出治疗建议，医生可能需要人工智能系统产生数据的潜在特征，以解释为什么要进行分类或预测。医院可能要对人工智能做出的决定负责，因此可解释性将成为强制性要求。根据GDPR（欧盟通用数据保护条例），可解释性和理解权现在是欧盟成员国的隐含要求。

因果关系：几乎所有的机器学习方法都采用关联推理进行诊断或为治疗决策分配概率；它们不能确定因果关系。医疗实践依赖于医生使用因果推理来确定一系列症状或治疗效果的最佳解释。

偏见和公平准入：用于处理卫生系统决策的个人数据的算法面临代表性人群相关挑战。例如，为皮肤癌构建的人工智能算法在处理不同肤色的输入时表现不一。采用人工智能的临床试验可能会在存有种族或文化偏见的数据上进行训练。这种顾虑需要在人工智能系统开发的规划阶段就被消除。相关的担忧还包括公平获取现代医学人工智能工具的问题。科学界和社会将需要决定如何扩大由人工智能强化的医疗覆盖面。

第七章
人工智能在药物发现和
开发中的应用

在一般情况下，研究型科学家不是一个创新者，而是一个解谜者，而他所专注的谜题正是那些他认为可以在现有科学传统内陈述并解决的谜题。

——托马斯·S.库恩
《科学革命的结构》

自计算机时代开始以来，人们就渴求找到模拟生物现象或者模拟小分子药物药理学特性的硅片上的方法。虽然"计算生物学"这个词语可能是在20世纪80年代末首次使用的，但从人工智能早期先驱的著作中可以明显地发现，对神经元甚至大脑水平的模拟，最早是用20世纪50年代初使用的简单计算设备进行的。在药理学和药物发现中，推导结构-活性关系的计算方法也可以追溯到20世纪50年代科温·汉施的基础工作。现在普遍使用的QSAR模型源于汉施方程。使用计算来支持有机化学合成的相关工作始于20世纪60年代。[1]只要非专业程序员可以使用计算语言和个人电脑，就会有人编写软件程序来研究化学反应和生物现象。计算生物学的第一个例子是在 Mac（苹果电脑）上模拟血细胞代谢通路。[2] 最近，人们已经创建了细菌和真核细胞整体功能的复杂模拟程序。

完全在硅片上研究生物和化学一直是人们的梦想。在基于机器计算的细胞或系统水平的生物现象预测模型建立之前，有机化学很可能首先越过这条纯计算研究的终点线。化学的规则和语法，加上薛定谔方程，有利于计算化学的发展。用于枚举化合物库和预测合成路线的最新计算工具可以协同工作，从浩瀚的化学空间中创建庞大目录，覆盖几乎任何可合成的小分子有机化合物。将这些技术与人工智能系统相结合，基于靶点三维结构和预测的药物-靶点结合亲和力，搜索化学空间以精确定位理想的临床化合物候选分子，可将化学实验室变成高效的药物工程工厂。目前缺失的环节是靶点发现以及对疾病或病理生理机制中因果作用的生物假设的理解。制药作为一个行业，在很大程度上把理解疾病生物学的细节留给了科研人员。然而，确定目标和理解药物作用的生物学背景对临床成功至关重要。人们希望一旦掌握了相对完整的知识体系，生物学就能变得更像化学。这将使人工智能系统常态化地用于破译复杂的生物学，并以高预测精度进行计算实验。

对药物猎人来说，人工智能的当前和未来应用简直是《爱丽丝梦游仙境》中的场景。"我们应该走哪条路"确实取决于我们的前进方向。端到端自主药物设计的愿景值得称赞，但遥不可及。在这种愿景中，人工智能可以在任何临床试验启动之前高度确定地预测药物的安全性和疗效。今天没有人提议这一点，但实现相关愿景的那一天终将到来。在大型制药公司中，更多的战略性努力正集中于验证人工智能技术和小范围的胜利成果，例如部署一种人工智能工具，用以增强小分子苗头化合物命中率；或实现预先医疗决策，如诊断或临床决策支持应用。对可复制人工智能系统而言，更加雄心勃勃的目标是可重复的人工智能系统可以自主地进行引导决策。其商业理由是人工智能将提高命中率，从数据中对最佳目标进行选择或排序，并缩短从目标发现到临床前候选的时间。正如任何新技术的引入一样，这将是一个缓慢的过程，需要密切关注人工智能能否提高制药行业的整体生产力。

要在药物发现中成功应用人工智能，需要我们重新思考解决问题的传统方法并重新配置药物开发的流程。今天的人工智能，尤其是在合成化学方面，可以作为一个强大的假设引擎。化学家在咨询了人工智能预言家后，能从现有的工具和直觉转向构建所需的化合物吗？纵观早期研究和发现，科学家们需要关注如何生成和格式化人工智能模型所需的数据。与将人工智能算法用于医学成像和诊断应用相比，人工智能整合到药物发现过程中的障碍更少。除了对制药公司的效率和底线造成伤害之外，研发实验室在早期发现阶段的糟糕决策不会造成损失，因为开发过程中有足够的制衡因素。此外，如果人工智能在制药行业中的应用像在其他行业中一样成功，那么许多人预计医药生产率将得到提高。Dewpoint Therapeutics 公司的行业高管马克·默科这样说："想象一下 5 年后的世界会是什么样子，届时基因文库将拥有数万亿个化合物，且评分功能相当好，合成成本相当低。这开始让人感觉相当强大。"[3]

药物发现中的计算辅助方法概述

生物化学和分子生物学的巨大进步、物理有机化学的发展以及大型计算机的出现为药物化学的重构创造了机会。伴随每一轮新的期刊出版，与药物化学相关的科学成果都会大量出现，这迫使我们做出更大的努力，以更有意义的方式将这些信息汇集在一起。QSAR 范式重新定向了我们对药物化学的结构化思考。

——科温·汉施

1976 年

在药理学建模和计算机药物发现领域，起初研究者致力于融合现代计算和统计技术，目前已发展到可以利用数据生成化合物数据库，其中的数据呈指数级增长。如同其他采用分析和知识驱动方法的科学学科，化学信息学技术在连续几代研究者中取得了更高的准确性和实用性。计算机模拟方法的发展，特别是计算机辅助药物设计，是通过一系列方法的共同发展而产生的，这些方法包括所有形式的 QSAR 建模（二维、三维等）。化学家使用QSAR 模型来预测化学结构的生物活性。对于前者，药理学建模是通过分析结构特征的定量特征来完成的，其中构建了一个数学模型，使用统计技术将分子结构与药理学特性联系起来。QSAR

的推导和验证有着曲折的历史，因为已知的机器学习算法在任何类型的数据上都存在缺陷，主要问题是过拟合和过度泛化的应用。20 世纪 90 年代，QSAR 的构建者掉入了一个陷阱，将这些模型的输出作为训练数据未涵盖的数据集的硬过滤器，这是当时可用化学数据库的一个缺陷。

　　早期的 QSAR 模型使用基本的多元回归模型把下列因素关联起来：潜能（对于抑制药，通常以对数给出 IC_{50}）、亚结构基序，以及化学性质，如分子量、溶解度（$\log P$）、疏水性和其他理化因素。QSAR 使用分子描述符作为化学结构的数字表示。分子描述符有很多，这些描述符根据计算它们的化学表征的维度进行分类。例如，编码通用化学属性的描述符提供了对分子的大小、结构和亲脂性的直接估计。尽管它们的维数很低，但其中一些描述符与利平斯基类药 5 原则 [1] 中如何预测类药物分子的规则密切相关。这些规则形成了候选化合物选择和文库预筛选的指导方针。符合以下 4 项中 3 项的分子满足利平斯基标准：分子量，低于 500 道尔顿；亲脂性，$\log P < 5$；氢键供体，少于 5 个；氢键受体，少于 10 个。[4] 药物开发人员还将摩尔折射率纳入考量，这是一种分子极性的度量，其数值范围应该为 40~130。

　　理论上，QSAR 模型可以预测任何分子描述符可计算的化合物的目标属性。然而，一种化合物如果与用于训练模型的所有其他化合物高度不相似，就不太可能对其活性进行可靠的预测。模

---

① 类药 5 原则不是 5 条原则，而是 4 条原则中的数值都与 "5" 这个数字有关。——译者注

型性能可以通过升维超越简单的一维分子描述符来提高。二维描述符的使用拓宽了类药物化合物的化学空间，这是在分析一系列抗癌药物后发现的。[5]QSAR 做出的线性假设对模型性能施加了限制，这是一个可以通过深度学习来解决的问题。尽管存在这些已知的局限性，但 QSAR 已经取得了成功，并且相比于早期人为猜测化学性质与生物作用的联系已经带来了很大的改进。

除了 QSAR 之外，化学信息学工具箱已经大大扩展，广泛用于结合位点预测、分子对接、虚拟筛选、配体设计、相似性搜索、结合自由能估计、ADMET[①] 预测和药效团，另外还包括分子动力学建模和基于统计学的数据分析软件的广泛应用。自 20 世纪 60 年代以来，研究人员还努力开发计算机辅助药物合成的计算方法。合成路线的预测和生成式对抗网络的使用预计将扩大人工智能在药物设计中所能实现的边界。

化学信息学工具现在是药物设计和项目筛选至关重要的起点。目前已经存在鲁棒性很好的软件，这些软件可以通过各种枚举技术计算生成虚拟化合物库，极大地提升了化学空间探索能力。其中最早的一个案例是 GDB-17，这是一个小分子库，拥有 1 600 亿种有机化合物，这些化合物最多包含 17 个原子。大型制药公司已经生产了规模惊人的化学文库，包括礼来公司的 Proximal Collection（10^{10} 种化合物），默克公司的 Accessible inventory MASSIV（10^{20} 种化合物）和阿斯利康公司基于 Enamine 数据库

---

① ADMET 是指药物的吸收、分配、代谢、排泄和毒性。——译者注

的文库（10^{17} 种化合物），等等。KNIME 和 DataWarrior（都是开源的）、MolSoft 或 Reactor（ChemAxon）等软件都是可用于分子枚举的可访问化学库工具。

药物设计和计算机筛选范式随着计算能力和小分子及蛋白质结构数据库的指数级增长正在同步改进发展。对制药商来说，剑桥结构数据库是重要的资源之一，它是一个小分子结构的数据库，相关结构源自晶体学。这些结构提供了关于键长、键角以及力场构建所需的扭转角的关键信息。这些数据提供了关于设计高亲和力药物所需的潜在分子间相互作用（如氢键等）的定量见解。该数据库已经从 X 射线和中子衍射分析中积累了 100 多万个结构。另一个必不可少的重要资源是蛋白质数据库，这是一个存储了超过 15 万个实验所获得的生物大分子三维结构的数据库。其中的结构主要是通过 X 射线衍射、液相核磁共振和电子显微术方法确定的。基于结构的虚拟筛选程序和药物设计在小分子药物发现过程中会使用来自蛋白质数据库和其他来源的三维结构。蛋白质数据库的一个子集 PDBbind，包含一个经常用于生物物理学和分子对接的机器学习技术的精选集。对于 QSAR 研究，制药公司利用了内部或外部资源，这些资源包含候选化合物的 $\log P$ 和 pK_a，还包含有数万个物理有机反应的哈米特方程和用于生物活性的汉施方程。除了这些常见资源之外，瑞士生物信息学研究所的网站（click2drug.org）上还有其他数据库的大量信息。此外，该信息库还包括其他计算机辅助药物设计工具的综合目录。

制药研发会广泛使用化学信息学工具，其中许多工具用于驱动整个行业普遍采用的 DMTA（设计—制造—测试—分析）循环。这个耗时且繁复的过程包括设计新化合物、进行化学合成、在生物分析中测试选定的化合物，以及在开始下一轮设计之前分析结果。在设计阶段（先导优化），化学家使用 QSAR 模型或定性结构-活性关系模型来预测化学结构的生物活性。

基于化学信息学和高通量筛选技术的虚拟筛选

现代制药实验室运行高通量筛选平台，以小型化分析的实验格式评估多达数百万种化合物，这个过程主要由机器人自动化驱动。利用高通量筛选的物理化合物筛查可以使用精心设计的分析实验来进行，这些实验通过生化相互作用、细胞形态学或表型、基于模式生物的输出来识别候选药物。实验室高通量筛选通常是药物发现和开发计划的起点。通量上限（10^6~10^7 种化合物）以及对类药物分子的潜在化学空间所施加的限制，使得计算机虚拟筛选成为制药行业的一个重要工具。尽管 DNA 编码文库技术的进展潜在地允许更大的物理文库进行检查（10^9~10^{12} 种），但这需要专业知识，并且仅限于水性合成条件。无论如何，基于计算机靶点或配体的虚拟筛选现在已经整合在药物发现过程中，并且效率较高。

与技术驱动的高通量筛选相比，虚拟筛选是一种知识驱动的方法，需要关于药物靶点（基于结构的虚拟筛选，即 SBVS）或靶点生物活性配体的结构信息（基于配体的虚拟筛选）。[6] 计算机文库筛选出现于 20 世纪 80 年代。经过 10 年的发展，随着计算能力的提高和靶点分子结构数据的增长，它成了一种更为广泛使用的工具。虚拟筛选可以应用于药物管线发现和开发的多个阶段，但通常是对大型化学库或虚拟数据库中数十亿种分子进行评分和排名的起点。虚拟筛选发现了许多药物，包括卡托普利（抗高血压药）、替罗非班（抗血小板药）、茚地那韦和利托那韦（抗艾滋病药物）以及多佐胺（抗青光眼药物）。

图 7-1 显示了基于结构的虚拟筛选与下游高通量筛选结合以获得先导化合物的例子。起点是药物靶点的三维结构，或者通过对晶体结构的未知蛋白质靶点进行同源建模而获得的代理结

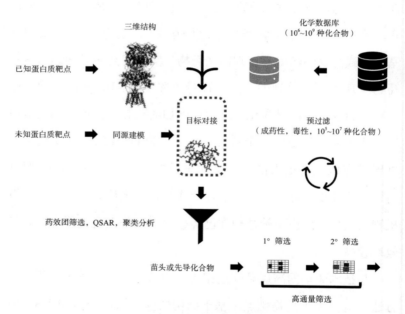

图 7-1　基于结构的虚拟筛选工作流程

注：上图展示了基于结构的虚拟筛选可能涉及的多项工作流程。虚拟筛选极大地改善了化学空间的搜索，同时缩短了发现临床候选药物的时间。

构。开发人员对虚拟数据库或化合物库进行预过滤，以获得具有类药性质的子集，并排除困难的结构或具有已知毒性的结构。分子对接软件可以根据候选化合物的结构与相应蛋白质靶点结合口袋的契合程度对其进行评分。进一步的计算评分和分析技术，如层次聚类、主成分分析和其他机器学习方法，可以分析大分子文库，并将其按等级分解为相似化合物的较小集合。最后一步是将排名靠前的分子识别为苗头化合物或先导化合物。已发表的最大型的基于结构的虚拟筛选实验报告了 1.7 亿个化合物的对接，确定了 453 000 种多巴胺 D4 受体的配体，其中的 30 种拥有结合靶点的高亲和力。[7]

位于虚拟筛选下游的初级高通量筛选检测旨在测量化合物与蛋白质靶点的结合，检测化合物激动剂或拮抗剂活性，或测量细胞表型的变化，同时可以设计次级筛选来检测潜在的毒性。这个节点上仍然需要大量的药物化学工作，通过提高选择性、体内暴露和进一步降低毒性来优化分子，以进入先导化合物阶段。通常，这是另一个 DMTA 循环的开始，可能需要测试数百至数千个分子，以获得具有最佳生物活性和低毒性的临床候选药物。

药物开发活动采取多种途径开发新产品，发现功能与其他药物相似的类药物分子是其中一种常见的途径。例如，采用基于配体的方法来规避已知药物中引起副作用的不良性质，或者启动一个程序来发现模拟确有有利性质的化合物。计算机辅助药物设计可以用来枚举候选药物，然后通过实验进行验证。基于配体的虚拟筛选的发展遵循与其他计算机辅助方法相似的轨迹，直到最近都是使用标准的统计方法进行的。化学相似性计算构成了基于配体的筛选的核心。然而，配体虚拟筛选非常适合机器学习方法，因为已知的配体可以形成训练集的基础，以区分相似和不同的化合物，并建立预测模型。仅仅基于化合物"相似性"的相似性搜索的表现效果并不如那些同时包含目标结构信息的搜索。基于配体的筛选结果的评分和排序通常要好得多，但代价是增加了预测时间，并且只有当蛋白质的三维结构和结合口袋可用时，该计算机模拟过程才适用。基于所使用的结构信息的类型和可用性，存在多种类型的基于配体的筛选方法。

人工智能为计算药物设计带来了新的工具集

在过去的 60 年中，专家们一直试图通过手工编码的启发式规则向计算机转述化学规则。相反，我们预计，为机器配备强大的通用规划算法、符号表示和从丰富的化学历史中自主学习的能力，将是使机器成为化学合成中有价值的助手的关键。

——马尔温·泽格勒、马克·普罗伊斯和马克·沃勒

《自然》杂志，2018 年

我们能否将人工智能工具和相关的研究方法成功地整合到制药研发中，将取决于能否明确证明人工智能能够轻松超越现有的传统能力，或者能够实现新技巧，以提高规模、效率和可解释性。

药物设计既需要正向合成，即从化学构建模块出发，预测反应条件以产生新分子的过程，也需要逆合成，正如其名称所暗示的那样，逆合成是从最终期望的产物开始逆向工作的过程。在逆合成中，任务是通过创建可能的替代路线树，使用符合化学规则的构建模块和中间反应步骤，找到导向所需化合物的合成途径。

　　目前，药物化学家主要依靠直觉和偏好，倾向于使用已知和稳定的反应来通过逆合成途径实现化学转化。这些反应可以归纳为一组广泛应用于结构多样的底物的反应，可以相对快速地完成，并且可以在实验室友好的标准设备上进行——本质上，就是化学家版本的"更快、更好、更便宜"。对那些由小分子驱动的制药领域之外的人来说，他们可能会感到惊讶的是，仅 5 种类型的有机化学反应就占据了所有用于生产药物发现的化合物有机化学反应的 60% 以上。[8] 占主导地位的主要反应是酰胺形成、铃木-宫浦反应、芳香族亲核取代、Boc-胺脱保护以及与胺的亲电反应。从这个角度来看，估计有数以亿计的合成路线可以来生产 10^{60} 种合成可行的、类药的小型有机分子（分子量低于 500 道尔顿）。仅使用这 5 种反应类型甚至无法覆盖这一化学空间的小部分，但这些反应类型构成了制药工业中小分子药物大规模生产活动的基础。

　　药物专利文献综述描述了超过 100 万种反应类型。潜在小分子药物的天文数字和制造它们的可用化学合成路线的惊人数量似乎与制药行业的分子发现过程完全不一致。虽然可以说严格的化学和结构限制（加上化学制造中的实际考虑）已经大大减少了小分子宇宙的范围，但小分子药物的"发现"范式似乎都是故意设定的，而不是探索新的合成路线，这是一个令人困惑的悖论。

因此，传统方法在试图识别最佳的、高质量的药物候选分子或发现具有挑战性的靶点的先导化合物方面具有明显的缺点。此外，当前使用经过过滤的化合物文库，以提供初始苗头化合物结构，对下游追求的化学类型施加了限制。对合成便利性的关注不仅源于底层化学过程，还源于研究文化以及达到公司里程碑和实现个人绩效指标的必要性。

马尔温·泽格勒及其同事最近在有机化学逆合成方面的工作中，展示了人工智能系统如何执行以前其他计算方法无法完成的任务。利用已知的化学前体构建可行的合成途径在某些方面类似于医学诊断的任务。找到解决方案需要许多步骤和差异化的决策。在化学领域，组合学极大地支持着智能机器。人工智能不会威胁到训练有素的医生的工作，很可能有朝一日训练有素的人工智能系统会取代合成化学家和药物化学家。由多个神经网络组成的模块化人工智能，结合符号化人工智能逻辑的开发，在这个领域将成为强大的技术手段。

计算方法在逆合成方面使用基于规则的设计工具，机器学习也已经存在有限的应用。目前有 3 个软件包可用于基于专家规则的逆合成规划，它们是 ICSYNTH（DeepMatter 公司）、Synthia（德国默克公司，以前的 Chematica）和 ChemPlanner（Wiley 公司）。泽格勒及其同事提出的模块化过程利用了 3 个神经网络结合蒙特卡罗树搜索（MCTS），被命名为 3N-MCTS。[9] 将蒙特卡罗树搜索用于逆合成问题是一个自然的选择，因为该过程构建了一个概率和权重的决策树，来确定可能的完成序列和有利的结果。创新的一步是，将蒙特卡罗树搜索的完成行为作为一个神经网络来学习。其他小组也已经研究了这种方法在生成化学中的应用。该网络在整个已知的有机化学反应语料库上进行训练。从 Reaxys 化学数据库提取了 1 240 万个反应的规则，最终产生大约 30 万个规则集，用于流程的两个不同阶段。在逆合成能力的测试中，3N–MCTS 方法在结构求解测试和完成时间方面都优于最先进的搜索算法。这种深度学习技术已经被 Reaxys 数据库的创建者 Elsevier 公司收购，现在作为一种预测逆合成产品 Reaxys 提供给客户。

在过去的 10 年中，几种机器学习技术已经实现了有机分子合成路线的精确预测。最近，这些方法涵盖了使用逻辑和知识图谱[10]、神经网络[11]和机器翻译[12, 13]。进一步开发人工智能方法（如 3N–MCTS）的关键之一将是发现和管理更多的反应数据，这些数据大量存在，但分散在电子实验室笔记本里及化学、制药和学术研究机构的专利中。

第二个可能对化学合成预测任务产生持久影响的人工智能研究领域的革命性方法是使用自然语言处理模型。图 7-2 展示了语言翻译与化学之间的类比。

自然语言处理工具在科学领域的发展速度是惊人的，其迅速涌入化学、生物学和物理学领域。IBM 研究所和瑞士伯尔尼大学的菲利普·施瓦勒及其同事率先将诸如用于语言理解

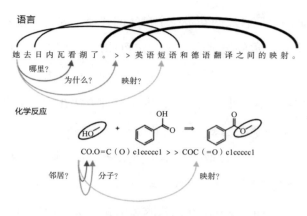

图 7-2 语言翻译与化学反应中的类比映射

注：上图：英语短语和德语翻译之间的映射。下图：化学反应中反应物（甲醇＋苯甲酸）和产物分子（苯甲酸甲酯）之间的映射，用 SMILES（基于文本的简化分子线性输入规范）表示。

的 Transformer 模型架构应用于化学语法。[14] 这项任务是针对无监督训练的任务，旨在学习原子在反应过程中重新排列的方式。① 原子映射任务是计算化学的核心，在过去需要人工输入和手动整理。DREAM、AutoMapper 和 Indigo 等工具就是该领域中的案例。该团队开发的工具 RXNMapper 可以在几个小时内对大型数据集上的数百万个反应进行原子映射，并为合成构建化学反应规则。这种方法的最大优点是它能够以无监督的方式学习原子映射信号。图 7-3 展示了 RXNMapper 背后基于自然语言处理 Transformer 模型的系统概览。

RXNMapper 展示了杰出的性能，在近 5 万个原子映射任务中表现优异，准确率达到 99.4%，也超过了同类最佳的原子映射

---

① 原子映射是从化学反应中的反应物和产物原子之间推导出一对一映射的过程。

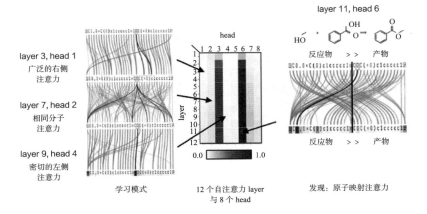

layer 11, head 6

layer 3, head 1
广泛的右侧
注意力

layer 7, head 2
相同分子
注意力

layer 9, head 4
密切的左侧
注意力

head

layer

0.0   1.0

反应物 >> 产物

反应物 >> 产物

学习模式   12 个自注意力 layer   发现：原子映射注意力
与 8 个 head

图 7-3   RXNMapper Transformer 模型工具概述

注：RXNMapper 使用基于 Transformer 模型的架构来模拟化学语法，这与其在语言理解任务中的典型使用不同。许多 BERT Transformer 中都使用了自注意模块。注意力函数可以描述为将一个查询和一组键-值映射到一个输出，其中查询、键、值和输出都是向量。在这里，系统基于原子的上下文构建表示，并试图将概念联系起来。分子表征采用简化分子线性输入规范，这是一种使用短 ASCII 字符串描述化学物类结构的规范，展示了学习模式示例（左）、layer 与 head 的矩阵（中）和反应物到产物的原子映射（右）。

算法。对行业来说很重要的是，该底层方法是高度可扩展的，无须有标记的训练数据或一套精心设计的专家规则。

基于人工智能的虚拟筛选工具

预测靶点-配体复合物的结合亲和力是一项具有挑战性的计算任务，它促使研究者探索应用基于深度神经网络的方法作为基于结构的虚拟筛选工具。目前，有 3 种方法似乎有希望替代计算成本高昂的基于生物物理学的评分方法。这些方法依赖于不同类型的卷积神经网络或者它们的组合使用。三维卷积神经网络模型使用体素化表示原子在三维空间中的位置。而空间图形卷积神经网络利用蛋白质-药物化合物复合物的图形表示。这两种风格以显著不同的方式描绘化合物，并使用不同的推理机制来获得结合自由能的预测。第三种方法称为深度融合，结合了来自三维卷积神经网络和空间图形卷积神经网络的特征，以改善对结合亲和力的预测。

在新冠疫情期间实施部署的深度融合模型展示了这种组合的能力和对继续进行模型开发的需求。由美国能源部的几个国家实验室及英伟达组成的研究小组，在测试了超过5亿个小分子和新冠病毒的4种蛋白质结构结合情况后，公布了基于结构的虚拟筛选的结果。这项大规模筛查工作评估了这些新冠病毒靶点上超过50亿种不同的对接状态。[15] 这项深入的研究将两种评分方法的计算预测结果与其从实验中选择和测试的化合物的融合模型进行了比较。对于4个靶点中的2个，相干融合方法表现最好，但在与实验结果的相关性方面，其他方法在其他两个靶点上排名更高。这些数据有力地展示了与之前开发的基于生物物理学的方法相比，构建基于卷积神经网络的评分系统存在困难。相干融合模型的主要优势是可实现速度增加，以带来数据的吞吐量提高，与Vina相比提高了2.7倍，与MM/GBSA方法相比提高了403倍。相干融合管道每小时可以运行3万多种化合物。同一团队的成员随后发布的研究成果表明，深度融合模型改进后，可以超越单独的三维卷积神经网络或空间图形卷积神经网络模型，或基于生物物理学的技术。[16]

用于药物从头设计的生成式模型

　　人工智能技术在药物设计和合成化学中的溢出包括使用生成式模型来推荐新化合物的开发。化学信息学工具用于生成化学已经有几十年，并且是评估新一波基于人工智能的生成式模型探索化学空间性能的基准。这些工具包括 MOSES[17]、GuacaMol[18]，以及张杰等人在 2021 年提出的新框架[19]。2014 年生成式人工智能技术的引入源于伊恩·古德费洛的生成式对抗网络，以及基格马和韦林的变分自编码器，这两种技术都已成为生成高度逼真内容的流行架构，特别是用于图像。这两种主要技术的工作原理是开发一个低维潜在空间的表征，无论是图像、视频、语音、文本、音乐还是分子结构，然后从中采样，以构建新的创作。

　　生成式对抗网络由两个组件组成，一个生成器和一个鉴别器，它们在模型训练过程中相互竞争。生成器构建一组人工数据，鉴别器试图将其与真实数据区分开来。生成器模块以潜在点作为输入，然后输出图像（带有像素数据）。模型训练直到鉴别器无法区分所提出的"假"数据和真实数据为止。对于变分自编码器，编码器执行生成器的任务。然后可以使用解码器对具有压缩表征的编码潜在空间进行采样，将其映射回分子表征。

　　生成式对抗网络在分子生成领域的首次应用是在 2017 年，当时使用了目标强化的生成式对抗网络，随后推出了结合强化学习的升级版本 ORGANIC。将生成式对抗网络与自编码器以及生成式对抗网络与循环神经网络相结合的生成模型已经过测试。[20] 使用生成模型的另一个证据来自一项研究，该研究采用了带有迁移学习的深度 LSTM 网络。[21] 该实验集中于发现调节 RXR 和 PPAR 核受体的激动剂，它们是一类重要的配体激活转录因子。该研究的研究人员使用了一个先前的模型，该模型已经用从 ChEMBL20 数据库中选择的 541 555 种生物活性化合物的 SMILES 表征进行了预训练。然后使用一组 25 种已知对这两种类型的核激素受体具有激动活性的脂肪酸模拟物，通过迁移学习对模型进行了高度专注的调整。生成的化合物通过 PPAR 和 RXR 活性的 QSAR 模型进行计算排序。排名前五的化合物被合成并在生物测定中进行测试。其中两种被发现是 RXR 的选择性激动剂，另外两种对两种受体类型均有活性，一种化合物在测试条件下报告为无活性。这项研究提供了一个巧妙的早期示范，表明生成模型确实可以针对这些受体创造有效的激动剂。除了 LSTM 模型之外，还有其他生成和深度学习方法同时获得了一系列积极结果，发现了蛋白激酶 JAK2 的抑制剂和优化的 D2 多巴胺受体的分子。[22, 23]

对过去尝试过的和未来待验证的生成模型的一些疑虑和问题仍然存在。这些模型创造的许多内容可以被认为是人为创造的，因为产生的很大一部分分子在合成上是不可行的，或者不是类药的，或者是除了随机生成结构之外没有实现任何其他特征。训练集的组成也需要更清晰。例如，在 RXR / PPAR 受体研究的最后阶段用于训练的 25 种模拟物并没有公开。为了通过审查，训练集需要与基础分子生成协议的细节一起公布。基准测试协议也缺乏行业标准。一个模型可能在一个基准系统下成功通过，但在另一个基准系统中失败了。布什和他的同事发表的名为《分子生成器的图灵测试》的文章为此类基准框架提供了一个很好的示例。[24]

医药产业创新的新基地

我们试图用机器学习做的事情，并非人们以前能够做得很好的任务，因此我们所做的并不是我所说的人工智能。我们正在将学习技术应用于大量数据，以解决非常困难的问题。

——达夫妮·科勒

《机器学习如何改变药物发现》，2021 年 1 月

除了小分子化学研发之外，生物技术是扩大制药研究创新基础的最佳模式。催化创新的生物技术工具天然适合应用于研究基因、研究分子机制和递送生物药物的技术。相比之下，人工智能和信息技术似乎与药物发现领域相距甚远。这对紧密相关的孪生技术已经经历了三代的发展，拥有大大改进的技术、计算能力和统计方法。信息技术的进步速度远远超过了生物学和医学。一旦深度学习的潜力在许多行业的应用中得到证实，风险资本就会涌入，以追逐使用人工智能进行药物研发方面的早期趋势。来自计算、数据驱动的生物学与药物发现的新见解和新方法孕育了分散在美国和加拿大生物技术中心的第一代创业公司，以及中国众多专注于人工智能的创业公司，还有一些分散在欧洲各地。表 7-1 列出了一些在药物发现和开发中使用人工智能的首批初创公司和最近值得注意的公司。

表 7-1　将人工智能创新引入药物发现的公司

公司	人工智能技术应用	候选药物或商业交易	募集资金
Atomwise（2012）	基于结构的药物发现	多项合作关系；与礼来的合作	1.75 亿美元
Exscientia（2012）	药物设计	多项制药公司合作里程碑；用于治疗强迫症的候选药物	＞1 亿美元
BenevolentAI（2013）	药物发现	与阿斯利康的合作；特应性皮炎的一期候选药物	2.92 亿美元
Recursion（2013）	表型筛选	REC-4881，REC-3599，REC-2282，REC-994 计划进行二期临床试验	4.65 亿美元
英矽智能（2014）	药物发现和设计	特发性肺纤维化药物临床前研究；与辉瑞合作	＞5 000 万美元
晶泰科技（2014）	基于物理学和人工智能的药物发现	药物发现服务	＞3 亿美元
Deep Genomics（2014）	靶点和药物发现	DG12P1 候选新药研究	＞5 000 万美元
Relay Therapeutics（2016）	药物发现和设计	和基因泰克一起合作开发 RLY-1971、RLY-4008 和其他早期临床阶段候选药物	上市（＞5 亿美元）
Cellarity（2017）	靶点发现和药物设计	未披露	1.73 亿美元
Celsius Therapeutics（2018）	靶点发现	与杨森达成合作协议；与 Servier 公司合作靶点发现	6 500 万美元
Generate Biomedicines（2018）	蛋白质药物设计	未披露	5 000 万美元
ConcertAI（2018）	临床试验及真实世界研究	药物开发服务	1.5 亿美元
InSitro Therapeutics（2018）	药物发现	与百时美施贵宝和吉利德合作	7.43 亿美元
Valo Health（2019）	药物发现	4 个靶点已披露	4 亿美元
Genesis Therapeutics（2019）	基于结构的药物发现	与基因泰克合作	5 600 万美元

注：募集资金的数字是截至 2021 年 3 月的数据。

Atomwise 公司

Atomwise 成立于 2012 年，是利用人工智能发现基于结构的小分子的先行者。该公司开发了基于卷积神经网络的 AtomNet 技术，用以预测小分子与蛋白质靶点相互作用的能力。AtomNet 对三维蛋白质结构和化合物结构进行建模，最终使得神经网络推广到新的蛋白质靶点——那些制药公司高度感兴趣的靶点。而在这些靶点中，可能一点儿生物活性实验数据都没有，传统上无法用于苗头化合物的确定。Atomwise 声称能够筛选数十亿种化合物，探索传统制药公司化合物筛选无法触及的化学空间。该公司在吸引学术界和工业界的合作伙伴方面取得了相当大的成功。Atomwise 已经宣布与默克（2015 年）和礼来（2019 年）建立重要联盟关系。据报道，该公司总共有 285 个合作伙伴。2020 年，Atomwise 完成了一轮 1.23 亿美元的融资，并宣布与以色列生物科技孵化器 FutuRx 成立合资企业。新公司 A2i Therapeutics 将使用 Atomwise 的技术从 160 亿种化合物中筛选免疫肿瘤候选药物分子。

Recursion 公司

Recursion 凭借其"Recursion 操作系统"方法，将表型筛选和计算机视觉人工智能的应用带到了前所未有的高度，用于生物靶点鉴别和药物发现。根据其首次公开发行前融资的 S-1 文件，该公司在人类细胞中进行了 6 600 万次筛查实验，产生了 8PB（千万亿字节）的数据。对一家生物技术初创公司来说，这些数字是惊人的。与表 7-1 中的第一代基于人工智能的药物发现初创公司一样，Recursion 公司正在致力于药物发现的生物学阶段，而这通常是制药公司避开的领域。那么这家公司表现如何呢？其内部项目的数量（37 个）和临床阶段候选药物的数量表明，该公司已经建立了一个强大的发现引擎。该公司还在不断完善其人工智能、自动化和化学能力。为了扩大其高通量筛查过程，它正在组建化合物库，其总量将很快接近大型制药公司的规模，包含超过 100 万种化合物。

Recursion 公司已经构建了一系列人工智能和化学信息学工具，以辅助其湿实验和计算机方法之间的结合。关键组件是那些能够预先对候选化合物进行深度过滤的工具。Recursion 的表型组学过程利用工具来验证：基于人工智能的筛查发现的形态学表型是不是用于药物发现目的的有用疾病表型，然后评估或预测可以逆转疾病表型的靶点。大规模筛选操作的一个独立但相关的目标是使用数据来构建一个千兆字节规模的推断关系目录。随着每一个新的实验干预，如 CRISPR 敲除特定基因或添加细胞生长因子，该公司的平台可以在计算机上推断任何两个干预因素之间的关系。持续的筛选操作和推理引擎已经识别出近 1 000 亿个关系，这是向计算生物学发展的真正开拓性的努力。

Deep Genomics 公司

这家初创公司由多伦多大学的布伦丹·弗雷于 2015 年创立。它正在运营其人工智能工作平台，以分析基因组学数据集来发现靶点。根据已发表的报告，该公司的平台评估正常和疾病状态的基因组或转录组的变异，并预测那些可能具有治疗意义的变异。2020 年，该公司发表了威尔逊氏症的基因组分析结果。威尔逊氏症是一种罕见的代谢紊乱，以铜运输蛋白功能丧失为特征，导致肝功能障碍和神经系统疾病。[25] 人工智能技术发现了一种异常的剪接机制，这种机制是由 ATP7B 基因序列中的一个小变异引起的。这一发现来自一个在剪接数据上训练的人工智能模型，该模型与其他计算生物学工具一起进行了计算机辅助的剪接预测。

Relay Therapeutics 公司

这家公司开发了一个名为 Dynamo 的分子动力学和蛋白质建模平台，用于专注于精确肿瘤学的小分子药物发现。该公司与 D. E. Shaw Research 公司达成协议，将使用其 Anton 2 超级计算机进行长时间尺度的分子动力学模拟。第二代 Anton 2 超级计算机能够模拟多达 70 万个原子的生物分子系统。该平台的本质是对蛋白质分子运动建模，用于生成基于运动的假设，从而进行疗法设计。模拟数据可以预测新的结合位点，并为调节蛋白质行为的策略提供见解。

新一代人工智能初创公司正将来自生物学的高维数据集（主要来自基因组学和成像模式）与主动学习、多任务或迁移学习方法结合，从而实现计算和实验的融合。这一类别中资金雄厚的公司有 InSitro Therapeutics、Celsius、Cellarity 和 Exscientia。大多数公司（如果不是全部的话）正在使用培养皿中的人类细胞系来筛选药物和模拟人类疾病的各个方面。使用主动学习已经成为一种必要的手段，可以克服小数据集对深度学习的限制，或监督学习所需的大数据集的繁重标记要求。更关键的是，主动学习提供了一种反馈机制，从而评估数据并在知道什么会改进模型的基础上提出可能的新实验；下一轮则向模型添加更多数据。这些知识来自一个主动学习系统，该系统要求人类对不确定性程度最高的类别实例进行注释或标记。然后，主动学习系统可以基于较小的数据产生二元分类器，同时保持良好的预测性能。这种迭代方法似乎非常适合发现生物学和早期药物发现工作——随着机器学习模型的建立，可以根据正在建立的机器学习模型提出更有信息量的实验。

除了上述讨论的群体之外，还有其他一些以人工智能为重点的生物技术初创公司正在引入新技术，推动药物发现的前沿进展。维贾伊·潘德在斯坦福大学的实验室围绕蛋白质结构预测技术创立了 Genesis Therapeutics 公司，并在公司创立初期就与基因泰克公司建立合作关系。一些公司正在使用生成模型来解决在寻找新化学实体和可成药靶点方面的一些创造性挑战。其中包括 Insilico Medicine，该公司在 2019 年报告发现了一种 DDR1 抑制剂，DDR1 是特发性肺纤维化的激酶靶点。[26] 另一家值得注意的公司是 Schrödinger，它是基于物理学的方法的公认领导者，但也将人工智能用于药物设计。建立广泛的生物知识图表的公司包括 Data4Cure（位于加州圣迭戈）和 BenevolentAI（位于伦敦和纽约）。

跨行业合作在将新的计算思想和人工智能软件引入制药行业方面发挥着越来越大的作用。2017 年，由麻省理工学院领导的行业联盟（用于药物发现和合成的机器学习联盟）成立了，其中包括一些大型制药和生物技术公司，旨在开发用于药物发现的软件。该联盟为制药行业的合成规划（ASKCOS）、分子性质预测和其他人工智能应用构建或提供了多个工具。2019年，诺华公司与微软达成了一项多年协议，并将与这家科技巨头建立一个人工智能创新实验室。2021年，德国制药公司勃林格殷格翰宣布与谷歌合作，探索量子计算，以加速药物发现研发。拜耳与Schrödinger公司就药物设计达成了多年协议。围绕人工智能芯片制造商在GPU优化和计算管道开发方面的专长，英伟达和葛兰素史克宣布成立联盟，这可能会支持葛兰素史克进一步成为伦敦的人工智能中心。

在许多方面，这些第一代创业公司和多种合作伙伴是基于人工智能的药物发现的重要试验场。相较于生物技术对生物药物所产生的推动，目前还没有明确的迹象表明，人工智能推动了生物靶点发现或提高了药物设计的效率。一些行业观察人士和制药公司高管在当前节点就此仍持怀疑态度。[27]从制药公司对人工智能的收购活动比较低迷的现状来看，这些应用或技术平台尚未提供令人信服的证据来证明自身的价值。在药物开发中，只有在候选药物清除了人类临床试验中面临的障碍后，价值拐点才会被证实。自2012—2014年首批人工智能初创公司出现以来，还没有任何"人工智能药物"通过临床二期或者三期试验。因此，与逸沃、可瑞达和欧狄沃或其他创新突破性疗法的情况一样，一种神奇的人工智能药物并不存在。

总结

药物发现涵盖了大量科学方法，这些方法来自化学、生物物理学、量子力学、生理学、基因组学、分子生物学、蛋白质组学、药理学、人工智能和机器学习以及信息论。在某些情况下，制药行业团队一直处于探索现代人工智能方法的前沿，以增强或迭代推动新化合物探索的化学信息学技术。新的生物技术初创公司正在推动人工智能与靶点发现、虚拟筛选相结合，并引入生成式药物设计方法来补充大型制药公司的努力。在过去 10 年中，人工智能技术在药物发现和设计中广泛应用。

人工智能技术在药物发现和设计中的应用

- 预测化学性质（ML，DL）
- 学习分子表征（ML，DL）
- 优化化学反应（RL）
- 有机反应结果的预测（NLP，符号 AI+NN）
- 从头药物设计（RNN+RL，GAN，VAE）
- 生成新的靶向化学文库（RL，GAN）
- 预测化合物毒性（ensemble ML）
- ADMET 端点建模（多任务图形 CNN，一次性学习）
- 解析三维蛋白质结构（DL）
- 基于配体的虚拟筛查模型（多任务 DNN）
- DMTA 循环优化（主动学习）

最后，我们应该考虑到人工智能和自动化。在产业界的生物实验室和化学实验室中，人工智能和机器学习预计将在自动化性能中发挥关键作用，从而加速采用新的合成方法，并在化学空间中促进合成更广泛范围的化合物。本章的例子突出了如何使用深度学习，利用新的人工智能架构和高质量的数据集，将合成化学教授给机器。将这些工具整合到生产中需要努力克服抗拒完全自动化流程的文化和实操中遇到的障碍。此外，DMTA 循环的完全自动化尚未实现，但它将受益于产业和小型生物技术初创公司将主动学习方法用于工业化的努力。

将计算预测与实验室实验结合起来的迭代过程的成功将改变制药公司对药物发现路径的思考。最重要的是，它可能会迫使人们更加关注投入更多资源来解决生物学问题，这可能会产生干预疾病、寻找药物靶点和提高效率的新方法。

在细分技术领域开发的人工智能方法的快速增长和成熟使得制药公司受益，确保了一系列工具库可用于科学发现。这些基于信息的技术有望改变药物化学，在与机器人和自动化紧密集成后，有一天可能会成为智能工厂，并负责自主指导 DMTA 循环。未来的实验室正在进入人工智能时代。

第八章
生物技术、人工智能和医学的未来

我们的任务不是去看别人还没看到的东西，而是去思考有关每个人都看到的但别人还没有想到的东西。

——埃尔温·薛定谔

携带着被过去的教训固化的思想，我们倒退着走向未来。

——韦恩·瓦格纳

在快速的技术变革中运用前瞻性思维是困难的。对一些人来说，世界的走向是显而易见的；而对另一些人来说，这条道路被神秘的迷雾笼罩。鉴于人工智能和机器学习对科学和社会的渗透，以及围绕其无数应用的误解，"雾"是人工智能的恰当隐喻。几乎所有人都认为，人工智能是不断扩大和深化的数字革命的前沿驱动力。在《第四次工业革命》一书中，克劳斯·施瓦布将当前的工业革命描述为将更加普及的移动互联网／传感器和人工智能／机器学习技术连接在一起的协同效应的函数。[1]从经济角度来看，他引用了物理、数字和生物领域的大趋势，认为它们是关键的驱动力。随着自动驾驶汽车、机器人和三维打印技术的出现，世界正在经历物理层面上的变化，所有这些都在很大程度上得益于人工智能和工程技术的进步。传感器和数字技术正以前所未有的方式连接着全球。在生物学上，基因工程、基因组学和神经技术"三剑客"正在打造生物工程和医学的前沿。从医学的角度来看，生物技术和计算机科学（硬件和软件，现在有了人工智能）的创新是最大的趋势。

自第二次世界大战后现代科学技术开始发展以来，计算机科学和生物科学一直在融合，形成了新的学科，例如计算生物学。新思想和技术突破的浪潮支撑了现代化趋势和工业革命，它们推动了学科内的范式转变。学科趋同可以导致不同时间框架内产生范式转变或统一理论，例如生物学、地质学和古生物学趋同后突然出现进化理论；原子量子理论的出现与化学键性质（物理和化学）的快速发展；生物学（分子生物学和化学）中"中心法则"与信息流的形成及被学界广泛接受。

科学和工程的重要领域正在汇聚融合，并影响医疗保健和生命科学，这个观点并不新鲜；麻省理工学院 2011 年的一份报告对此进行了描述。生命科学、物理学和工程的融合预计将带来医学以及医学以外许多领域的快速创新和进步。这种融合不仅仅是跨学科工作或特定交叉领域的特殊项目。在生物学的几个领域中，完成科学所必需的数据科学和算法方法不可或缺，而本书已经探讨了其中的大部分内容。

新一代技术、算法和架构正在学界和产业界扎根并改变创新格局。活跃在医疗保健领域的技术专家和风险投资家已经发现了许多由人工智能和生物技术双引擎驱动的药物开发的机会。他们已经见证了通过建模和模拟的成功、制药数据和临床试验结果的广泛可用性、群体规模基因组信息的使用以及精密分子工程技术，在价值获取上达到转折点。

技术革命对生命科学的最大影响之一是为该学科提供了加速发现周期提供的种种工具，如图 8-1 所示。假设的提出在整个生物学学科和药物发现中是必不可少的。就像大多数探索性科学一样，可检验的假设借助精心设计的实验室实验或计算方法，使用生成数据的平台来进行评估。在医学中，疾病状况的分析和明确的诊断是通过逻辑推理实现的，在鉴别诊断过程中包含或排除疾病假设。医学中的诊断程序随着测试和数据生成而增强。在生物学、制药和医学领域，最初的数据处理管道越来越多地来自人工智能／机器学习数据科学工具包。为计算生物学、化学或医学诊断构建的二级分析工具，提供了学科和临床的洞察力。人工智能方法的应用通常是无假设调查的驱动因素，即搜索模式试图在数据集内找到关联性。生成和测试假设有望成为人工智能的一个主要优势领域。由于测试和运行技术平台通常成本高昂，生成和评估假设的计算方法将变得至关重要。生物技术的创新工具的精心开发来源于这些领域中产生的见解。该行业严重依赖人工智能／机器学习方法来优化工程平台，并帮助发现和优先考虑新的治疗方法。

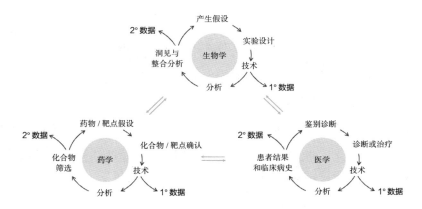

图 8-1　生物学、药学和医学中的发现循环

注：产生生物学见解、发现新的药物化合物和医学实践的过程被描述为 3 个独立但相关的周期。来自生物学的见解，如疾病机制，转化为新的药物假说。新药测试和临床试验为医疗实践提供了信息。患者结果和临床病史有助于完善关于疾病治疗和人类生物学的新假设。数据科学对于分析这些周期中的一手和二手数据至关重要。

构建破译分子结构和生物系统的工具

在过去的 15 年里，我们一直在用几种方法研究蛋白质的结构问题。其中一种方法是完整准确地测定氨基酸、肽和其他与蛋白质相关的简单物质的晶体结构，以便获得关于原子间距、键角和其他构型参数的信息，从而可靠地预测多肽链的合理构型。[2]

——莱纳斯·鲍林、罗伯特·B. 科里和 H.R. 布兰森

1951 年

生物技术和药物发现项目的核心是生命分子结构。揭开细胞信息流的奥秘始于解决 DNA 的结构，确定遗传密码，并证明

其普遍性。这些步骤只是今天继续描述基因组和蛋白质组的组织、结构和功能过程的开始。现在人们普遍认识到，染色体的高级结构和表观遗传修饰会编码额外的信息来调节基因表达，控制DNA复制和细胞分裂。在过去的10年中，人们已经开发了多种技术来检测和量化三维构象、兆碱基规模的结构域和染色质可及性区域。近期，机器学习方法已被应用于预测这些结构和染色体修饰的DNA序列位置。

生物学中最重要的两个计算挑战现在似乎都可以通过人工智能和机器学习来完成。第一个是学术界长期追求的目标，即从任何蛋白质的一级氨基酸序列预测其原子水平的三维结构。仅基于序列串而不需要蛋白质晶体学的精确计算预测将极大地影响生物学研究。进化创造了数亿种独特的蛋白质，这些蛋白质存在于数千万种生物中。结构细节将立即帮助提出或支持来自基因或蛋白质序列的功能预测，这是生物学中的第二大挑战。对阐明蛋白质功能来说，一级序列可能是不够的，预测方法可能需要一些蛋白质的最终微环境知识。一种情况是发现的蛋白质属于一个大型的多蛋白质复合体。一个例子是线粒体复合体 I，即一种包含 45个亚基的分子机器，执行电子传递并产生穿过线粒体内膜的质子梯度。该复合物中的亚基可能没有明显的功能域或催化部位，但可以在复合物中起到辅助结构的作用。

准确构建并记录几乎所有蛋白质的三维结构细节及其功能，将是生物学领域的一项根本性进展。对于医学以外领域的应用，新型酶和生物催化工程需要迅速扩大规模。然而，在哺乳动物系统中，理解转录调控和细胞功能的规则需要额外的信息，这些规则在很大程度上分别由 DNA-蛋白质和蛋白质-蛋白质相互作用级联反应决定。这一层次的分子组织方式对于确定药物的作用机制和疾病的病理生理学是重要的。无论是预测转录因子结合、DNA 甲基化、翻译起始位点，还是推断增强子和绝缘子基因组沿线的位置，深度学习都促进了其相关互动的分析。同样，人工智能也用于发现基因组沿线调控 RNA 结合位点的模式，并预测生理组织中的 RNA 表达模式。

在更高一层的组织结构中，基因或蛋白质相互作用网络支配着或者强有力地调节着正常或疾病条件下的细胞反应和细胞状态。因此，网络分析是另一个重要的研究领域，在这个领域中，使用人工智能的模式识别算法将产生对细胞行为的重要见解。除了细胞内网络，跟踪细胞间的通信、识别蛋白质相互作用网络以及寻找神经元连接模式，都是人工智能方法的目标。

为了揭示生物学全谱，大规模推动机器学习算法需要海量数据，用于分子分析的"组学"技术是目前生产相关数据的最佳工具。这些包括基于基因组学测序的应用，揭示染色质可及性（ATACseq），单细胞转录分辨率（单细胞 RNA 测序或 scRNAseq），用于定位数百至数千个 RNA 的空间转录组学，以及基于质谱和抗体或寡核苷酸阵列的方法来定义蛋白质组。几乎所有这些方法都需要与技术平台相结合的计算生物学方法。图 8-2 显示了当前生物技术全栈图的细目分类。

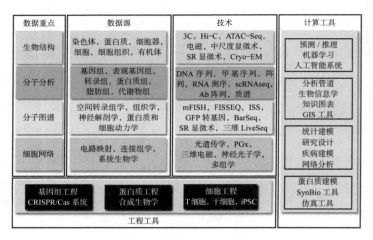

图 8-2　生物技术全栈图

注：现代生物学的现代方法结合了一系列技术、实验和工程框架以及计算方法。生物结构分析是通过不同类型的显微镜和图像分析在单个分子到整个生物体的水平上进行的。现在，使用阵列和高通量仪器可以对所有"组学"进行分子分析，并且仪器和人工智能算法让空间剖面图和连通性制图的分辨率越来越高。工程工具使基因和细胞操纵或扰动实验成为可能，现在通常会结合统计方法和算法进行优化。

GIS：地理信息系统

SR：超分辨率

AlphaFold：深入蛋白质结构预测

2020 年 11 月，DeepMind 宣布了人工智能在生物学方面的一项奠基性成就。[3] 该公司的 AlphaFold 进入了一个新的领域，计划通过使用其更新的人工智能系统解析蛋白质结构，这是在没有精确的晶体学或冷冻电镜数据的前提下从未实现的。消息传来后，人工智能和科学研究界将新版本的 AlphaFold 评为 2020 年人工智能的两大突破之一。该程序的早期版本已经从新型冠状病毒基因组的序列中预测了几个三维结构。DeepMind 的团队重新设计了人工智能系统，其性能特征在 CASP 14 上公之于众。产生惊人性能的 DeepMind 方法采用模块化神经网络架构设计，允许系统在迭代学习过程中从进化相关的蛋白质序列和氨基酸残基对中获取结构信息。AlphaFold 系统在整体距离测试中获得了92.4 的中值分数，这是一种测量氨基酸在精确坐标的原子范围（1.6 埃）内的正确结构百分比的方法。DeepMind 团队多年来在自由建模（不使用结构模板）比赛中取得的惊人成绩，凸显了该公司人工智能技术发展的步伐。2006—2016 年表现最好的团队的中值得分仅为 40；2018 年的 AlphaFold 得分为 58，2020 年的AlphaFold 2 得分为 87，远远超过竞争对手。

有了这些结果，科学界正等待着 AlphaFold 公布如何解决生物学中最重要也是最困难的计算挑战之一的相关细节。考虑到算法可用的大量序列数据和模型的容量，这很可能是非常适合由神经网络架构解决的问题之一。这项技术将使工业中的相关实际应用成为可能，因为其准确性足以确定酶类和药物-靶点相互作用位点的催化机制。学术界的科学家也想知道相关资源是否会用于研究，以及对应费用是多少，因为开发者是谷歌母公司字母表控制的企业之一。

结构解析的显著进步并不是突然出现的。AlphaFold 方法的两个主要组成部分在几十年前就被引入了相关领域。第一个组件利用物理上非常接近的氨基酸对的共同进化关系，这种关系可以转换成二元接触图来编码折叠所需的空间信息。第二个组件评估相关序列的多个序列比对，以提取规则并学习进化约束条件。AlphaFold 系统使用了蛋白质数据库的三维蛋白质结构和包含数亿个序列的庞大序列数据库。

深度学习模型现在已经超过了所有其他用来执行结构分析的中心任务的方法——蛋白质接触预测。这是通过在许多蛋白质结构上训练的深度残差网络的监督接触预测实现的。[4] 此外也可以使用无监督的方法，如在没有结构信息的序列数据上训练的GREMLIN（一种图数据库语言）。[5] 使用蛋白质语言建模，使用Transformer 和其他接触预测方法，也取得了巨大的进展。这些努力的目的是确定结构信息，为蛋白质设计提供信息，而不是建立准确的结构假设。[6-8]

基因组三维组织结构与调控要素预测

在过去的 10 年中，揭示基因组在三维空间中的层级组织是基因组学领域中最迷人和发展最快的领域之一。它在生物学中的重要性主要与基因组完整性、基因调控和 DNA 复制有关。染色质结构通过基于荧光原位杂交或超分辨显微成像技术，以及基于邻近连接（Hi-C、scHi-C、DNA-FISH）或无连接（ChIA-Drop、GAM、SPRITE）的分子方法进行实验研究。后者被归类为染色体构象捕获（3C）技术，并产生了从数十个核苷酸到兆碱基规模的拓扑和结构域的深刻见解。重要的调控特征是启动子-增强子对、染色质环、数十至数百个千碱基的 TAD（拓扑相关结构域）和跨越染色体 DNA 兆碱基的长程 TAD-TAD 接触。

正如蛋白质折叠和三维结构问题的情况那样，接触点的预测对于定义驱动染色体构象和整体细胞核组织的序列决定因素至关重要。对于能够仅使用 DNA 序列或利用来自基因组折叠的表观基因组或衍生特征作为输入的系统来预测接触点，深度学习再次被证明是至关重要的。最近开发并用于预测接触的工具是基于卷积神经网络的 Akita[9]，用于多种类型的接触预测，DeepTACT[10]用于推断启动子-增强子接触，DeepMILO[11] 用于非编码变体对折叠的影响，以及 DeepC[12] 用于大规模边界预测。

  人工智能算法现在在很大程度上超越了检测或预测基因组中调控元件、DNA-蛋白质结合部位和表观修饰基因区域的技术。其中一些深度学习应用程序可以检测不止一类，如 DanQ，它可以读取 DNA 序列并预测转录因子结合、组蛋白修饰和 DNase 超敏位点。[13] 另一个是 DeepBind，这是一个软件应用程序，旨在支持几个模型，这些模型经过训练可以使用各种高通量测序分析的数据来预测有害的序列突变体、转录因子基序和 RNA 结合蛋白结合部位——这在选择性剪接预测中很重要。[14] 深度学习系统比以往任何时候都更深入地将计算机预测带入分子生物学研究。

将基于遗传学的靶点与疾病联系起来的人工智能方法

  在过去的一个世纪里，通过对模式生物（如果蝇、小鼠和人类）的遗传学研究，人们一直在寻找与疾病相关的基因和可以改变疾病进展或提供严重程度指南的修饰基因。在过去的 20 年里，全基因组关联分析和人类队列作为疾病基因发现的基础，受益于从数百个基因组到调查超过 10 万个个体的单核苷酸多态性的大规模研究的能力。虽然这些里程碑式的研究调查中有几项是来自科学合作的成果，值得庆祝，但它们产生的治疗开发线索比预期的要少。为了解决这一问题，计算生物学家再次转向深度学习方法来识别模式和信号，这些模式和信号将引导药物开发人员找到疾病缓解途径或相关的分子靶点。

遗传学的力量来自群体中大自然对个体进行的"实验"。人类遗传学需要以家庭为基础的研究，以降低跨人群发现的遗传背景差异，并查明导致疾病的遗传突变。奥尔加·特罗扬斯卡亚和理查德·达内尔在 2019 年领导了一项基于遗传学和人工智能的 ASD（自闭症谱系障碍）研究，该研究说明了与海量基因组序列数据相关的深度学习的价值。[15] 该研究策略对 1 790 个家族的 7 097 个基因组的全基因组测序数据进行深度学习，每个家族都有一个受影响的成员，以找到与疾病相关的遗传区域。在这些家族中，该疾病的出现是由于从未受影响的父母传递到后代的新生突变。新生儿通常遗传少于 100 个新生突变，并且很难用测序技术发现，因为它们的频率（1×10^{-8}）比测序错误率低得多。然而，有了家族信息，对新生突变体的预测将更加可靠，因为亲代等位基因存在，可供突变体算法利用。

有的研究者已经开发了深度学习框架，来预测发生在非蛋白质编码区的有害遗传变异的影响和对功能的影响，因为绝大多数从头变异发生在基因组的这个巨大的"暗物质"区域中。利用了 2 000 多个特征部署的基于卷积神经网络的深度学习模型是 DeepSEA 的改进版本[16]，这个模型利用 DNA 和 RNA 结合蛋白及其序列目标的多个数据集接受训练。对于研究中的每个基因组，他们预测了新生突变的潜在功能影响，然后确定了破坏转录或转录后调节的突变。结果在几个方面都令人印象深刻。对受影响个体的非编码从头变异的分析表明，转录和转录后失调可能在已知ASD疾病表型的表现中起重要作用。数据最显著的方面是证明这些非编码突变集中在与ASD和其他神经发育障碍相关的大脑特异性功能（突触成分）和神经发育过程中起作用的基因上。

以人类基因组或人工衍生的基因组作为起点，研究人员设计了人工智能系统来进行计算机诱变，以预测可能驱动疾病过程的序列变异的位置和特性。例如，预测遗传变异的影响，可以根据参考基因组数据集和计算机诱变序列训练人工智能模型。然后，生成式对抗网络或其他模型可以区分与疾病表型相关的差异。另一种方法是，可以分别对正常与疾病状态下的功能影响进行预测，然后比较和评估这些差异，作为候选的与疾病相关的变异。

计算机化学和生物学中的量子计算

随着计算工具的更新以及围绕蛋白质三维结构的知识体系的不断增长，确定新的蛋白质结构、功能和序列之间的关系以及药物靶向性评估方面将产生一个飞跃。历史上，生物信息学领域的一项主要任务是建立模型或使用序列相似性搜索工具来预测未被鉴定的基因的编码蛋白质功能，较少强调分子过程或细胞现象的建模，因为建模工作需要大量的计算资源，历史上只有很少的实验室可以调用。由于缺乏生物学方面的知识和化学计算能力，开发适配现实的生物系统模型和化学量子力学模拟进度已经放缓。

为了应对这些挑战，用量子逻辑和必要的大量计算来执行计算机工作和模拟这些复杂概率系统的量子计算，尽管不是必须，但看起来是很有前途的。

当今的量子计算机仍处于起步阶段，对现实世界问题的实际适用性有限。量子计算是一种新的范式，用量子位取代标准的二进制（0和1）"位"计算，量子位允许状态叠加（0和1）。第一批建造的系统只有不到100个物理量子位。谷歌的Bristlecone是72量子位，Righetti的Aspen-9是31量子位，IBM和霍尼韦尔有一系列类似处理器能力的机器。IBM的roadmap包括2023年发布的1 121个量子位Condor系统。这些机器使用超导量子处理器和特殊的量子计算算法。量子计算的工具可以从萨帕塔计算公司、IBM、剑桥量子计算公司、微软、谷歌和其他公司获得。

对于分子建模和生物动态系统所需的量子计算阈值，估算起来各不相同。量子计算机很可能需要1 000个量子位才能有效地模拟化学系统。现在所做的大部分研究工作都是探索性的，计划在小型应用程序上进行概念验证测试。首先，需要解决基本的工程挑战。获得可执行逻辑量子位量子操作的量子晶体管需要开发和测试，以演示1 000个物理量子位中的一个逻辑量子位的编码。在这一点上，当量子位在执行相互作用的相关计算时，量子计算机的能力将变得显而易见。有了叠加误差校正的量子位，量子算法专家将能够同时考虑指数级增长的数值来处理最为密集的问题。

神经科学与人工智能：大脑与行为建模

> 我们如何将毫不费力的视觉转化为需要意志、注意力和参与的行动？这种转变是如何发生的？这是大脑功能和行为的核心问题。

> ——姆里甘卡·苏尔
>
> 麻省理工学院牛顿神经科学教授
>
> 接受 STAT（一家医疗媒体）采访时的发言，2018 年 7 月

人脑通常被认为是一台决策机器；它也是一个多模态感知引擎，具有巨大的可塑性，适合学习和记忆——所有这些都具有巨大的、预先连接的（先天的）认知能力。在过去的 50 年里，人们在描述单个神经元活动的细节、测量小神经元回路的反应以及最近在监测大型神经网络方面取得了巨大的进步。卓越的技术现在可以使人们通过实验控制神经电路，并将神经网络高精度可视化。尽管有这些技术进步和积累的数据，但现代神经科学仍然没有产生大脑如何工作的理论，也没有创造相关的合理途径。在没有新的计算框架的情况下，产生大脑如何工作的理论是不可能的。

为什么框架和模型对理解大脑的运作很重要？答案来自现代神经科学的开端，以及将实验观察与理论结合起来的统一力量。神经元兴奋性的霍奇金-赫胥黎模型为理解单个神经元提供了非凡的解释力，并为构建回路理论提供了基础。1952 年，两人在《生理学杂志》上发表了 5 篇文章，将实验发现与他们著名方程

中的定量模型结合在一起。对电流和动作电位的宏观理解导致了对潜在分子成分——离子通道及其调节因子的探索。结合赫布的学习规则，即"神经元连接在一起，一起放电"，一组原则主导了神经元如何计算的模型的构建，以及它们的接线图和电路操作的逻辑。

系统神经生物学家超越单个神经元的反应特性，包括对小回路中神经元组的分析，如反射弧，计算可以一起建模，来预测回路功能和动物行为。现在有了详细描述的疼痛处理、记忆巩固、下丘脑调节能量和血糖稳态的回路，以及在基底神经节相交的感觉运动控制和决策的复杂通路。电路的定量建模在缩放方面遇到了困难，目前还没有令人满意的大脑紧急计算模型。

计算神经科学家和人工智能研究人员长期以来一直在尝试通过人工神经网络建立大脑模型。这项工作进展缓慢，热情不高，直到 21 世纪人工神经网络起飞，GPU 提供了更多的计算能力，大数据时代才到来。重新引入人工神经网络用于大脑建模的支持者指出了计算机视觉的成功，并观察到分层架构中的深层衍生出的表示空间与灵长类动物大脑高级视觉区域中的抽象空间非常相似。2015 年，尼古劳斯·克里格斯科特概述了一个技术框架的想法，以此开始这项工作。[17] 克里格斯科特认为，系统神经科学家需要摆脱经典的计算模型，在经典的计算模型中，使用浅层架构和简单的计算来模拟大脑中的信息处理的能力有限。正如他所说的："我们现在能够将神经网络理论与经验系统神经科学相结合，并建立模型，参与现实世界任务的复杂性，使用生物学上可能的计算机制，并预测神经生理和行为数据。"尽管克里格斯科特将他的框架集中在生物视觉和信息处理上，但他的想法的主旨——使用前馈和递归神经网络的计算模型可以模拟大脑，将在第二次迭代中被接受和完善。

人工智能在神经科学研究中获得了巨大的复兴，研究表明，深度学习尤其可以作为各种大脑功能或系统建模的基础。其中包括运动控制、奖励预测、听觉、视觉、导航和认知控制。一系列成功和人工智能对深度学习方法的研究揭示了一系列原则，这些原则在"人工智能集"（相对于大脑集的一系列狭窄任务）中表现出色。[18]人工神经网络的成功取决于 3 个因素：网络结构的人工设计和选择、学习规则与目标函数。一大批神经科学家和人工智能研究人员提出一项新的建议，即利用人工神经网络的这些核心功能建立一个基于优化的框架。[19]

这个框架最引人注目的方面之一是，人工智能模型可能成为理解大脑中紧急计算的指南。深度神经网络已经显示了这一特性。目前的大脑理论没有充分解释这一重要现象。对该框架的测试将证明神经反应是"目标函数、结构和学习规则之间相互作用的突现结果"。[19]强调目标函数提出了它们在大脑中的可观察性的问题。作者认为，即使一些目标函数可能不是直接可观察的，它们也可以用数学方法定义，而不一定涉及特定的任务。更简单的是学习规则，这是更新网络中突触权重的方法。大脑中的结构是信息流路径和层次连接的集合。因此，开发模型的一个关键将是所讨论系统的明确定义的神经电路图（例如，喂食行为或精细运动控制）。一个重大问题是，人们对神经解剖回路及其行为方式是否了解得足够多。该框架最重要的读数将是对行为测量的准确预测，如刺激反应时间、运动任务活动、视觉模式检测以及来自连续任务的数据的形状或轨迹。

基于人工学习系统对大脑建模长期以来一直受到批评，主要是因为人工神经网络与大脑网络几乎没有相似之处，人工网络中的神经元与神经系统中的神经元在计算方式上存在明显差异。值得注意的是，神经科学有很长的历史，哲学家、心理学家和神经科学家对神经系统函数的新想法不屑一顾，这些新想法后来成为该学科的基础要素。马修·科布在其《大脑传》一书中描绘了一幅有关这段历史的图画。文艺复兴前广泛持有的观点是，思想和意识的所在地是心脏，而不是头部。[20] 直到 18 世纪结束，科学知识才开始对强烈反对唯物主义心灵观的哲学和宗教观念产生影响。在 20 世纪以前，神经系统通过电信号工作以及大脑组织中有独立细胞相互交流的思想，都被驳回或被认为是有争议的。直到进入 20 世纪，人们才认为化学神经传递在大脑活动中起作用。到 20 世纪中期，两种氨基酸被发现在大脑中是活跃的——GABA 和谷氨酸，但仍然被认为是重要的化学突触介质。在 20 世纪 60 年代末和 70 年代，这些仅被认为是符合神经递质的经典标准。这样的例子不胜枚举；直到 1990 年，基因和转录调节还被认为在突触功能中作用很小或没有作用。最近的潮流是抵制不可能在大脑中实现的"生物学上不可信"算法，如单个神经元中的反向传播或异或逻辑。人工智能通知神经科学和解码神经网络操作的能力有望开启另一个迷人而有争议的篇章。

大脑信息处理与模块化：攀爬花岗岩墙

DeepMind 的首席执行官兼联合创始人戴密斯·哈萨比斯也是一名前卫的人工智能研究人员，在神经科学领域追求伟大的想法。他和他在英国的学术同事设想着人工智能研究人员和神经科学家之间合作的新时代，这是一个"良性循环"，神经科学通过向人工智能学习而受益，反之亦然。[21] 过去，人工智能研究在很大程度上借鉴了神经科学，产生了受大脑视觉信息处理分层架构启发的深度神经网络和基于强化学习、时序差分学习等的强大算法。神经科学现在将如何从人工智能中受益？来自人工智能新学习算法的见解可能会引发对大脑中类似功能的搜索。最好的例子是反向传播算法的生物学相关性。独立的研究现在支持这样一种观点，即一种反向传播方法确实可以在大脑中起作用。哈萨比斯和他的同事避免围绕人工神经网络的学习系统原理提供一个大胆的建模框架，而是重申他们对大脑模块化结构和操作的信念。他们认为，强加一个专注于全局优化原则的面向人工智能的框架，让大脑通过单一、统一的网络进行学习，会错过其模块化组织和交互性质的要点。

有关大脑模块化运作及其建模方式的一个有趣例子来自极限运动：2017 年 6 月 3 日，亚历克斯·霍诺德在约塞米蒂国家公园埃尔卡皮坦的巨大花岗岩墙上无保护徒手攀岩。如果你思考一下，在没有绳索的情况下完成这一努力所需的所有认知和运动感知能力，除了明显的钢铁般的神经和纯粹的运动能力之外，一幅清晰的画面就会浮现在你的脑海里，即什么类型的大脑模块可能会参与进来。首先，被建模的任务是完成攀岩路线，很像驾驶自动驾驶汽车在城市中比赛，或者穿过沙漠到达终点。在霍诺德的案例中，绘制的路线被称为 Freerider，它曲折地穿过长达 3 000 英尺①的岩石表面，有数百个（或许是数千个）位置标记、脚趾支撑和手指壁架。

对一个优秀的攀岩者来说，活着登顶不仅仅是一个仔细的行动计划、运动控制、感官知觉和专注于完成一次性尝试的问题。对霍诺德的壮举来说，成功的实时执行需要多年记忆路线的复杂细节，学习感觉运动反馈的动作，建立运动控制的身体适应能力，并增加心理准备。霍诺德在徒手攀岩方面的经验无疑调整了他的大脑系统来完成这样的壮举。他之前徒手攀岩过地球上一些最困难的技术路线，包括内华达州红石的彩虹墙（V 5.12a 级，1 150 英尺），约塞米蒂更高的大教堂岩石上的 Crucifix（IV 5.12b 级，700英尺），以及 2014 年 1 月墨西哥 El Potrero Chico 的 El Sendero Luminoso（V 5.12d 级，1 750 英尺）。②他的经历和所有这些千差万别的精神、身体和心理因素是如何相互作用的，将为大脑如

① 1 英尺 =30.48 厘米。——编者注
② 在北美攀岩运动中，路线难度由 3 个部分组成，称为约塞米蒂十进制系统。路线被分配等级（V 路线通常是多天的绳索攀登）。等级表示风险（5 级表示无绳索攀登可能发生严重伤害或有死亡风险的路线）。技术难度在历史上从 1 到 10，最难的一步由 a、b、c、d 后缀表示（d 是最难的）。在约塞米蒂，Freerider 被评为 V 5.12d，这是亚历克斯·霍诺德在 3 小时 56 分钟内完成无保护攀岩的路线。

何运作提供线索。对网络学习范式、并行信息处理技术、潜在的功能模块化和人脑中的动态连接（这些都是生物进化的创新）做出解释后，答案可能会在某一天出现。

　　一个模块化的三层架构，如为2007年美国国防部高级研究计划局挑战赛的获胜车辆（车主为卡内基−梅隆大学的Tartan Racing的老板）开发的架构，至少在操作层面上与攀岩者复杂的目的地寻找场景产生了共鸣。图8-3显示了让霍诺德爬上墙的神经机械控制系统的示意图。物理硬件包括尽可能不抽象的底层结构，刻画出登山者的四肢和肌肉、传感器以及内部GPS（全球定位系统）。第二层可以被视为负责感知和保留环境的模型。当然，感知层驻留在大脑中，具有处理感觉数据和执行实时特征检测（例如，岩石壁架的位置、距离估计）的模块。心智模型环境包含地图细节和存储在内存中的其他信息，包括霍诺德的身体在空间和时间中的表征。在感知模块与第三层接口中，第三层包

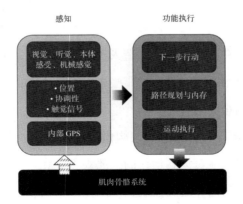

图8-3　从机器人到攀岩：采用模块化的三层架构模拟电机控制

含计划和执行运动的所有认知能力。在这里，模块由一个路线规划器组成，主要在内存中，但具有由于障碍而更新的能力。接下来是一个"游戏状态"模块，具有情境感知功能，这一功能可以在给定当前状态的情况下跟踪下一步需要做什么。对攀岩者来说，剩下的关键模块是他的移动计划和动作执行，即一个动作计划器。一个动作，或一系列动作，通过控制物理硬件完成，"垄断游戏板"被更新，以反映新的游戏状态，霍诺德就这样沿着计划的路线攀上了花岗岩墙。

机器人团体发现这种类型的三层架构在为机器人车辆执行顺序导航任务方面非常成功。对人工智能研究人员来说，雅达利游戏的控制来自一条不同的路线——创建一个强化学习人工智能代理。雅达利游戏可以通过更简单的人工智能架构被征服有几个原因，包括：动作空间是离散的，可以在模拟中学习关于游戏的确定性规则，以及明确定义的最终目标。在更复杂的场景中，不太确定这种顺序模型将如何模拟行为。在没有路线图的情况下，以探索为基础的环境学习，比如像动物在野外所做的那样，是完全不同的挑战。在探索游戏中创造人类水平的表现，如《蒙特祖马的复仇》和《私家侦探》，对那些来自 DeepMind 的人工智能代理商来说是困难的。[22]

Boss 机器人车辆的基础架构借鉴了另一个神经科学领域的经验——认知科学对大脑运作的经典观点。在这个框架中，模块对应于感知、认知和运动控制，如图 8-3 中模型的上层所示。这个框架的起源来自认知心理学和大约在 1950 年提出的将大脑作为一个信息处理系统的观点。从那以后，认知神经科学一直在这个框架下运作，试图通过将功能映射到特定的大脑结构，并基于此建立模型和理解复杂的行为。参与感知处理的大脑区域获取外部感觉数据，并创建反映环境的内部表征；下一阶段的皮质区执行认知功能，产生对世界的理解，并制订行为计划；然后，电机电路执行所需的动作。

图 8-3 中描述的简单架构对机器人车辆导航来说在概念上是令人满意的和强大的，但是很难与哺乳动物大脑的神经解剖学相协调统一。如图 8-4 所示，检查大脑的运动控制线路图说明了其中一个问题。哺乳动物的大脑不是工程设计的，而是经过数百万年的进化而来的。在进化过程中，简单的神经元回路逐渐发展成复杂的相互连接的网络，例如哺乳动物大脑皮质中建立的结构化分层和层次结构。因此，随着时间的推移，在现有电路约束的背景下，神经适应出现了，并为新的行为提供专用功能。查尔斯·达尔文首先回应了大脑和行为的进化观点，他说："我看到遥远未来的更重要的广阔研究领域。心理学将建立在一个新的基础上，即逐渐获得必须的心智力量和能力。"进化心理学就是基于如下这种理论，即认知功能的获得是通过进化逐渐产生的。现代神经科学不乏这种行为学框架的支持者，如保罗·西塞克，他希望通过一种"系统发育精炼"的过程来建立生物学上看似合理的行为模型。[23, 24] 神经科学为人工智能提供了大量挑战，以找出计算和网络规则，从而建立脑科学理论。

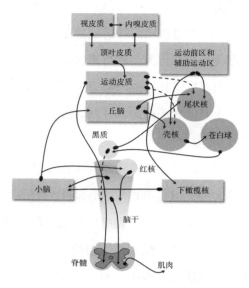

图 8-4 运动控制电路

注：该示意图描述了哺乳动物神经系统中已知参与运动意图（后顶皮质）、调节（基底神经节）和运动启动（初级运动皮质）的许多大脑区域和通路。基底神经节的划分在右边显示为一组 3 个圆圈。许多下行和上行通路是从皮质和皮质下区域穿过脑干并继续进入脊髓的。来自运动皮质的上运动神经元通过皮质脊髓束的投射终止于脊髓的不同水平，并连接到腹角（脊髓中的深灰色区域）中的神经元。腹角中的下运动神经元向外投射到四肢，以控制肌肉收缩。

人脑的运动控制区提供了一些非常令人震惊的案例，说明人工智能和神经科学正朝着理解大脑和行为的目标融合。基础科学研究在这一领域的实际应用是深远的，从最近为瘫痪个体提供的脑机接口开始。已经在开发中的技术正朝着嵌入大脑的设备发展，这种设备将读取一个人的思想，并将其传输给其他机器设备或者其他人。利用微电极阵列技术在单个神经元水平上进行皮质记录与基于人工智能的模式识别和解码，揭示了大脑中运动意图的表征。植入的探针拥有100~200个微电极，用于记录1平方毫米面积的脑皮质活动。这些（数据）测量几百个神经元的活动，其分辨率足以分辨单个神经元的峰值动作电位。从后顶皮质、称为中央前回的运动前区和初级运动皮质的植入电极进行神经生理学测量，揭示了单个神经元编码目标、运动轨迹和运动类型的非凡能力。[25-27]

导致人类研究的运动控制基础研究是在非人灵长类动物身上完成的。这项先前的工作为计划运动行为绘制了一张卓越的地图，显示了单神经元水平的特异性。例如，大脑中的单个的神经元对攀岩者所需的运动类型是有选择性的，如抓握的意图，为眼睛、手和四肢而计划的运动，意图特异性也局限于不同的顶区。解码个人的意图是一种很有前途的辅助设备的构建方式，因为来自后顶皮质的信号提前启动并激活了运动皮质中神经元的运动动作。

在2015年的一项由加州理工学院和南加州大学的理查德·安德森及其同事领导的研究中，人类的首批现场记录结果是在一位四肢瘫痪的患者身上进行的。[25]为了确定电极植入前的大脑位置，研究人员在要求个体想象伸手和抓握时运用了功能性磁共振成像。通过这些想象的运动，功能性磁共振成像将后顶皮质左半球的不同区域映射到这些活动中，随后在相应区域位置植入探针。在一项旨在识别运动想象中不同意向活动的实验中，在大脑中的运动意向信号被记录。这项研究捕捉到了运动目标的神经编码，即到达空间象限中的目标。多阶段任务还检测了轨迹编码。通过一系列实验，研究人员首次提供了证据，证明后顶皮质中的人类神经元可以专门编码运动意图信号（目标）或轨迹，或者具有编码二者的能力。在这个区域内，神经元似乎也发出了特定于身体区域的想象运动活动的信号，例如左臂与右臂的运动。这些数据将使得如下愿景成为可能：将基于机器学习的解码器内置到神经假体中，解码后的意图信号可以发送到机械臂以控制运动。

在初级运动皮质附近区域使用微电极阵列的研究推翻了关于身体如何在运动皮质区域进行映射的正统观点。斯坦福大学的克里希纳·谢诺伊团队和 BrainGate 联盟的同事发现，这些区域混合在运动前区域，而不是代表头部、面部、手臂和腿部运动的不同地形图。[26] 记录数据提供了全身调谐代码的第一个证据，一个曾经被认为只保留手臂 / 手特异性的区域实际上连接了整个身体。这些数据导致该团队提出了一个组合编码假说，该假说可以解释神经网络如何执行肢体和运动编码。一个有趣且可检验的关于运动技能学习和迁移的想法也从这个组合模型中出现。一旦肢体获得了运动技能，肢体代码维度的改变将完成向非熟练肢体的技能转移。该团队建立了一个神经网络模型，以测试使用运动的组合表征来实现技能转移。基于人工智能的循环神经网络模型验证了代码在技能转移方面的潜力。脑机接口的这种组合代码的组成部分现在正在 BrainGate2 中进行临床试验（参见 https://www.clinicaltrials.gov/ct2/show/NCT00912041）。

目前有几个令人惊讶的案例表明神经科学和人工智能的融合正在取得真正的进展。斯坦福大学的同一个小组已经证明想象中的笔迹可以被电极捕捉，被人工智能算法解码，并用于文本生成。[27]由脑机接口驱动的机械臂的控制研究继续在人类初级运动皮质中进行，类似于在运动前区域的研究。Neuralink 等公司正在制造 1 000 个电极的高密度阵列。尽管出于现实考量，许多研究都集中在可访问的表层皮质区域，但记录或向更深区域传输信号的策略仍在研究人员和设备制造商的未来路线图上。

用生物技术与人工智能对药物进行工程化

> 显而易见的是，进化是一台创新机器，自然的产物已经准备好在分子育种者的精心培育下，承担新的功能。[28]
>
> ——弗朗西斯·阿诺德
>
> 2018 年诺贝尔化学奖得主

生命科学、工程学和计算机科学的融合正在催生大量创造新药的技术方法。本书的前几章已经介绍了这些学科的技术及其在生物学发现与诊断和治疗方法开发方面的单独或组合应用。生物技术行业正在创造新一代人工智能驱动的工具、医疗设备和工程平台，这些创新不仅基于新思想，还建立在第一代和第二代技术的经验教训之上。如图 8-5 所示，围绕工程医学的创新正在分子设计和发现、基因组工程、基因和细胞治疗、数字治疗、网络工程和神经技术方面如火如荼地向前发展。机器学习指导的蛋白质工程等工具跟随生成化学的脚步，利用有前景的基于知识的模型，结合实验室实验中获得的数据来生产具有治疗潜力的蛋白质。[8, 28]

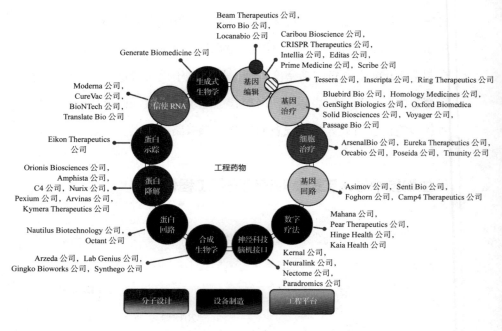

图 8-5　工程药物：新治疗方法的发展前景

注：一系列代表性公司展示了基于工程原理开发新疗法的趋势，这些公司分布在生物技术的 3 个创新类别中：分子设计、设备制造和工程平台。这些新平台生产的分子和设备应该会在 5~10 年内上市，提高治疗行业的整体生产力，并通过传统的基于小分子的药物发现方式来补充制药管道。在基因编辑领域，多家公司正在探索使用 RNA 编辑（Beam Therapeutics、Korro Bio、Locanobio）和非 CRISPR 基因组修饰（Tessera、Inscripta、Ring Therapeutics）的技术。

分子设计包含了蛋白质进化技术，这将在许多行业和制药中有广泛的应用。除了新的生物制剂，人们正在为药物输运载体、纳米材料和生物催化剂设计新的结构，它们也将作为合成生物学工作流程的构建模块，以生产微生物和创建微生物化学工厂。

人类基因组编码大约有 25 000 种蛋白质，这是一个功能未知的重要组分。在一个普通细胞中，有数量惊人的 100 亿个蛋白质分子在起作用。蛋白质相互作用网络、蛋白质动力学和其他特性在生物学的这个历史时点上并没有被很好地描绘出来。快速蛋白质组学分析技术，如质谱，不能提供基于基因组测序的方法产生的全深度数据。对蛋白质组的探索才刚刚开始。

生物技术公司首次涉足医学领域，生产大量广为人知的人类蛋白质，如胰岛素和各种抗体。Moderna 和 BioNTech 信使 RNA 平台的成熟，为疫苗量产和细胞治疗学的设计、生产和信息递送开辟了一条全新的康庄大道。最重要的下一个发展阶段是蛋白质的常规设计和计算方法，以预测它们的生化功能、医疗用途或在缓解疾病层面的潜力。算力和人工智能现在能够从 DNA 的线性序列或氨基酸簇序列中预测蛋白质的结构和功能。几个小组已经实现了基于循环神经网络的架构，直接从一级序列对蛋白质功能进行分类。这些人工智能系统在 UniProt 的注释数据集上进行训练，这些数据集包含超过 2 000 万个蛋白质序列。[7] 随着时间的推移，高通量测序和组学数据的价值显然在增加，因为可供人工智能模型训练的数据呈指数级增长，正在推动一系列全新分子设计能力的提升。

从原始数据中提取功能信息然后预测工程蛋白质功能的能力，是生成式生物医药平台的核心。显微术的进步使得冷冻电子显微术能够对生物学结构进行近原子分辨率的解析。超分辨显微成像技术的发展为研究人员提供了一种工具，使其可以更仔细地观察蛋白质动力学。这是 Eikon Therapeutics 的一个平台组件。一批初创公司正在参与开发蛋白质降解平台的竞赛。这种方法的理论基础是，许多蛋白质靶点是小分子方法不可接近或无法降解的，但它们可以被新型的降解分子拖入蛋白质降解路径。走在前列的一些公司是 Kymera Therapeutics、C4 Therapeutics 和 Arvinas。蛋白质组学领域的其他有前景的初创公司包括 Octant，它正在研究同时调节多个靶点或信号通路的药物；Nautilus Biotechnology 也在开发筛选技术，以大规模评估 G 蛋白偶联受体信号通路。

　　基因组工程平台的前景正不断扩大，越来越多的初创公司采取新的方法学来逆转基因突变，掌握基因调控，并纠正有缺陷的 RNA。Beam Therapeutics 公司正在使用各种工程编辑工具开发治疗方法，包括使用 DNA 和 RNA 碱基编辑工具、Cas12b 核酸酶技术和 prime 编辑工具。RNA 编辑领域的其他公司包括 Korro Bio，它正在研究作用于 RNA 的腺苷脱氨酶，即 ADAR。Korro 公司的方法是使用细胞原生编辑工具来绕过需要将 CRISPR/Cas 系统递送到组织和细胞中的步骤。Locanabio 公司围绕使用 RNA 结合蛋白系统进行基因治疗的 RNA 靶向进行创新。Tessera Therapeutics 公司开创了一种基因组工程技术，该技术利用了可移动遗传元件的生物学原理。Ring Therapeutics 公司正在采取这一领域的另一种新方法，计划将药物改造成病毒粒子，这些粒子驻留在正常细胞中，和细胞统称为共生病毒体。生物技术领域里下一个敢于冒险的冷门选手很可能是有计算头脑的企业家，也许他创立的计算公司可以与特斯拉竞争，策划未来的药物工程。

注　释

第一章　信息革命对生物学研究的影响

1.　National Research Council. *Mapping and sequencing the human genome.* Washington, D.C.: National Academy Press; 1988.

2.　Legrain P, Aebersold R, Archakov A, Bairoch A, Bala K, Beretta L, et al. The human proteome project: current state and future direction. *Mol Cell Proteomics MCP.* 2011 Jul;10(7):M111.009993.

3.　Turnbaugh PJ, Ley RE, Hamady M, Fraser-Liggett CM, Knight R, Gordon JI. The human microbiome project. *Nature.* 2007 Oct 18;449(7164):804–10.

4.　Amunts K, Ebell C, Muller J, Telefont M, Knoll A, Lippert T. The Human Brain Project: Creating a European Research Infrastructure to Decode the Human Brain. *Neuron.* 2016 Nov 2;92(3):574–81.

5.　Insel TR, Landis SC, Collins FS. Research priorities. The NIH BRAIN Initiative. *Science.* 2013 May 10;340(6133):687–8.

6.　Cancer Genome Atlas Research Network, Weinstein JN, Collisson EA, Mills GB, Shaw KRM, Ozenberger BA, et al. The Cancer Genome Atlas Pan-Cancer analysis project. *Nat Genet.* 2013 Oct;45 (10):1113–20.

7.　International Cancer Genome Consortium, Hudson TJ, Anderson W, Artez A, Barker AD, Bell C, et al. International network of cancer genome projects. *Nature.* 2010 Apr 15;464(7291):993–8.

8.　All of Us Research Program Investigators, Denny JC, Rutter JL, Goldstein DB, Philippakis A, Smoller JW, et al. The "All of Us" Research Program. *N Engl J*

Med. 2019 15;381(7):668–76.

9. Bycroft C, Freeman C, Petkova D, Band G, Elliott LT, Sharp K, et al. The UK Biobank resource with deep phenotyping and genomic data. *Nature.* 2018;562(7726):203–9.

10. GenomeAsia100K Consortium. The GenomeAsia 100K Project enables genetic discoveries across Asia. *Nature.* 2019;576(7785): 106–11.

11. Schwab K. *The fourth industrial revolution.* New York: Crown Business; 2017.

12. Holmes EC, Dudas G, Rambaut A, Andersen KG. The evolution of Ebola virus: Insights from the 2013–2016 epidemic. *Nature.* 2016 Oct;538(7624):193–200.

13. Gisaid.org[Internet].

14. Nextstrain.org[Internet].

15. Bedford T. Cryptic transmission of novel coronavirus revealed by genomic epidemiology [Internet]. 2020.

16. Gallo RC, Montagnier L. The Discovery of HIV as the Cause of AIDS. *N Engl J Med.* 2003 Dec 11;349(24):2283–5.

17. Annual summary 1979: reported morbidity and mortality in the United States. Center for Disease Control; 1980. Report No.: 28(54).

18. TABLE I. Annual reported cases of notifiable diseases and rates per 100 000, excluding U.S. Territories-United States 2018. Centers for Disease Control; 2018.

19. Ksiazek TG, Erdman D, Goldsmith CS, Zaki SR, Peret T, Emery S, et al. A Novel Coronavirus Associated with Severe Acute Respiratory Syndrome. *N Engl J Med.* 2003 May 15;348(20):1953–66.

20. Assiri A, McGeer A, Perl TM, Price CS, Al Rabeeah AA, Cummings DAT, et al. Hospital outbreak of Middle East respiratory syndrome coronavirus. *N Engl J Med.* 2013 Aug 1;369(5):407–16.

21. Stadler T, Kühnert D, Rasmussen DA, du Plessis L. Insights into the early epidemic spread of ebola in Sierra Leone provided by viral sequence data. PLoS Curr. 2014 Oct 6;6.

22. Kleiber M. Body Size and Metabolism. *Hilgardia.* 1932;6(11):315–51.

23. White CR, Blackburn TM, Seymour RS. Phylogenetically informed analysis of the allometry of mammalian basal metabolic rate supports neither geometric nor quarter-power scaling. *Evol Int J Org Evol.* 2009 Oct;63(10):2658–67.

24. West GB, Brown JH, Enquist BJ. A general model for the origin of allometric scaling

laws in biology. *Science.* 1997 Apr 4;276(5309):122–6.

25. West G. *Scale: The universal laws of growth, innovation, sustainability, and the pace of life in organisms, cities, economies and companies.* New York: Penguin Press; 2017.

26. Hawking S. Unified field theory is getting closer, Hawking predicts. *San Jose Mercury News.* 2000 Jan 23.

27. Illumina instrument [Internet].

28. Duesberg PH, Vogt PK. Differences between the ribonucleic acids of transforming and nontransforming avian tumor viruses. *Proc Natl Acad Sci USA.* 1970 Dec;67(4):1673–80.

29. Brugge JS, Erikson RL. Identification of a transformation-specific antigen induced by an avian sarcoma virus. *Nature.* 1977 Sep 22;269(5626):346–8.

30. Collett MS, Erikson RL. Protein kinase activity associated with the avian sarcoma virus src gene product. *Proc Natl Acad Sci U S A.* 1978 Apr;75(4):2021–4.

31. Levinson AD, Oppermann H, Levintow L, Varmus HE, Bishop JM. Evidence that the transforming gene of avian sarcoma virus encodes a protein kinase associated with a phosphoprotein. *Cell.* 1978 Oct;15(2):561–72.

32. Hunter T, Sefton BM. Transforming gene product of Rous sarcoma virus phosphorylates tyrosine. *Proc Natl Acad Sci U S A.* 1980 Mar;77(3):1311–5.

33. Stehelin D, Varmus HE, Bishop JM, Vogt PK. DNA related to the transforming gene(s) of avian sarcoma viruses is present in normal avian DNA. *Nature.* 1976 Mar;260(5547):170–3.

34. Czernilofsky AP, Levinson AD, Varmus HE, Bishop JM, Tischer E, Goodman HM. Nucleotide sequence of an avian sarcoma virus oncogene (src) and proposed amino acid sequence for gene product. *Nature.* 1980 Sep;287(5779):198–203.

35. Takeya T, Hanafusa H. Structure and sequence of the cellular gene homologous to the RSV src gene and the mechanism for generating the transforming virus. *Cell.* 1983 Mar;32(3):881–90.

36. Hanahan D, Weinberg RA. The hallmarks of cancer. *Cell.* 2000 Jan 7;100(1):57–70.

37. Nowell PC. Discovery of the Philadelphia chromosome: a personal perspective. *J Clin Invest.* 2007 Aug;117(8):2033–5.

38. Druker BJ, Tamura S, Buchdunger E, Ohno S, Segal GM, Fanning S, et al. Effects of a selective inhibitor of the Abl tyrosine kinase on the growth of Bcr-Abl positive cells. *Nat Med.* 1996 May;2(5):561–6.

39. Druker BJ, Talpaz M, Resta DJ, Peng B, Buchdunger E, Ford JM, et al. Efficacy and Safety of a Specific Inhibitor of the BCR-ABL Tyrosine Kinase in Chronic Myeloid Leukemia. *N Engl J Med*. 2001 Apr 5;344(14):1031–7.

40. Ley TJ, Mardis ER, Ding L, Fulton B, McLellan MD, Chen K, et al. DNA sequencing of a cytogenetically normal acute myeloid leukaemia genome. *Nature*. 2008 Nov;456 (7218):66–72.

41. ClinVar [Internet].

42. dbGap [Internet].

43. Forbes SA, Bindal N, Bamford S, Cole C, Kok CY, Beare D, et al. COSMIC: mining complete cancer genomes in the Catalogue of Somatic Mutations in Cancer. *Nucleic Acids Res*. 2011 Jan;39(Database issue):D945-950.

44. Iorio F, Knijnenburg TA, Vis DJ, Bignell GR, Menden MP, Schubert M, et al. A Landscape of Pharmacogenomic Interactions in Cancer. *Cell*. 2016 Jul;166(3):740–54.

45. Wang T, Wei JJ, Sabatini DM, Lander ES. Genetic Screens in Human Cells Using the CRISPR–Cas9 System. *Science*. 2014 Jan 3;343(6166):80–4.

46. Behan FM, Iorio F, Picco G, Gonçalves E, Beaver CM, Migliardi G, et al. Prioritization of cancer therapeutic targets using CRISPR–Cas9 screens. *Nature*. 2019 Apr;568(7753): 511–6.

47. Gao Y, Yan L, Huang Y, Liu F, Zhao Y, Cao L, et al. Structure of the RNA-dependent RNA polymerase from COVID-19 virus. *Science*. 2020 15;368(6492):779–82.

48. Lan J, Ge J, Yu J, Shan S, Zhou H, Fan S, et al. Structure of the SARS-CoV-2 spike receptor-binding domain bound to the ACE2 receptor. *Nature*. 2020;581(7807):215–20.

49. Protein Data Bank [Internet].

50. Folding@home [Internet].

51. Senior AW, Evans R, Jumper J, Kirkpatrick J, Sifre L, Green T, et al. Improved protein structure prediction using potentials from deep learning. *Nature*. 2020 Jan;577(7792): 706–10.

52. Sinsheimer RL. The Santa Cruz Workshop-May-1985. *Genomics*. 1989;4(4):954–6.

53. Botstein D, White RL, Skolnick M, Davis RW. Construction of a genetic linkage map in man using restriction fragment length polymorphisms. *AM J Hum Genet*. 1980;32(3): 314–31.

54. Olson MV. Random-clone strategy for genomic restriction mapping in yeast. *Proc Natl*

Acad Sci. 1986;83(20):7826–30.

55. Coulson A, Sulston J, Brenner S, Karn J. Toward a physical map of the genome of the nematode Caenorhabditis elegans. *Proc Natl Acad Sci.* 1986 Oct 1;83(20):7821–5.

56. Smith LM, Sanders JZ, Kaiser RJ, Hughes P, Dodd C, Connell CR, et al. Fluorescence detection in automated DNA sequence analysis. *Nature.* 1986 Jun;321(6071):674–9.

57. Watson JD, Berry A, Davies K. *DNA: The story of the genetic revolution.* New York: Knopf Publishing Group.

58. Kanigel R. The Genome Project. *New York Times Magazine.* 1987 Dec 13.

59. International Human Genome Sequencing Consortium. Initial sequencing and analysis of the human genome. *Nature.* 2001 Feb;409(6822):860–921.

60. Venter JC, Adams MD, Myers EW, Li PW, Mural RJ, Sutton GG, et al. The sequence of the human genome. *Science.* 2001 Feb 16;291(5507):1304–51.

61. Anderson S. Shotgun DNA sequencing using cloned DNAse I-generated fragments. *Nucleic Acids Res.* 1981;9(13):3015–27.

62. Fleischmann RD, Adams MD, White O, Clayton RA, Kirkness EF, Kerlavage AR, et al. Whole-genome random sequencing and assembly of Haemophilus influenzae Rd. *Science.* 1995 Jul 28;269(5223):496–512.

63. cshl.edu [Internet].

64. GigAssembler: an algorithm for the initial assembly of the human working draft. University of California, Santa Cruz; 2001. Report No.: UCSC-CRL-00-17.

65. Kent WJ, Sugnet CW, Furey TS, Roskin KM, Pringle TH, Zahler AM, et al. The human genome browser at UCSC. *Genome Res.* 2002 Jun;12(6):996–1006.

66. van Steensel B, Belmont AS. Lamina-Associated Domains: Links with Chromosome Architecture, Heterochromatin, and Gene Repression. *Cell.* 2017 May 18;169(5):780–91.

67. Amaral PP, Dinger ME, Mercer TR, Mattick JS. The eukaryotic genome as an RNA machine. *Science.* 2008 Mar 28;319(5871):1787–9.

68. Integrative Genome Viewer [Internet].

69. Robinson JT, Thorvaldsdóttir H, Winckler W, Guttman M, Lander ES, Getz G, et al. *Integrative genomics viewer.* Nat Biotechnol. 2011 Jan;29(1):24–6.

70. UCSC genome browser [Internet].

71. Ensembl browser [Internet].

72. Yates AD, Achuthan P, Akanni W, Allen J, Allen J, Alvarez-Jarreta J, et al. Ensembl 2020.

Nucleic Acids Res. 2020 08;48(D1):D682–8.

73. Reinert K, Langmead B, Weese D, Evers DJ. Alignment of Next-Generation Sequencing Reads. *Annu Rev Genomics Hum Genet.* 2015 Aug 24;16(1):133–51.

74. Marth GT, Korf I, Yandell MD, Yeh RT, Gu Z, Zakeri H, et al. A general approach to single-nucleotide polymorphism discovery. *Nat Genet.* 1999 Dec;23(4):452–6.

75. DePristo MA, Banks E, Poplin R, Garimella KV, Maguire JR, Hartl C, et al. A framework for variation discovery and genotyping using next-generation DNA sequencing data. *Nat Genet.* 2011 May;43(5):491–8.

76. Pfeiffer F, Gröber C, Blank M, Händler K, Beyer M, Schultze JL, et al. Systematic evaluation of error rates and causes in short samples in next-generation sequencing. *Sci Rep.* 2018 Jul 19;8(1):10950.

77. Cleary JG, Braithwaite R, Gaastra K, Hilbush BS, Inglis S, Irvine SA, et al. Joint variant and de novo mutation identification on pedigrees from high-throughput sequencing data. *J Comput Biol J Comput Mol Cell Biol.* 2014 Jun;21(6):405–19.

78. Aebersold R, Mann M. Mass-spectrometric exploration of proteome structure and function. *Nature.* 2016 15;537(7620):347–55.

79. Genome Aggregation Database Consortium, Karczewski KJ, Francioli LC, Tiao G, Cummings BB, Alföldi J, et al. The mutational constraint spectrum quantified from variation in 141,456 humans. *Nature.* 2020 May;581(7809):434–43.

80. Sutcliffe JG, Foye PE, Erlander MG, Hilbush BS, Bodzin LJ, Durham JT, et al. TOGA: an automated parsing technology for analyzing expression of nearly all genes. *Proc Natl Acad Sci USA.* 2000 Feb 29;97(5):1976–81.

81. Lockhart DJ, Dong H, Byrne MC, Follettie MT, Gallo MV, Chee MS, et al. Expression monitoring by hybridization to high-density oligonucleotide arrays. *Nat Biotechnol.* 1996 Dec;14(13):1675–80.

82. Schena M, Shalon D, Davis RW, Brown PO. Quantitative monitoring of gene expression patterns with a complementary DNA microarray. *Science.* 1995 Oct 20;270(5235):467–70.

83. Stark R, Grzelak M, Hadfield J. RNA sequencing: the teenage years. *Nat Rev Genet.* 2019;20(11):631–56.

84. Stegle O, Teichmann SA, Marioni JC. Computational and analytical challenges in single-cell transcriptomics. *Nat Rev Genet.* 2015 Mar;16(3):133–45.

85. Price ND, Magis AT, Earls JC, Glusman G, Levy R, Lausted C, et al. A wellness study of 108 individuals using personal, dense, dynamic data clouds. *Nat Biotechnol.* 2017 Aug;35(8):747–56.

86. Poplin R, Chang P-C, Alexander D, Schwartz S, Colthurst T, Ku A, et al. A universal SNP and small-indel variant caller using deep neural networks. *Nat Biotechnol.* 2018; 36(10):983–7.

87. Cho H, Wu DJ, Berger B. Secure genome-wide association analysis using multiparty computation. *Nat Biotechnol.* 2018;36(6): 547–51.

第二章　人工智能的新时代

1. Turing AM. Computing Machinery and Intelligence. *Mind.* 1950;59(236):433–60.

2. Shannon CE. A Mathematical Theory of Communication. *Bell Syst Tech J.* July Oct 1948.

3. Turing AM. On computable numbers, with an application to the Entscheidungs problem. *Proc Lond Math Soc.* 2(1936):230–65.

4. Shannon CE. A Symbolic Analysis of Relay and Switching Circuits. *Trans Am Inst Electr Eng.* 1938;57:471–95.

5. McCulloch WS, Pitts W. A logical calculus of the ideas immanent in nervous activity. *Bull Math Biophys.* 1943;5:115–33.

6. Kurzweil R. *The Singularity is Near: when humans transcend biology.* New York: Viking Press; 2005.

7. Minsky M. *Microscopy Apparatus.* 3,013,467, 1961.

8. Rosenblatt F. The perceptron: a probabilistic model for information storage and organization in the brain. *Psychol Rev.* 1958;65 (6):386–408.

9. Minsky M. Steps Toward Artificial Intelligence. *Proc IRE.* 1961 Jan;49(1):8–30.

10. Minsky M, Papert S. *Perceptrons.* Cambridge, MA: MIT Press; 1969.

11. Fukushima K. Neocognitron: A self-organizing neural network model for a mechanism of pattern recognition unaffected by shift in position. *Biol Cybern.* 1980 Apr;36(4):193–202.

12. Hubel DH, Wiesel TN. Receptive fields, binocular interaction and functional architecture in the cat's visual cortex. *J Physiol.* 1962 Jan;160:106–54.

13. Hubel DH, Wiesel TN. Receptive fields and functional architecture in two non-striate visual areas (18 and 19) of the cat. *J Neurophysiol.* 1965;18:229–89.

14. Gross CG, Bender DB, Rocha-Miranda CE. Visual Receptive Fields of Neurons in Inferotemporal Cortex of the Monkey. *Science.* 1969 Dec 5;166(3910):1303–6.

15. Gross CG, Rocha-Miranda CE, Bender DB. Visual properties of neurons in inferotemporal cortex of the Macaque. *J Neurophysiol.* 1972 Jan;35(1):96–111.

16. Desimone R, Albright TD, Gross CG, Bruce C. Stimulus-selective properties of inferior temporal neurons in the macaque. *J Neurosci.* 1984;4(8):2051–62.

17. Zhang Y, Kim I-J, Sanes JR, Meister M. The most numerous ganglion cell type of the mouse retina is a selective feature detector. *Proc Natl Acad Sci.* 2012 Sep 4;109(36): E2391–8.

18. Felleman DJ, Van Essen DC. Distributed Hierarchical Processing in the Primate Cerebral Cortex. *Cereb Cortex.* 1991 Jan 1;1(1):1–47.

19. Werbos P. Beyond regression: New tools for prediction and analysis in the behavioral sciences. Ph.D. dissertation, Committee on Appl. Math., Harvard University; 1974.

20. Werbos PJ. Backpropagation through time: what it does and how to do it. *Proc IEEE.* 1990 Oct;78(10):1550–60.

21. Rumelhart DE, Hinton G, Williams RJ. Learning internal representations by error propagation. *In: Parallel Distributed Processing: Explorations in the microstructure of cognition.* MIT Press; 1985. p. 318–62.

22. Hinton GE, McClelland JL, Rumelhart DE. Distributed representations. *In: Parallel Distributed Processing: Explorations in the microstructure of cognitions.* MIT Press; 1986. p. 77–109.

23. LeCun Y. Generalization and network design strategies. Technical Report CRG-TR-89-4. University of Toronto Connectionist Research Group; 1989.

24. Sutton, RS. Learning to predict by the methods of temporal differences. *Mach Learn.* 1988;3:9–44.

25. Sutton, RS, Barto, AG. *Reinforcement Learning: An Introduction.* (2nd ed.). The MIT Press; 2018.

26. Hinton GE, Osindero S, Teh Y-W. A Fast Learning Algorithm for Deep Belief Nets. *Neural Comput.* 2006 Jul;18(7):1527–54.

27. Krizhevsky A, Sutskever I, Hinton GE. ImageNet Classification with Deep Convolutional Neural Networks. In: Pereira F, Burges CJC, Bottou L, Weinberger KQ, editors. *Advances in Neural Information Processing Systems 25.* 2012. p. 1097–1105.

28. Lee K-F. *AI Superpowers: China, Silicon Valley and the new world order.* Boston: Houghton Mifflin Harcourt; 2018.

29. Zhavoronkov A, Ivanenkov YA, Aliper A, Veselov MS, Aladinskiy VA, Aladinskaya AV, et al. Deep learning enables rapid identification of potent DDR1 kinase inhibitors. *Nat Biotechnol.* 2019;37(9): 1038–40.

30. Brown N, Sandholm T. Superhuman AI for multiplayer poker. *Science.* 2019 Aug 30;365 (6456):885–90.

31. Silver D, Schrittwieser J, Simonyan K, Antonoglou I, Huang A, Guez A, et al. Mastering the game of Go without human knowledge. *Nature.* 2017 Oct;550(7676):354–9.

32. Lodwick GS, Haun CL, Smith WE, Keller RF, Robertson ED. Computer Diagnosis of Primary Bone Tumors. *Radiology.* 1963 Feb 1;80(2):273–5.

33. Nowogrodzki A. The world's strongest MRI machines are pushing human imaging to new limits. *Nature.* 2018 Oct 31;563(7729): 24–6.

34. Yu K-H, Zhang C, Berry GJ, Altman RB, Ré C, Rubin DL, et al. Predicting non-small cell lung cancer prognosis by fully automated microscopic pathology image features. *Nat Commun.* 2016 16;7:12474.

35. Yu K-H, Wang F, Berry GJ, Ré C, Altman RB, Snyder M, et al. Classifying non-small cell lung cancer types and transcriptomic subtypes using convolutional neural networks. *J Am Med Inform Assoc.* 2020 May 1;27(5):757–69.

36. Litjens GJS, Barentsz JO, Karssemeijer N, Huisman HJ. Clinical evaluation of a computer-aided diagnosis system for determining cancer aggressiveness in prostate MRI. *Eur Radiol.* 2015;25(11): 3187–99.

37. Rajpurkar P, Irvin J, Ball RL, Zhu K, Yang B, Mehta H, et al. Deep learning for chest radiograph diagnosis: A retrospective comparison of the CheXNeXt algorithm to practicing radiologists. *PLoS Med.* 2018 Nov 20;15(11).

38. Topol E. *Deep Medicine: How artificial intelligence can make healthcare human again.* New York: Basic Books; 2019.

第三章　通向新药的漫漫长路

1. Prüll C-R, Maehle A-H, Halliwell RF. Drugs and Cells—Pioneering the Concept of Receptors. *Pharm Hist.* 2003;45(1):18–30.

2. Langley JN. On the reaction of cells and of nerve-endings to certain poisons, chiefly as

regards the reaction of striated muscle to nicotine and to curari. *J Physiol.* 1905;33 (4–5):374–413.

3. Frenzel A, Schirrmann T, Hust M. Phage display-derived human antibodies in clinical development and therapy. *MAbs.* 2016 Jul 14;8(7):1177–94.

4. Bakels, C. C. Fruits and seeds from the Linearbandkeramik settlement at Meindling, Germany, with special reference to Papaver somniferum. *ANALECTA Praehist Leiden.* 1992;25:55–68.

5. Inglis, Lucy. *Milk of Paradise: A History of Opium.* New York London: Pegasus Books; 2018.

6. Martin L. Plant economy and territory exploitation in the Alps during the Neolithic (5000–4200 cal bc): first results of archaeobo-tanical studies in the Valais (Switzerland). *Veg Hist Archaeobotany.* 2015 Jan;24(1):63–73.

7. McIntosh, Jane. *Handbook of Life in Prehistoric Europe.* Oxford University Press USA; 2009.

8. Brenan, Gerald. *South from Granada.* Penguin Press; 2008.

9. Harding, J., Healy, F. *A Neolithic and Bronze Age Landscape in Northamptonshire: The Raunds Area Project.* English Heritage; 2008.

10. Kapoor L. *Opium Poppy: Botany, Chemistry, and Pharmacology.* CRC Press; 1997.

11. Scholtyseck J, Burhop C, Kibener M, Schafer H. *Merck: From a Pharmacy to a Global Corporation* (1st ed.). C.H. Beck; 2018.

12. Smith A. *An Inquiry into the Nature and Causes of the Wealth of Nations.* Vol. I. London: W. Strahan and T. Cadell; 1776.

13. Holloway SWF. The Apothecaries' Act, 1815: A Reinterpretation. *Med Hist.* 1966;10 (2):107–29.

14. Sneader W. The discovery of aspirin: a reappraisal. *BMJ.* 2000 Dec 23;321(7276): 1591–4.

15. Hirsch D, Ogas O. The Drug Hunters: The Improbable Quest to Discover New Medicines. *Arcade;* 2016.

16. Plater MJ. WH Perkin, Patent AD 1856 No 1984: A Review on Authentic Mauveine and Related Compounds. *J Chem Res.* 2015 May 1;39(5):251–9.

17. Drews J. Drug Discovery: A Historical Perspective. *Science.* 2000 Mar 17;287(5460): 1960–4.

18. Lerner J. The Architecture of Innovation: The Economics of Creative Organizations.

Harvard Business Review Press; 2012.

19. Kekule A. Sur la constitution des substances aromatiques. *Bull Soc Chim Fr.* 1865;3(2): 98–110.

20. Amyes SJB. *Magic Bullets: Lost Horizons: The Rise and Fall of Antibiotics.* London: Taylor & Francis, Inc.; 2001.

21. Bosch F, Rosich L. The Contributions of Paul Ehrlich to Pharmacology: A Tribute on the Occasion of the Centenary of His Nobel Prize. *Pharmacology.* 2008 Oct;82(3):171–9.

22. Yeadon G, Hawkins J. *The Nazi Hydra in America: Suppressed History of a Century.* Progressive Press; 2008.

23. Doctors Turn Over $500 000 to Science. Profits From Wartime Sales of Their Substitute for Salvarsan. *New York Times.* 1921 Mar 3.

24. Church R, Tansey T. *Burroughs Wellcome & Co.: knowledge, trust, profit and the transformation of the British pharmaceutical industry, 1880-1940.* Lancaster, UK: Crucible Books; 2007.

25. Renwick G. German Dye Trust to Fight for World Trade. *New York Times.* 1919 Dec 3.

26. Taussig FW. Germany's Reparation Payments. *The Atlantic.* 1920 Mar.

27. Pope WJ. Synthetic Therapeutic Agents. *Br Med J.* 1924 Mar 8;1(3297):413–4.

28. Fleming A. On the antibacterial action of cultures of a Penicillium with special reference to their use in the isolation of B. influenza. *Br J Exp Pathol.* 1929;(10):226–36.

29. Chain E, Florey HW, Adelaide MB, Gardner AD, Oxford, DM, Heatley NG, et al. Penicillin as a chemotherapeutic agent. *The Lancet.* 1940;236(6104):226–8.

30. Abraham EP, Chain E, Fletcher CM, Florey CM, Gardner AD, Heatley NG, et al. Further observations on penicillin. *The Lancet.* 1941;238(6155):177–89.

31. Krumbhaar EB, Krumbhaar HD. The Blood and Bone Marrow in Yellow Cross Gas (Mustard Gas) Poisoning: Changes Produced in the Bone Marrow of Fatal Cases. *J Med Res.* 1919;40(3):497–508.

32. Bordin DL, Lima M, Lenz G, Saffi J, Meira LB, Mésange P, et al. DNA alkylation damage and autophagy induction. *Mutat Res.* 2013 Dec;753(2):91–9.

33. Farber S, Diamond LK, Mercer RD, Sylvester RF, Wolff JA. Temporary remissions in acute leukemia in children produced by folic antagonist, 4-aminopteroylglutamic acid (aminopterin). *N Engl J Med.* 1948;238:787–93.

34. Curreri AR, Ansfield FJ, McIver FA, Waisman HA, Heidelberger C. Clinical Studies

with 5-Fluorouracil. *Cancer Res.* 1958 May 1;18(4):478–84.

35. Jolivet J, Cowan KH, Curt GA, Clendeninn NJ, Chabner BA. The pharmacology and clinical use of methotrexate. *N Engl J Med.* 1983 Nov 3;309(18):1094–104.

36. Leach DR, Krummel MF, Allison JP. Enhancement of Antitumor Immunity by CTLA-4 Blockade. *Science.* 1996 Mar 22;271(5256): 1734–6.

37. Nishimura H, Minato N, Nakano T, Honjo T. Immunological studies on PD-1 deficient mice: implication of PD-1 as a negative regulator for B cell responses. *Int Immunol.* 1998 Oct 1;10(10):1563–72.

38. Nishimura H, Nose M, Hiai H, Minato N, Honjo T. Development of Lupus-like Autoimmune Diseases by Disruption of the PD-1 Gene Encoding an ITIM Motif-Carrying Immunoreceptor. *Immunity.* 1999 Aug 1;11(2):141–51.

39. Hay M, Thomas DW, Craighead JL, Economides C, Rosenthal J. Clinical development success rates for investigational drugs. *Nat Biotechnol.* 2014 Jan;32(1):40–51.

40. KMR Group. Pharmaceutical Benchmarking Forum. *Probability of success by molecule size: large vs small molecules.* Chicago: KMR Group; 2012.

41. DiMasi JA, Chakravarthy R. Competitive Development in Pharmacologic Classes: Market Entry and the Timing of Development. *Clin Pharmacol Ther.* 2016;100(6):754–60.

42. Morgan P, Brown DG, Lennard S, Anderton MJ, Barrett JC, Eriksson U, et al. Impact of a five-dimensional framework on R&D productivity at AstraZeneca. *Nat Rev Drug Discov.* 2018 Mar;17(3):167–81.

43. Arrowsmith J, Miller P. Phase II and Phase III attrition rates 2011–2012. *Nat Rev Drug Discov.* 2013 Aug 1;12(8):569–569.

44. Paul SM, Mytelka DS, Dunwiddie CT, Persinger CC, Munos BH, Lindborg SR, et al. How to improve R&D productivity: the pharmaceutical industry's grand challenge. *Nat Rev Drug Discov.* 2010 Mar;9(3):203–14.

45. DiMasi JA, Grabowski HG, Hansen RW. Costs of developing a new drug. Tufts Center for the Study of Drug Development Briefing. *Innovation in the pharmaceutical industry: new estimates of R&D costs.* 2014.

46. Pammolli F, Magazzini L, Riccaboni M. The productivity crisis in pharmaceutical R&D. *Nat Rev Drug Discov.* 2011 Jun;10(6):428–38.

47. Newman DJ, Cragg GM. Natural Products as Sources of New Drugs over the Nearly Four Decades from 01/1981 to 09/2019. *J Nat Prod.* 2020 27;83(3):770–803.

48. Drews J, Ryser S. The role of innovation in drug development. *Nat Biotechnol.* 1997 Dec;15(13):1318–9.

49. Evens RP, Kaitin KI. The biotechnology innovation machine: a source of intelligent biopharmaceuticals for the pharma industry-mapping biotechnology's success. *Clin Pharmacol Ther.* 2014;95(5):528–32.

50. Google AI Quantum and, Arute F, Arya K, Babbush R, Bacon D, Bardin JC, et al. Hartree-Fock on a superconducting qubit quantum computer. *Science.* 2020 Aug 28;369 (6507):1084–9.

第四章　基因编辑与生物技术的新工具

1. Stolberg SG. The Biotech Death of Jesse Gelsinger. *The New York Times.* 1999 Nov 28.

2. Pollack A. F.D.A. Halts 27 Gene Therapy Trials After Illness. *The New York Times.* 2003 Jan 15.

3. Hacein-Bey-Abina S, Von Kalle C, Schmidt M, McCormack MP, Wulffraat N, Leboulch P, et al. LMO2-associated clonal T cell proliferation in two patients after gene therapy for SCID-X1. *Science.* 2003 Oct 17;302(5644):415–9.

4. Office of the Commissioner. FDA approves novel gene therapy to treat patients with a rare form of inherited vision loss FDA. 2017.

5. Jinek M, Chylinski K, Fonfara I, Hauer M, Doudna JA, Charpentier E. A programmable dual RNA-guided DNA endonuclease in adaptive bacterial immunity. *Science.* 2012 Aug 17;337(6096): 816–21.

6. Doudna JA, Charpentier E. Genome editing. The new frontier of genome engineering with CRISPR–Cas9. *Science.* 2014 Nov 28;346(6213):1258096.

7. Donohoue PD, Barrangou R, May AP. Advances in Industrial Biotechnology Using CRISPR–Cas Systems. *Trends Biotechnol.* 2018 Feb;36(2):134–46.

8. Hoagland MB, Stephenson ML, Scott JF, Hecht LI, Zamecnik PC. A soluble ribonucleic acid intermediate in protein synthesis. *J Biol Chem.* 1958 Mar;231(1):241–57.

9. Brenner S, Jacob F, Meselson M. An Unstable Intermediate Carrying Information from Genes to Ribosomes for Protein Synthesis. *Nature.* 1961 May;190(4776):576–81.

10. Gros F, Hiatt H, Gilbert W, Kurland CG, Risebrough RW, Watson JD. Unstable Ribonucleic Acid Revealed by Pulse Labelling of Escherichia Coli. *Nature.* 1961 May;190 (4776):581–5.

11. Crick FHC, Barnett L, Brenner S, Watts-Tobin RJ. General Nature of the Genetic Code for Proteins. *Nature*. 1961 Dec;192 (4809):1227–32.

12. Berg P, Baltimore D, Brenner S, Roblin RO, Singer MF. Asilomar conference on recombinant DNA molecules. *Science*. 1975 Jun 6;188(4192):991–4.

13. Jackson DA, Symons RH, Berg P. Biochemical Method for Inserting New Genetic Information into DNA of Simian Virus 40: Circular SV40 DNA Molecules Containing Lambda Phage Genes and the Galactose Operon of Escherichia coli. *Proc Natl Acad Sci*. 1972 Oct 1;69(10):2904–9.

14. Cohen SN, Chang ACY, Hsu L. Nonchromosomal Antibiotic Resistance in Bacteria: Genetic Transformation of Escherichia coli by R-Factor DNA. *Proc Natl Acad Sci*. 1972 Aug 1;69(8):2110–4.

15. Cohen SN, Chang ACY, Boyer HW, Helling RB. Construction of Biologically Functional Bacterial Plasmids in vitro. *Proc Natl Acad Sci*. 1973 Nov 1;70(11):3240–4.

16. Singer M, Soll D. Guidelines for DNA Hybrid Molecules. *Science*. 1973 Sep.21;181 (4105):1114–1114.

17. Morrow JF, Goodman HM, Helling RB. Replication and Transcription of Eukaryotic DNA in Escherichia coli. *Proc Nat Acad Sci USA*. 1974;5.

18. The Huntington's Disease Collaborative Research Group. A novel gene containing a trinucleotide repeat that is expanded and unstable on Huntington's disease chromosomes. *Cell*. 1993 Mar 26;72(6):971–83.

19. Campbell PJ, Getz G, Korbel JO, Stuart JM, Jennings JL, Stein LD, et al. Pan-cancer analysis of whole genomes. *Nature*. 2020 Feb;578(7793):82–93.

20. Stenton SL, Prokisch H. Genetics of mitochondrial diseases: Identifying mutations to help diagnosis. *EBioMedicine*. 2020 Jun 1;56.

21. Jansen R, Embden JDA van, Gaastra W, Schouls LM. Identification of genes that are associated with DNA repeats in prokaryotes. *Mol Microbiol*. 2002;43(6):1565–75.

22. Bolotin A, Quinquis B, Sorokin A, Ehrlich SD. Clustered regularly interspaced short palindrome repeats (CRISPRs) have spacers of extrachromosomal origin. *Microbiol Read Engl*. 2005 Aug;151(Pt 8):2551–61.

23. Mojica FJM, Díez-Villaseñor C, García-Martínez J, Soria E. Intervening sequences of regularly spaced prokaryotic repeats derive from foreign genetic elements. *J Mol Evol*. 2005 Feb;60(2):174–82.

24. Pourcel C, Salvignol G, Vergnaud G. CRISPR elements in Yersinia pestis acquire new repeats by preferential uptake of bacteriophage DNA, and provide additional tools for evolutionary studies. *Microbiol Read Engl.* 2005 Mar;151(Pt 3):653–63.

25. Barrangou R, Fremaux C, Deveau H, Richards M, Boyaval P, Moineau S, et al. CRISPR Provides Acquired Resistance Against Viruses in Prokaryotes. *Science.* 2007 Mar 23; 315(5819):1709–12.

26. Cong L, Ran FA, Cox D, Lin S, Barretto R, Habib N, et al. Multiplex Genome Engineering Using CRISPR/Cas Systems. *Science.* 2013 Feb 15;339(6121):819–23.

27. Ledford H. CRISPR gene editing in human embryos wreaks chromosomal mayhem. *Nature.* 2020 Jun 25;583(7814):17–8.

28. Grünewald J, Zhou R, Garcia SP, Iyer S, Lareau CA, Aryee MJ, et al. Transcriptome-wide off-target RNA editing induced by CRISPR-guided DNA base editors. *Nature.* 2019 May;569(7756):433–7.

29. Watson, Janet J. A study of sickling of young erthrocytes in sickle cell anemia. *Blood.* 1948 Apr 1;3(4):465–9.

30. Frangoul H, Altshuler D, Cappellini MD, Chen Y-S, Domm J, Eustace BK, et al. CRISPR–Cas9 Gene Editing for Sickle Cell Disease and β-Thalassemia. *N Engl J Med.* 2020 Dec 5.

31. Karikó K, Buckstein M, Ni H, Weissman D. Suppression of RNA Recognition by Toll-like Receptors: The Impact of Nucleoside Modification and the Evolutionary Origin of RNA. *Immunity.* 2005 Aug 1;23(2):165–75.

32. McLellan JS, Chen M, Leung S, Graepel KW, Du X, Yang Y, et al. Structure of RSV Fusion Glycoprotein Trimer Bound to a Prefusion-Specific Neutralizing Antibody. *Science.* 2013 May 31;340(6136): 1113–7.

33. McLellan JS, Chen M, Joyce MG, Sastry M, Stewart-Jones GBE, Yang Y, et al. Structure-Based Design of a Fusion Glycoprotein Vaccine for Respiratory Syncytial Virus. *Science.* 2013 Nov 1;342(6158):592–8.

34. Kose N, Fox JM, Sapparapu G, Bombardi R, Tennekoon RN, Silva AD de, et al. A lipid-encapsulated mRNA encoding a potently neutralizing human monoclonal antibody protects against chikun-gunya infection. *Sci Immunol.* 2019 May 17;4(35).

35. Liang F, Lindgren G, Lin A, Thompson EA, Ols S, Röhss J, et al. Efficient Targeting and Activation of Antigen-Presenting Cells In Vivo after Modified mRNA Vaccine

Administration in Rhesus Macaques. *Mol Ther.* 2017 Dec 6;25(12):2635–47.

第五章　科技巨头进入医疗行业

1. Safavi, KC; Cohen, AB; Ting, DY; et al. Health systems as venture capital investors in digital health: 2011–2019. *Npj Digit Med.* 2020 Aug 4;3(1):1–5.
2. CB Insights. Global Healthcare Report Q2 2019. 2019.
3. Pichai, S. An Insight, An Idea with Sundar Pinchai. 2020; Davos, Switzerland.
4. Clement, J. Apple App Store: number of available medical apps as of Q3 2020. Statista. October 2020.
5. Perez, MV; Mahaffey, KW; Hedlin, H; et al. Large-Scale Assessment of a Smartwatch to Identify Atrial Fibrillation. *N Engl J Med.* 2019 Nov 14;381(20):1909–17.
6. Amazon annual report. 2003.
7. Reisinger, D. Amazon Prime's numbers (and influence) continue to grow. Fortune. 2020 Jan.
8. Galloway, S. *The Four: The hidden DNA of Amazon, Apple, Facebook, and Google.* Random House, 2017.
9. Gartner. Forecast: Public Cloud Services, Worldwide, 2018–2020, 2Q20 Update. 2020.

第六章　生物学和医学中基于人工智能的算法

1. Topol EJ. High-performance medicine: the convergence of human and artificial intelligence. *Nat Med.* 2019 Jan;25(1):44–56.
2. Longoni C, Bonezzi A, Morewedge CK. Resistance to Medical Artificial Intelligence. *J Consum Res.* 2019 Dec 1;46(4):629–50.
3. Muse ED, Godino JG, Netting JF, Alexander JF, Moran HJ, Topol EJ. From second to hundredth opinion in medicine: A global consultation platform for physicians. *NPJ Digit Med.* 2018 Oct 9;1:55.
4. Segal MM, Abdellateef M, El-Hattab AW, Hilbush BS, De La Vega FM, Tromp G, et al. Clinical Pertinence Metric Enables Hypothesis-Independent Genome-Phenome Analysis for Neurologic Diagnosis. *J Child Neurol.* 2015 Jun;30(7):881–8.
5. Richens JG, Lee CM, Johri S. Improving the accuracy of medical diagnosis with causal machine learning. *Nat Commun.* 2020 Aug 11;11(1):3923.
6. Pierson E, Cutler DM, Leskovec J, Mullainathan S, Obermeyer Z. An algorithmic

approach to reducing unexplained pain disparities in underserved populations. *Nat Med.* 2021 Jan;27(1):136–40.

7. Kim DH, MacKinnon T. Artificial intelligence in fracture detection: transfer learning from deep convolutional neural networks. *Clin Radiol.* 2018 May;73(5):439–45.

8. Yala A, Mikhael PG, Strand F, Lin G, Smith K, Wan Y-L, et al. Toward robust mammography-based models for breast cancer risk. *Sci Transl Med.* 2021 Jan 27;13(578).

9. Titano JJ, Badgeley M, Schefflein J, Pain M, Su A, Cai M, et al. Automated deep-neural-network surveillance of cranial images for acute neurologic events. *Nat Med.* 2018 Sep; 24(9):1337–41.

10. Mobadersany P, Yousefi S, Amgad M, Gutman DA, Barnholtz-Sloan JS, Vega JEV, et al. Predicting cancer outcomes from histology and genomics using convolutional networks. *Proc Natl Acad Sci.* 2018 Mar 27;115(13):E2970–9.

11. Eitel F, Soehler E, Bellmann-Strobl J, Brandt AU, Ruprecht K, Giess RM, et al. Uncovering convolutional neural network decisions for diagnosing multiple sclerosis on conventional MRI using layerwise relevance propagation. *NeuroImage Clin.* 2019;24:102003.

12. Zhao Y, Wang T, Bove R, Cree B, Henry R, Lokhande H, et al. Ensemble learning predicts multiple sclerosis disease course in the SUMMIT study. *Npj Digit Med.* 2020 Oct 16;3(1):1–8.

13. Poon CCY, Jiang Y, Zhang R, Lo WWY, Cheung MSH, Yu R, et al. AI-doscopist: a real-time deep-learning-based algorithm for localising polyps in colonoscopy videos with edge computing devices. *Npj Digit Med.* 2020 Dec;3(1):73.

14. Kiani A, Uyumazturk B, Rajpurkar P, Wang A, Gao R, Jones E, et al. Impact of a deep learning assistant on the histopathologic classification of liver cancer. *NPJ Digit Med.* 2020 Feb 26;3:1-8.

15. Li D, Bledsoe JR, Zeng Y, Liu W, Hu Y, Bi K, et al. A deep learning diagnostic platform for diffuse large B-cell lymphoma with high accuracy across multiple hospitals. *Nat Commun.* 2020 Dec;11(1):6004.

16. Bulten W, Pinckaers H, van Boven H, Vink R, de Bel T, van Ginneken B, et al. Automated deep-learning system for Gleason grading of prostate cancer using biopsies: a diagnostic study. *Lancet Oncol.* 2020 Feb 1;21(2):233–41.

17. Ström P, Kartasalo K, Olsson H, Solorzano L, Delahunt B, Berney DM, et al. Artificial intelligence for diagnosis and grading of prostate cancer in biopsies: a population-

based, diagnostic study. *Lancet Oncol.* 2020 Feb 1;21(2):222–32.

18. Cornblath EJ, Robinson JL, Irwin DJ, Lee EB, Lee VM-Y, Trojanowski JQ, et al. Defining and predicting transdiagnostic categories of neurodegenerative disease. *Nat Biomed Eng.* 2020 Aug;4(8): 787–800.

19. Narayanan H, Dingfelder F, Butté A, Lorenzen N, Sokolov M, Arosio P. Machine Learning for Biologics: Opportunities for Protein Engineering, Developability, and Formulation. *Trends Pharmacol Sci.* 2021 Mar;42(3):151–65.

20. Hannun AY, Rajpurkar P, Haghpanahi M, Tison GH, Bourn C, Turakhia MP, et al. Cardiologist-Level Arrhythmia Detection and Classification in Ambulatory Electro-cardiograms Using a Deep Neural Network. *Nat Med.* 2019 Jan;25(1):65–9.

21. Landi I, Glicksberg BS, Lee H-C, Cherng S, Landi G, Danieletto M, et al. Deep repre-sentation learning of electronic health records to unlock patient stratification at scale. *Npj Digit Med.* 2020 Dec;3(1):96.

22. Hofer IS, Lee C, Gabel E, Baldi P, Cannesson M. Development and validation of a deep neural network model to predict postoperative mortality, acute kidney injury, and reintubation using a single feature set. *Npj Digit Med.* 2020 Dec;3(1):58.

23. Capper D, Jones, DTW, Sill M, Hovestadt V, Schrimpf D. DNA methylation-based classifi-cation of central nervous system tumours. *Nature.* 2018 Mar 22;555(7697):469–74.

24. Jurmeister P, Bockmayr M, Seegerer P, Bockmayr T, Treue D, Montavon G, et al. Machine learning analysis of DNA methylation profiles distinguishes primary lung squamous cell carcinomas from head and neck metastases. *Sci Transl Med.* 2019 Sep 11;11(509).

25. Jiao W, Atwal G, Polak P, Karlic R, Cuppen E, Danyi A, et al. A deep learning system accurately classifies primary and metastatic cancers using passenger mutation patterns. *Nat Commun.* 2020 Feb 5;11(1):728.

26. Huang S-C, Pareek A, Zamanian R, Banerjee I, Lungren MP. Multimodal fusion with deep neural networks for leveraging CT imaging and electronic health record: a case-study in pulmonary embolism detection. *Sci Rep.* 2020 Dec;10(1):22147.

27. Trebeschi S, Drago SG, Birkbak NJ, Kurilova I, Călin AM, Delli Pizzi A, et al. Pre-dicting response to cancer immunotherapy using noninvasive radiomic biomarkers. *Ann Oncol Off J Eur Soc Med Oncol.* 2019 Jun 1;30(6):998–1004.

28. Kather JN, Heij LR, Grabsch HI, Loeffler C, Echle A, Muti HS, et al. Pan-cancer

image-based detection of clinically actionable genetic alterations. *Nat Cancer.* 2020 Aug;1(8):789–99.

29. Fu Y, Jung AW, Torne RV, Gonzalez S, Vöhringer H, Shmatko A, et al. Pan-cancer computational histopathology reveals mutations, tumor composition and prognosis. *Nat Cancer.* 2020 Aug;1(8): 800–10.

30. Hoadley KA, Yau C, Hinoue T, Wolf DM, Lazar AJ, Drill E, et al. Cell-of-Origin Patterns Dominate the Molecular Classification of 10 000 Tumors from 33 Types of Cancer. *Cell.* 2018 Apr;173(2):291-304.e6.

31. Gensheimer MF, Aggarwal S, Benson KRK, Carter JN, Henry AS, Wood DJ, et al. Automated model versus treating physician for predicting survival time of patients with metastatic cancer. *J Am Med Inform Assoc.* 2020 Dec 14.

32. Golia Pernicka JS, Gagniere J, Chakraborty J, Yamashita R, Nardo L, Creasy JM, et al. Radiomics-based prediction of microsatellite instability in colorectal cancer at initial computed tomography evaluation. *Abdom Radiol.* 2019 Nov 1;44(11):3755–63.

33. Kather JN, Pearson AT, Halama N, Jäger D, Krause J, Loosen SH, et al. Deep learning can predict microsatellite instability directly from histology in gastrointestinal cancer. *Nat Med.* 2019 Jul;25(7):1054–6.

34. Schaumberg AJ, Rubin MA, Fuchs TJ. H&E-stained Whole Slide Image Deep Learning Predicts SPOP Mutation State in Prostate Cancer. *Pathology*; 2016 Jul.

35. Coudray N, Ocampo PS, Sakellaropoulos T, Narula N, Snuderl M, Fenyö D, et al. Classification and mutation prediction from non-small cell lung cancer histopathology images using deep learning. *Nat Med.* 2018 Oct;24(10):1559–67.

36. Szegedy C, Vanhoucke V, Ioffe S, Shlens J, Wojna Z. *Rethinking the Inception Architecture for Computer Vision.* ArXiv151200567 Cs. 2015 Dec 11.

37. Zheng H, Momeni A, Cedoz P-L, Vogel H, Gevaert O. Whole slide images reflect DNA methylation patterns of human tumors. *Npj Genomic Med.* 2020 Mar 10;5(1):1–10.

38. Szegedy C, Joffe S, Vanhoucke V, Alemi A. Inception-v4, Inception-ResNet and the impact of residual connections on learning. Proc Thirty-First AAAI Conf Artif Intell AAAI Press. 2017; 4:4278–84.

39. Wen PY, Watson D, Kapoor S, Alam A, Alam A, Lala DA, et al. Superior therapy response predictions for patients with glioblastoma (GBM) using Cellworks Singula: MyCare-009-03. *J Clin Oncol.* 2020 May 20;38(15_suppl):2519–2519.

40. Image and Data Archive, University of Southern California.

41. Wan J, Zhang Z, Yan J, Li T, Rao BD, Fang S, et al. Sparse Bayesian multi-task learning for predicting cognitive outcomes from neuroimaging measures in Alzheimer's disease. In: 2012 IEEE Conference on Computer Vision and Pattern Recognition. 2012. p. 940–7.

42. Davatzikos C, Fan Y, Wu X, Shen D, Resnick SM. Detection of prodromal Alzheimer's disease via pattern classification of magnetic resonance imaging. *Neurobiol Aging*. 2008 Apr 1;29(4):514–23.

43. Stonnington CM, Chu C, Klöppel S, Jack CR, Ashburner J, Frackowiak RSJ. Predicting clinical scores from magnetic resonance scans in Alzheimer's disease. *NeuroImage*. 2010 Jul 15;51(4):1405–13.

44. Ding Y, Sohn JH, Kawczynski MG, Trivedi H, Harnish R, Jenkins NW, et al. A Deep Learning Model to Predict a Diagnosis of Alzheimer Disease by Using 18F-FDG PET of the Brain. *Radiology*. 2018 Nov 6;290(2):456–64.

45. Bakshi R, Healy BC, Dupuy SL, Kirkish G, Khalid F, Gundel T, et al. Brain MRI Predicts Worsening Multiple Sclerosis Disability over 5 Years in the SUMMIT Study. *J Neuroimaging*. 2020;30(2): 212–8.

46. Muehlematter UJ, Daniore P, Vokinger KN. Approval of artificial intelligence and machine learning-based medical devices in the USA and Europe (2015–20): a comparative analysis. *Lancet Digit Health*. 2021 Mar 1;3(3):e195–203.

47. US FDA. Proposed regulatory framework for modifications to artificial intelligence/ Machine Learning [AL/ML]-based software as a medical device [SaMD].

48. US FDA. Artificial Intelligence/Machine Learning (AI/ML)-Based Software as a Medical Device {SaMD) Action Plan. 2021 Jan.

49. Ehteshami Bejnordi B, Veta M, Johannes van Diest P, van Ginneken B, Karssemeijer N, Litjens G, et al. Diagnostic Assessment of Deep Learning Algorithms for Detection of Lymph Node Metastases in Women With Breast Cancer. *JAMA*. 2017 Dec 12;318(22):2199.

第七章　人工智能在药物发现和开发中的应用

1. Corey EJ, Wipke WT. Computer-Assisted Design of Complex Organic Syntheses. *Science*. 1969 Oct 10;166(3902):178–92.

2. Lee I-D, Palsson BO. A Macintosh software package for simulation of human red blood cell metabolism. *Comput Methods Programs Biomed*. 1992 Aug 1;38(4):195–226.

3. Mullard A. Supersized virtual screening offers potent leads. *Nat Rev Drug Discov.* 2019 Mar 5;18(243).

4. Lipinski CA, Lombardo F, Dominy BW, Feeney PJ. Experimental and computational approaches to estimate solubility and permeability in drug discovery and development settings. *Adv Drug Deliv Rev.* 1997 Jan 15;23(1):3–25.

5. Lloyd DG, Golfis G, Knox AJS, Fayne D, Meegan MJ, Oprea TI. Oncology exploration: charting cancer medicinal chemistry space. *Drug Discov Today.* 2006 Feb;11(3–4): 149–59.

6. Jorgensen WL. The Many Roles of Computation in Drug Discovery. *Science.* 2004 Mar 19;303(5665):1813–8.

7. Lyu J, Wang S, Balius TE, Singh I, Levit A, Moroz YS, et al. Ultralarge library docking for discovering new chemotypes. *Nature.* 2019 Feb;566(7743):224–9.

8. Brown DG, Boström J. Analysis of Past and Present Synthetic Methodologies on Medicinal Chemistry: Where Have All the New Reactions Gone? *J Med Chem.* 2016 May 26;59(10):4443–58.

9. Segler MHS, Preuss M, Waller MP. Planning chemical syntheses with deep neural networks and symbolic AI. *Nature.* 2018 Mar;555(7698):604–10.

10. Segler MHS, Waller MP. Modelling Chemical Reasoning to Predict and Invent Reactions. *Chem.–Eur J.* 2017;23(25):6118–28.

11. Coley CW, Barzilay R, Jaakkola TS, Green WH, Jensen KF. Prediction of Organic Reaction Outcomes Using Machine Learning. *ACS Cent Sci.* 2017 May 24;3(5):434–43.

12. Schwaller P, Gaudin T, Lányi D, Bekas C, Laino T. "Found in Translation": predicting outcomes of complex organic chemistry reactions using neural sequence-to-sequence models. *Chem Sci.* 2018 Jul 18;9(28):6091–8.

13. Tetko IV, Karpov P, Van Deursen R, Godin G. State-of-the-art augmented NLP trans-former models for direct and single-step retrosynthesis. *Nat Commun.* 2020 Nov 4;11 (1):5575.

14. Schwaller P, Hoover B, Reymond J-L, Strobelt H, Laino T. Extraction of organic che-mistry grammar from unsupervised learning of chemical reactions. *Sci Adv.* 2021 Apr;7 (15):eabe4166.

15. Stevenson GA, Jones D, Kim H, Bennett WFD, Bennion BJ, Borucki M, et al. *High-Throughput Virtual Screening of Small Molecule Inhibitors for SARS-CoV-2 Protein*

Targets with Deep Fusion Models. ArXiv210404547 Cs Q-Bio. 2021 Apr 9.

16. Jones D, Kim H, Zhang X, Zemla A, Stevenson G, Bennett WFD, et al. Improved Protein–Ligand Binding Affinity Prediction with Structure-Based Deep Fusion Inference. *J Chem Inf Model.* 2021 Apr 26;61(4):1583–92.

17. Polykovskiy D, Zhebrak A, Sanchez-Lengeling B, Golovanov S, Tatanov O, Belyaev S, et al. Molecular Sets (MOSES): A Benchmarking Platform for Molecular Generation Models. *Front Pharmacol.* 2020 Dec 18.

18. Brown N, Fiscato M, Segler MHS, Vaucher AC. GuacaMol: Benchmarking Models for de Novo Molecular Design. *J Chem Inf Model.* 2019 Mar 25;59(3):1096–108.

19. Zhang J, Mercado R, Engkvist O, Chen H. *Comparative Study of Deep Generative Models on Chemical Space Coverage (v18).* 2021 Feb.

20. Putin E, Asadulaev A, Ivanenkov Y, Aladinskiy V, Sanchez-Lengeling B, Aspuru-Guzik A, et al. Reinforced Adversarial Neural Computer for de Novo Molecular Design. *J Chem Inf Model.* 2018 Jun 25;58(6):1194–204.

21. Merk D, Friedrich L, Grisoni F, Schneider G. De Novo Design of Bioactive Small Molecules by Artificial Intelligence. *Mol Inform.* 2018;37(1–2):1700153.

22. Popova M, Isayev O, Tropsha A. Deep reinforcement learning for de novo drug design. *Sci Adv.* 2018 Jul 25;4(7).

23. Olivecrona M, Blaschke T, Engkvist O, Chen H. Molecular de-novo design through deep reinforcement learning. *J Cheminformatics.* 2017 Sep.4.

24. Bush JT, Pogany P, Pickett SD, Barker M, Baxter A, Campos S, et al. A Turing Test for Molecular Generators. *J Med Chem.* 2020;8.

25. Merico D, Spickett C, O'Hara M, Kakaradov B, Deshwar AG, Fradkin P, et al. ATP7B variant c.1934T>G p.Met645Arg causes Wilson disease by promoting exon 6 skipping. *Npj Genomic Med.* 2020 Apr 8;5(1):1–7.

26. Zhavoronkov A, Ivanenkov YA, Aliper A, Veselov MS, Aladinskiy VA, Aladinskaya AV, et al. Deep learning enables rapid identification of potent DDR1 kinase inhibitors. *Nat Biotechnol.* 2019;37(9):1038–40.

27. Lowe D. AI and Drug Discovery: Attacking the Right Problems. In the Pipeline. 2021.

第八章　生物技术、人工智能和医学的未来

1. Schwab K. *The fourth industrial revolution.* New.York: Crown Business; 2017.

2. Pauling L, Corey RB, Branson HR. The structure of proteins: Two hydrogen-bonded helical configurations of the polypeptide chain. *PNAS*. 1951 Apr 1;37(4):205–11.

3. The AlphaFold Team. AlphaFold: a solution to a 50-year-old grand challenge in biology. 2020.

4. Senior AW, Evans R, Jumper J, Kirkpatrick J, Sifre L, Green T, et al. Improved protein structure prediction using potentials from deep learning. *Nature*. 2020 Jan;577(7792): 706–10.

5. Balakrishnan S, Kamisetty H, Carbonell JG, Lee S-I, Langmead CJ. Learning generative models for protein fold families. *Proteins: Structure, Function, and Bioinformatics*. 2011;79(4):1061–78.

6. Rives A, Meier J, Sercu T, Goyal S, Lin Z, Liu J, et al. Biological structure and function emerge from scaling unsupervised learning to 250 million protein sequences. *PNAS*. 2021 Apr 13;118(15).

7. Rao RM, Meier J, Sercu T, Ovchinnikov S, Rives A. Transformer protein language models are unsupervised structure learners. *Synthetic Biology*; 2020 Dec.

8. Alley EC, Khimulya G, Biswas S, AlQuraishi M, Church GM. Unified rational protein engineering with sequence-based deep representation learning. *Nature Methods*. 2019 Dec;16(12):1315–22.

9. Fudenberg G, Kelley DR, Pollard KS. Predicting 3D genome folding from DNA sequence with Akita. *Nature Methods*. 2020 Nov; 17(11):1111–7.

10. Li W, Wong WH, Jiang R. DeepTACT: predicting 3D chromatin contacts via bootstrapping deep learning. *Nucleic Acids Res*. 2019 Jun 4;47(10):e60.

11. Trieu T, Martinez-Fundichely A, Khurana E. DeepMILO: a deep learning approach to predict the impact of non-coding sequence variants on 3D chromatin structure. *Genome Biology*. 2020 Mar 26;21(1):79.

12. Schwessinger R, Gosden M, Downes D, Brown RC, Oudelaar AM, Telenius J, et al. DeepC: predicting 3D genome folding using megabase-scale transfer learning. *Nature Methods*. 2020 Nov; 17(11):1118–24.

13. Quang D, Xie X. DanQ: a hybrid convolutional and recurrent deep neural network for quantifying the function of DNA sequences. *Nucleic Acids Research*. 2016 Jun 20;44 (11):e107–e107.

14. Alipanahi B, Delong A, Weirauch MT, Frey BJ. Predicting the sequence specificities of

DNA-and RNA-binding proteins by deep learning. *Nat Biotechnol.* 2015 Aug;33(8): 831–8.

15. Zhou J, Park CY, Theesfeld CL, Wong AK, Yuan Y, Scheckel C, et al. Whole-genome deep learning analysis identifies contribution of noncoding mutations to autism risk. *Nat Genet.* 2019 Jun; 51(6):973–80.

16. Zhou J, Theesfeld CL, Yao K, Chen KM, Wong AK, Troyanskaya OG. Deep learning sequence-based ab initio prediction of variant effects on expression and disease risk. *Nature Genetics.* 2018 Aug;50(8):1171–9.

17. Kriegeskorte N. Deep Neural Networks: A New Framework for Modeling Biological Vision and Brain Information Processing. *Annu Rev Vis Sci.* 2015 Nov 24;1:417–46.

18. Bengio Y, LeCun Y. Scaling Learning Algorithms towards AI. *In: Large-Scale Kernel Machines.* MIT Press; 2007.

19. Richards BA, Lillicrap TP, Beaudoin P, Bengio Y, Bogacz R, Christensen A, et al. A deep learning framework for neuroscience. *Nat Neurosci.* 2019 Nov 1;22(11):1761–70.

20. Cobb M. *The Idea of the Brain.* New York, NY, USA: Basic Books; 2020.

21. Hassabis D, Kumaran D, Summerfield C, Botvinick M. NeuroscienceInspired Artificial Intelligence. *Neuron.* 2017 Jul;95(2):245–58.

22. Gerrish S. *How Smart Machines Think.* Cambridge, MA: MIT Press; 2018.

23. Cisek P. Resynthesizing behavior through phylogenetic refinement. *Atten Percept Psychophys.* 2019 Oct;81(7):2265–87.

24. Cisek P, Kalaska JF. Neural Mechanisms for Interacting with a World Full of Action Choices. *Annual Review of Neuroscience.* 2010;33(1):269–98.

25. Aflalo T, Kellis S, Klaes C, Lee B, Shi Y, Pejsa K, et al. Decoding motor imagery from the posterior parietal cortex of a tetraplegic human. *Science.* 2015 May 22;348(6237): 906–10.

26. Willett FR, Deo DR, Avansino DT, Rezaii P, Hochberg LR, Henderson JM, et al. Hand Knob Area of Premotor Cortex Represents the Whole Body in a Compositional Way. *Cell.* 2020 Apr;181(2):396-409. e26.

27. Willett FR, Avansino DT, Hochberg LR, Henderson JM, Shenoy KV. High-performance brain-to-text communication via handwriting. *Nature.* 2021 May;593(7858):249–54.

28. Arnold FH. Directed Evolution: Bringing New Chemistry to Life. *Angew Chem Int Ed Engl.* 2018 Apr 9;57(16):4143–8.

推荐阅读

Pedro Domingos, (2015) *"The Master Algorithm: How the quest for the ultimate learning machine will remake our world,"* (Basic Books, New York).

Stuart Russell and Peter Norvig, (2020) *"Artificial Intelligence: A Modern Approach,"* 4th edition, (Prentice Hall,Upper Saddle River,NJ).

Terrence J. Sejnowski, (2018) *"The Deep Learning Revolution,"* (MIT Press, Cambridge, MA).

Ian Goodfellow, Yoshua Bengio and Aaron Courville, (2016), *"Deep learning,"* (MIT Press, Cambridge,MA).

Sutton and Barto,(2018), *"Reinforcement Learning:An Introduction,"* (MIT Press, Cambridge,MA).

Gary Marcus and Ernest Davis, (2019) *"Rebooting AI: Building Artificial Intelligence We Can Trust,"* (Pantheon Books, New York).

Drews, Jürgen. *In Quest of Tomorrow's Medicines.* New York: Springer-Verlag;1999.

Hirsch, Donald and Ogas, Ogi. *The Drug Hunters:The Improbable Quest to Discover New Medicines.* New York: Arcade; 2016.

Mukherjee, Siddhartha. *The Emperor of All Maladies: A Biography of Cancer.* Scribner; 2010.

Graeber, Charles.*The Breakthrough: Immunotherapy and the Race to Cure Cancer.* New York: Twelve, Hatchett Book Group, Inc.; 2018.

词汇表

A

Active Learning（**主动学习**）：迭代学习过程，利用机器学习算法来确定在研究给定问题时要进行的下一组实验。用途包括从模型中确定最佳训练数据，减少监督学习中所需的数据量。

Aliphatic（**脂肪族**）：不含芳香环的有机化合物或官能团。脂肪烃是由碳和氢通过直链或支链或非芳香环连接而成。

Alkaloid（**生物碱**）：含有一个或多个氮原子的杂环有机化合物类别。咖啡碱、吗啡和可卡因都是生物碱物质。

Aromatic（**芳香族**）：含有苯环的芳香有机化合物。

Artificial general intelligence（AGI，**通用人工智能**）：基于机器的人工智能，其特征是具备类似人类的智力能力，能够广泛地解决问题，展现创造力，并具有推理能力。

AUC（**曲线下面积**）：AUC 是二元分类中的一个重要指标，通过将真阳性率（通常是 y 轴）与假阳性率（x 轴）绘制成曲线来确定曲线下的面积。这也被称为 AUROC 和受试者操作特征曲线（ROC）。

B

Backpropagation algorithm（**反向传播算法**）：一种监督式神经网络学习算法，通过反向传递信号来有效地计算相对于权重的误差导数，以迭代最小化误差。这是深度学习中采用的最重要和最有效的算法之一。

Binary threshold unit（**二元阈值单元**）：人工网络中的神经元或单元，这些单元只有两种不同的状态值。单元值由单元输入是否超过其阈值来确定。

Biologics（**生物制剂**）：来自天然生物源的治疗类药物。根据定义，与小分子有机化合物相比，生物制剂通常由蛋白质组成，并不是化学合成的。生物制剂的例子包括单克隆抗体、人类生长因子、疫苗、基因治疗和人类重组酶。

Biomarker（生物标志物）：生物标志物是用于药物开发决策的生物实体的测量指标。生物标志物有多种类型，包括分子、组织学、放射学或生理学特征。这些可以单独测量，也可以作为一个组合来测量，以提供解释性的输出。

C

Chemical space（化学空间）：一组分子在其物理化学属性（如大小、形状、电荷和氢键势能）方面的分类或空间。这可以指大量的分子集合，这些分子可以在理论上存在，但可能无法通过合成获得或在物理化学库中获得。

Classical AI（经典人工智能）：在最近的神经网络和深度学习方法之前研究的符号人工智能方法。

Clinical trial（临床试验）：一种使用志愿者（在人体研究中）进行的临床研究，旨在研究新的治疗干预或医疗产品的安全性和有效性。

Cohort（队列）：在人类遗传学中，具有某一共同特征或人口统计学特征的个体群组，如 60 岁以上的男性糖尿病患者，这些群体会随着时间的推移被持续研究。

Computer-assisted diagnosis（CAD，计算机辅助诊断）：一种医疗诊断程序，涉及使用计算机程序来指导或增强临床决策。

Connectionist（连接主义者）：认知科学家或人工智能领域的其他人，他们试图使用模仿大脑联结电路的人工神经网络来解释智力能力。

Convolutional neural network（CNN，卷积神经网络）：一种包含至少一个卷积层的深度神经网络。这些类型的网络广泛应用于图像识别，并且具有层次化架构。在卷积神经网络中，卷积是在前一层上用模板权重模式执行的。

D

Deep learning（深度学习）：机器学习的一个子领域，它采用具有多层的人工神经网络来识别数据中的模式。在深度学习中，各种机器学习技术使用层来提供多个抽象层，并学习数据的复杂表征（如卷积神经网络）。学习通常是通过使用误差反向传播的随机梯度下降法来完成的。

Digital health（数字健康）：由数字技术支持的医疗保健，涵盖广泛的类别，如软件、移动医疗、医疗信息技术、可穿戴设备、远程医疗和个性化医疗等。

E

Epigenomics（表观基因组学）：生物学研究的一个领域，利用分子图谱技术研究表观遗传变化，如 DNA 甲基化、组蛋白修饰、染色质结构和非编码 RNA。

Expert system（专家系统）：用人工智能方法构建的一类计算机程序，用于模拟人类专家的行为和知识，以完成任务。

F

Forward synthesis（正向合成）：有机化学中的一系列顺序步骤，用于从初始化学构建块构建化合物。

H

High-throughput screening（HTS，高通量筛选）：生物实验室或药物发现环境中的通用术语，指的是以一种适合高通量的简单分析格式评估化合物、基因或生物标志物的系统方法。

Hit discovery（苗头化合物发现）：药物发现的早期阶段，针对特定靶点筛选识别化合物中具有某种所需活性的小分子。

Horizontal gene transfer（水平基因转移）：细菌从环境中的共存生物而不是从细胞分裂中获得基因或遗传信息的过程。

I

Immunogen（免疫原）：一种在进入体内时诱导免疫反应的物质，也被称为抗原。

In silico biology（计算生物学）：通过计算方法模拟和建模来研究生物过程和现象。

K

Knowledge-based system（基于知识的系统）：一种人工智能，其中计算机程序使用知识库来构建问题或解决方案；输入的知识有助于系统的推理。

L

Ligand-based virtual screening（基于配体的虚拟筛选）：药物发现中的一种筛选方法，采用计算工具和围绕配体而非靶点的信息来评估和识别有转化前景的先导化合物。当靶点三维结构缺失或筛查程序没有信息时，这种方法是一种替代方法。

M

Medicinal chemistry（药物化学）：化学的一个分支，研究用于药物开发的化合物的设计和表征。

Middle Eastern Respiratory Syndrome

（MERS，中东呼吸综合征）：一种由中东呼吸综合征冠状病毒引起的病毒性呼吸道疾病。中东呼吸综合征冠状病毒是2012年在中东发现的一种冠状病毒。

Molecular target（分子靶点）：药物发现过程的焦点，通常根据实验结果或遗传学数据选择，并且可以被小分子有机化合物靶向以干扰疾病过程。

Monoclonal antibody technology（单克隆抗体技术）：用于产生和生产针对抗原特定靶位点的抗体的分子和细胞技术。

Multitask learning（多任务学习）：机器学习中的一种策略，通过使用多个相关任务中包含的知识来帮助模型改进。该策略用于多种情境，如多任务主动学习、多任务监督学习和多任务强化学习。

N

Natural language processing（NLP，自然语言处理）：通过计算机程序和其他系统对自然语言进行分析、处理和解释，以提取含义或内容。自然语言处理领域跨越多个学科，包括语言学和计算机科学，并使用语言处理技术，如语音识别、文本分类、机器翻译和对话系统。

Neural network（神经网络）：由简单连接单元或伴有非线性信号的神经元组成的多层级计算模型。神经网络至少有一个隐藏层。

New molecular entity（新分子实体）：一种含有活性成分的药物，且以前未被批准在美国以任何形式上市。新分子实体通常仅指小分子药物。

Nucleoside（核苷）：由核苷碱基和五碳糖形成的有机化合物。核苷不像核苷酸那样含有磷酸基团。

P

Phage display（噬菌体展示）：一种用于筛选和捕获配体的分子生物学技术。该技术在基于细胞的系统中使用噬菌体成分，可以在细胞表面以噬菌体外壳蛋白的融合物形式表达肽或蛋白质序列。

Pharmacodynamics（药效学）：药理学术语，是研究药物对人体生理的影响的学科。

Pharmacokinetic（药动学）：药理学术语，是研究身体通过代谢过程和其他作用对药物产生影响的学科。

Pharmacopeia（药典）：出版的参考文献，收集药物化合物并包含配方或制备指南。也用来指从自然或一种特别分类或研究中获得的文献合集。

Picture Archive and Communications System（PACS，影像存储与传输系统）：医院或医疗中心用于医学影像存储和传输的数字文档系统。

Point mutation（点突变）：DNA 或 RNA 序列中单个核苷酸位置的变化。点突变有两类，一是颠换，即将嘌呤碱基变换为嘧啶碱基，例如当单个嘌呤（A 或 G）变成嘧啶（T 或 C）时，反之亦然。二是转换，转换发生在两个嘌呤之间（例如，A 到 G）或两个嘧啶之间（例如，C 到 T）。

Q

Quantitative structure-activity relationship（QSAR，**定量构效关系**）：在药物发现和设计中定义化合物的结构特征与其生理化学性质和生物活性之间关系的方法。

R

Recombinant DNA technology（**重组 DNA 技术**）：构建和产生新 DNA 分子的分子生物学技术，通常使用质粒作为载体将嵌合体引入细菌。它们通常被称为基因克隆，但包含了更广泛的目标，即移动或操纵 DNA，或者表达生物体中的基因。

Reinforcement learning（**强化学习**）：一种来自神经科学的机器学习范式，采用以最优策略学习的算法。该策略的运作目标是，在与环境（如游戏）交互时获取最大化回报。强化学习系统评估为了学习而导致得分或失分的先前步骤的序列。

Retrosynthesis（**逆合成**）：通过从所需产物"逆向"工作的过程来合成复杂的有机化合物。按顺序提出合成步骤，提供化合物构建模块。

RNA interference（RNAi，RNA **干扰**）：一种在转录后作用于信使 RNA 的基因沉默机制，靶向识别分子并对其进行破坏。细胞产生的短双链 RNA 作为 RNA 干扰机制的一部分，识别同源序列。

S

Semi-supervised learning（**半监督学习**）：一种机器学习技术，其中模型在具有不完整标签集的数据上训练。该技术利用了一个事实，即标签通常可以从未标记的示例中推断出来，然后用于训练和创建新的模型。

Single nucleotide variant（SNV，**单核苷酸变异**）：在基因组测序中，个体基因组中与生物体参考序列不同的位置。并不是所有的单核苷酸变异都是多态性变异体，多态性变异体也被称为单核苷酸多态性，在群体中有一定的出现频率。

Structure-based virtual screening（SBVS，**基于结构的虚拟筛选**）：在药物发现中使用计算方法，以启动蛋白质三维结构在化学文库中对高亲和力配体的搜索。

Supervised learning（监督学习）：机器学习的一种主要类型，需要输入模式（类别或标记数据）和有关预期表征或输出的附加信息。

Symbolic AI（符号人工智能）：使用符号和逻辑的机器智能系统。

Symbolist（符号主义者）：符号人工智能的支持者，专注于在人工智能系统中使用规则和符号逻辑。

T

Toll-like receptor（TLR，Toll 样受体）：一类重要的受体，可检测来自外来生物体的分子；是 I 型跨膜受体，可识别存在于外源核酸序列等物质中的特定分子模式。

Transfer learning（迁移学习）：人工智能中的一种方法，将以前学习的数据应用于一组新的任务。

Turing test（图灵测试）：由艾伦·图灵提出的人工智能测试。该测试评估一种场景，在该场景中，机器在与观察者交流时的反应与人类的反应是不同的。

U

Universal Turing machine（通用图灵机）：一个抽象概念，是指"计算数字时进行的所有可能的过程"（艾伦·图灵，1936—1937）都能被一台机器或设备捕获。

Unsupervised learning（无监督学习）：一种机器学习，使用未标记的数据训练模型，以推断数据集中的潜在模式。

X

X-Omics（X 组学）：用于基因组（基因组学）、转录组（转录组学）、蛋白质组（蛋白质组学）、代谢物组（代谢物组学）和脂质组（脂质组学）的任何系统生物学研究方法的术语。